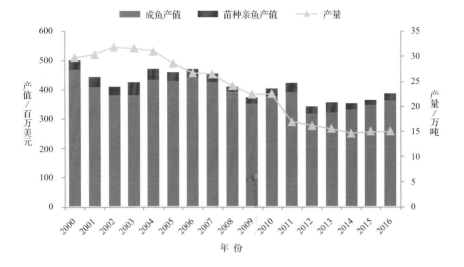

彩图1 美国鮰鱼年度养殖产量及产值的变动

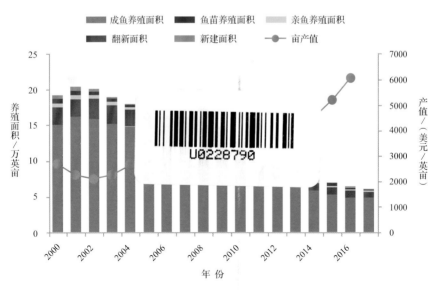

彩图2 美国鮰鱼年度养殖面积及每英亩产值的变动

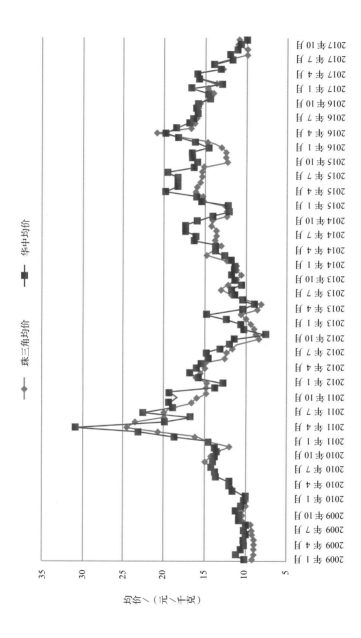

彩图 3　斑点叉尾鮰国内市场价格走势

彩图 4　斑点叉尾鮰

彩图 5　饵料小虾

彩图 6　斑点叉尾鮰"江丰 1 号"水产新品种证书

彩图 7　动物性饵料

彩图 8　性成熟雌鱼

彩图 9　性成熟雄鱼

彩图 10　塑料产卵桶

彩图 11　陶瓷罐

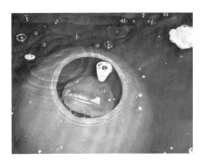

彩图 12　雄鱼筑巢

彩图 13　刚产出的卵块

彩图 14　卵块带水运输

彩图 15　卵块消毒

彩图 16　不锈钢孵化槽

彩图 17　塑料孵化篓

彩图 18　水泥池孵化槽

彩图 19　孵化环道

彩图 20　聚集成团的卵黄苗

彩图 21　水泥池

彩图 22　移苗入暂养池

彩图 23　微型颗粒料

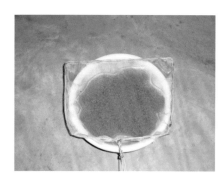

彩图 24　深灰色鮰鱼苗

彩图 25　小型暂养网箱

彩图 26　鱼种培育池

彩图 27　浮性防鸟饵料台

彩图 28　鱼种出池

彩图 29　鱼种捕捞分级

彩图 30　塑料尼龙袋运输

彩图 31　运输纸箱

彩图 32　成鱼养殖池塘

彩图 33　投饵机

彩图 34　清整晒塘

彩图 35 定点投喂

彩图 36 叶轮式增氧机

彩图 37 网箱养殖

彩图 38 玻璃钢式水槽

彩图 39　砖混结构式水槽

彩图 40　钢架帆布型水槽

彩图 41　自动型轨道式吸污

彩图 42　集中式供气

彩图 43　自启式发电机

彩图 44　防撞网

彩图 45　空心菜

彩图 46　茭白

彩图 47　莲藕

彩图 48　虎杖

彩图 49　鱼腥草

彩图 50　薄荷

彩图 51　起捕商品鱼

彩图 52　活鱼运输

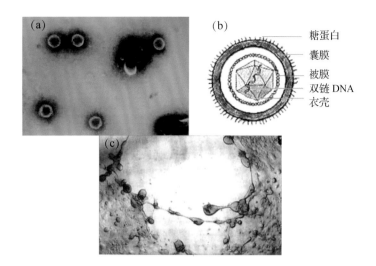

彩图 53 （a）CCV 粒子负染色电镜照片； （b）CCV 粒子结构示意图；
（c）CCO 细胞感染 CCV40 小时后出现细胞病变（孟彦，2007；江育林，2003）

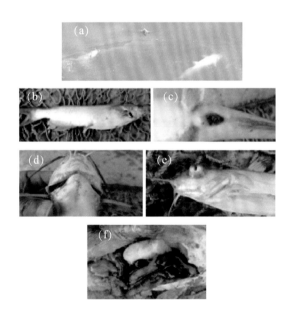

彩图 54 斑点叉尾鮰病毒病（冯刚，2016）
（a）头朝上，尾朝下垂直悬浮于水体中； （b）下颌基部、鳍
条基部出血，肛门红肿； （c）肛门红肿； （d）下颌基部点状
出血； （e）眼球突出、充血； （f）内脏出血

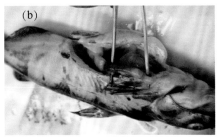

彩图 55　斑点叉尾鮰感染嗜水气单胞菌（陈昌福，2017）
（a）出现肛门红肿症状；　（b）出现肠道红肿现象

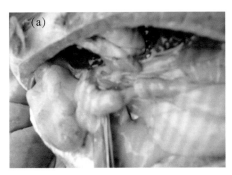
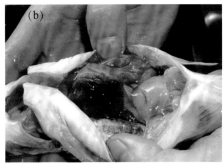

彩图 56　斑点叉尾鮰肠套病（陈昌福，2017）
（a）出现套肠症状；　（b）胃部出现充血症状

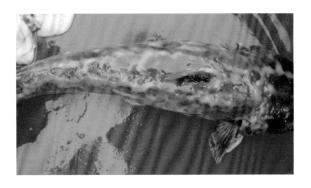

彩图 57　斑点叉尾鮰水霉病（陈昌福，2017）

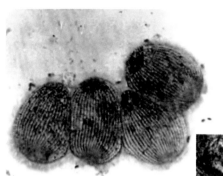

彩图 58　小瓜虫
（江育林，2003）

彩图 59　指环虫在鳃上寄生形态
（江育林，2003）

(a)

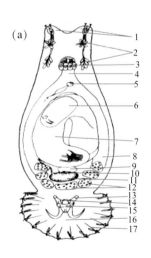

　　1- 头器
　　2- 头腺
　　3- 咽
　　4- 食管
　　5- 交配囊
　　6- 第二代胚胎
　　7- 第一代胚胎
　　8- 肠
　　9- 成卵腔
　　10- 卵巢
　　11- 精巢
　　12- 卵黄腺
　　13- 锚钩
　　14- 背联结棒
　　15- 腹联结棒
　　16- 后固着盘
　　17- 边缘小钩

(b)

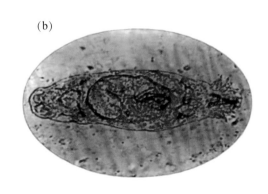

彩图 60　三代虫（孟庆县，2003）

　　(a) 三代虫模式图：1- 头器；2- 头腺；3- 咽；4- 食管；5- 交配囊；6- 第二代胚胎；7- 第一代胚胎；8- 肠；9- 成卵腔；10- 卵巢；11- 精巢；12- 卵黄腺；13- 锚钩；14- 背联结棒；15- 腹联结棒；16- 后固着盘；17- 边缘小钩；　(b) 三代虫普通显微镜图

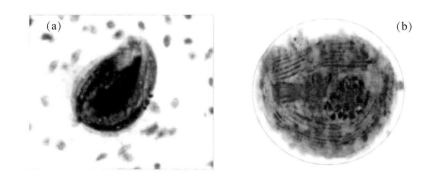

彩图 61　鲤斜管虫（江育林，2003）

(a) 鲤斜管虫染色标本；　(b) 鳗鳃上斜管虫放大照片

	A	B	C	D	E	F	G		H	I	J		K
4													
5	原料	Cp	EE	Cash	NFE	Cfiber	Lys		上限	实际配方	下限		原料
6	上限	35.00	6.00	14.00	35.00	8.00	5.00						
7	鱼粉64.5%	64.50	5.60	11.40	8.00	0.50	5.22		3.00	3.00	3.00		鱼粉64.5%
8	豆粕	46.80	1.00	4.80	30.50	3.90	2.81		35.00	28.27	0.00		豆粕
9	菜粕	38.60	1.40	7.30	28.90	11.80	1.30		15.00	15.00	15.00		菜粕
10	花生粕	47.80	1.40	5.40	27.20	6.20	1.40		10.00	10.00	10.00		花生粕
11	玉米蛋白粉	44.30	6.00	0.90	37.10	1.60	0.71		0.00	0.00	0.00		玉米蛋白粉
12	棉粕	41.30	0.70	6.50	28.20	10.10	1.59		15.00	15.00	15.00		棉粕
13	玉米	8.70	3.60	1.40	70.70	1.60			50.00	0.00	0.00		玉米GB2
14	次粉	13.60	2.10	1.80	66.70	2.80	0.52		15.00	8.66	0.00		次粉
15	小麦麸	15.70	3.90	4.90	56.00	6.50			0.00	0.00	0.00		小麦麸
16	小麦	13.90	1.70	1.90	67.60	1.90	0.30		10.00	10.00	10.00		小麦
17	植物油	0.00	99.40	0.00	0.00	0.00	0.00		0.00	0.00	0.00		植物油
18	动物油	0.00	99.40	0.00	0.00	0.00	0.00		6.00	4.77	0.00		动物油
19	磷酸氢钙	0.10	0.00	0.00	0.00	0.00	0.00		1.80	1.80	1.80		磷酸二氢钙
20	预混料	0.00	0.00	0.00	0.00	0.00	0.00		1.00	1.00	1.00		预混料
21	沸石	0.00	0.00	0.00	0.00	0.00	0.00		2.20	2.20	2.20		沸石
22	食盐(饲料级)	0.00	0.00	0.00	0.00	0.00	0.00		0.30	0.30	0.30		食盐(饲料级)
23	营养标准	34.50	6.00	3.00	20.00	3.50	0.00						下限
24	实际配方	34.50	6.00	4.65	32.68	5.45	1.60			100.00			实际配方

彩图 62　原料营养成分与营养标准

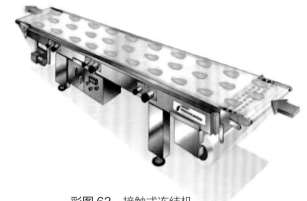

彩图 63　接触式冻结机

彩图 64　平板冻结机

彩图 65　鱼骨休闲食品成品

水产生态高效养殖技术丛书

特色淡水鱼产业技术体系(CARS-46)
江苏现代农业(鮰鱼)产业技术体系(JATS) 资助

斑点叉尾鮰
生态高效养殖技术

陈校辉 主编 • 王明华 钟立强 副主编

BANDIAN CHAWEIHUI
SHENGTAI GAOXIAO
YANGZHI JISHU

化学工业出版社
·北京·

内 容 简 介

斑点叉尾鮰是20世纪80年代从国外引进较为成功的一种淡水养殖品种，随着其产业结构日益完善，已成为我国经济性状较为优良的饲养鱼类品种之一。

本书共9章，图文并茂地介绍了斑点叉尾鮰国内外发展历程和产业现状、繁育和养殖技术模式及要点、病害科学防治技术措施、配合饲料营养物质组成和制作、产品后加工技术和质量安全控制以及斑点叉尾鮰美食烹饪等。本书内容全面，科学性、应用性和可操作性强。并配有多幅高清彩图和多张实用表格，内文采用双色印刷。本书适合渔业科技人员、养殖从业人员和水产相关专业院校师生阅读。

图书在版编目（CIP）数据

斑点叉尾鮰生态高效养殖技术/陈校辉主编. —北京：化学工业出版社，2020.11
（水产生态高效养殖技术丛书）
ISBN 978-7-122-37690-9

Ⅰ．①斑… Ⅱ．①陈… Ⅲ．①斑点叉尾鮰-淡水养殖
Ⅳ．① S965.128

中国版本图书馆 CIP 数据核字（2020）第 168751 号

责任编辑：漆艳萍　　　　　　　　　　　文字编辑：郝芯缈　陈小滔
责任校对：赵懿桐　　　　　　　　　　　装帧设计：韩　飞

出版发行：化学工业出版社（北京市东城区青年湖南街13号　邮政编码100011）
印　　装：三河市延风印装有限公司
850mm×1168mm　1/32　印张10½　彩插8　字数262千字　2021年2月北京第1版第1次印刷

购书咨询：010-64518888　　　　　　　　售后服务：010-64518899
网　　址：http://www.cip.com.cn

凡购买本书，如有缺损质量问题，本社销售中心负责调换。

定　　价：58.00元

· 编写人员名单 ·

名誉主编　边文冀

主　　编　陈校辉

副 主 编　王明华　钟立强

参编人员　（按姓氏笔画排序）

　　　　　　朱晓华　张世勇　孟　勇

　　　　　　赵　哲　郝　凯　姜启兴

　　　　　　姜虎成　秦　钦　蒋广震

斑点叉尾鲴属于鲇形目、鲴科，是我国重要的淡水经济鱼类之一。原产于美国，具有生长快、抗病能力强、饲料转化率高、养殖管理方便、易上钩等特点。

我国自20世纪80年代引入斑点叉尾鲴以来，相继突破了繁殖、养殖、饲料、加工、出口等问题，形成了一套完整的产业链。近年来全国年产量超过25万吨，现已成为我国淡水养殖业中一个令业内人士瞩目的特色产业。斑点叉尾鲴因肉味鲜美，营养丰富，属于高蛋白健康水产品，深受广大消费者喜爱；又由于斑点叉尾鲴的加工产品历来深受欧洲一些国家和美国消费者的欢迎，已成为我国出口创汇的主要淡水水产品之一。该产业对于调整各地淡水养殖产业结构、致富渔民起到良好的推动作用，成为我国淡水养殖业的一朵奇葩。

斑点叉尾鲴生态高效养殖，是我国鲴鱼养殖的发展方向。本书分别阐述和总结了斑点叉尾鲴产业现状、亲本培育、苗种繁育、成鱼生态高效养殖、病害防治、营养与饲料、质量安全、加工等技术环节。内容通俗易懂，力求把生产实践中总结的实用新技术、新模式等介绍给读者。

本书编写组成员具有扎实的理论基础和丰富的实践经验，本书涵盖了育种、繁殖、养殖、病害防治、加工、饲料营养和质量安全等专业技术领域。

　　本书编写过程中参阅了国内外相关文献和资料，在此表示衷心的感谢！

　　由于编者水平有限，书中难免有疏漏和不妥之处，敬请广大读者批评指正。

　　　　　　　　　　　　　　　　　　　　　　　　　　编　者

目 录

斑点叉尾鮰
生态高效养殖技术

第一章

斑点叉尾鮰产业发展概况

斑点叉尾鮰，俗称沟鲶、鮰鱼，隶属于鲶形目、鮰科、叉尾鮰属，原产于北美洲，是美国淡水养殖的主要鱼类品种，产量占美国水产养殖总量的60%以上。美国鮰鱼养殖品种包括斑点叉尾鮰、长鳍叉尾鮰（也称蓝叉尾鮰）及两者杂交种，但主要以斑点叉尾鮰为主。2016年，美国斑点叉尾鮰养殖总产量约15万吨，产值为3.86亿美元。我国自1984年从美国引入斑点叉尾鮰后，养殖面积和总产量不断增加，2015年总产量达26.5万吨。美国和我国是全球最主要的斑点叉尾鮰养殖国，其他国家鮰鱼养殖很少，多以养殖鲶形目其他鱼类为主，如越南主要养殖芒鲶（俗名巴沙鱼）。美国养殖鮰鱼以本国消费为主，我国是本土消费兼出口，且出口国家主要为美国。我国斑点叉尾鮰养殖产业的发展壮大改变了世界斑点叉尾鮰产业的格局，同时对美国鮰鱼养殖业产生了一定冲击。中美鮰鱼产业间的市场博弈改变了两国鮰鱼产业的发展和定位，因此全面了解世界斑点叉尾鮰产业近况，将为我国斑点叉尾鮰产业从业者提供参考，明确定位和发展方向，从而引导斑点叉尾鮰产业持续稳定发展。

第一节

美国鮰鱼产业发展历程

一、美国斑点叉尾鮰产业发展

20世纪60年代开始为起步阶段，美国奥本大学首先开展斑点叉尾鮰池塘养殖、营养饲料、人工繁殖以及病害防治的研究。在此基础上，斑点叉尾鮰的养殖从20世纪70年代开始在美国各地逐步扩大。

20世纪80年代后是美国鮰鱼产业的腾飞阶段，养殖产量和产值一直稳步增长。产业发展也带动了美国的鮰鱼消费，美国巨大的消费市场甚至超过了本土鮰鱼养殖产量，巨大的鮰鱼需求缺口也带动了越南、中国等地的斑点叉尾鮰和其他鲶鱼的养殖。进入21世纪，美国鮰鱼产业也发展到了鼎盛时期。2000年，美国鮰鱼产业迎来了年度最高产值5.01亿美元；2002年，美国鮰鱼产量迎来了31.89万吨的顶峰（彩图1）。

巅峰过后的美国鮰鱼产业进入下行阶段，越南巴沙鱼对美国的大量出口更是加快了对美国本土鮰鱼产业的挤压。2000年，从越南进口的冷冻巴沙鱼片占据了近10%的美国消费份额，之后每年逐步上升。2002年6月，美国鮰鱼养殖联盟（Catfish Farmers of America）向美国国际贸易委员会提出针对越南冷冻巴沙鱼片的反倾销调查申请。经过调查后，美国国际贸易委员会于2003年8月批准了对越南冷冻巴沙鱼片征收反倾销关税。但是，贸易保护没有对美国鮰鱼产业起到明显的提振作用。2002年以后，美国鮰鱼产量一路下滑，从31万吨猛减至2012年的16.1万吨。

2012年以来，美国鮰鱼产业开始步入相对平稳阶段，年产量维持在15万吨左右，产值也出现了小幅回升。

二、美国斑点叉尾鮰产业现状

美国的斑点叉尾鮰养殖主要集中在美国南部，尤其是密西西比河流域，主要位于密西西比州、亚拉巴马州、阿肯色州、得克萨斯州、加利福尼亚州和北卡罗来纳州6个州，其中前4个州的养殖规模占美国鮰鱼产业的96%左右。美国鮰鱼产业进入下行期以后，鮰鱼养殖面积也相应下降，成鱼养殖面积、鱼苗养殖面积和亲鱼养殖面积都不同程度地减少（彩图2）。甚至2012年后，鮰鱼产量出现小幅回升的情况下，养殖面积仍持续下降，但养殖面积减少的速度已经趋缓。美国鮰鱼产业从业数从1988年以来也呈现出逐年减少的趋势，从1988年的2003家减少到2009年的613家，2010年仅剩459家。而近二十年来，美国鮰鱼产业的年产值受养殖面积和产量的影响却不是很显著，只表现出了波动式的略微下降。2012年美国鮰鱼产业进入平稳阶段后，已经开始小幅回升。年产值的稳定也使美国鮰鱼养殖的单位养殖面积产值不断走高，从2009年的2500美元/英亩（1英亩=4046.86平方米）一路攀升至2016年的6000美元/英亩，增长了1.4倍（彩图2）。

斑点叉尾鮰的养殖数量决定了美国鮰鱼产业的发展和稳定。与养殖产量、面积和产值的下降不同的是，美国斑点叉尾鮰亲鱼的年度保种数量相对稳定，始终保持在50万～60万尾（表1-1）。亲鱼是养殖的基石，中国鮰鱼产业在2009—2010年曾因为鱼价低迷，抛售了大量亲鱼，导致2011年斑点叉尾鮰鱼苗供应不足，鱼价猛涨，整个市场如同过山车般巨幅震荡。美国斑点叉尾鮰保种亲鱼数量的稳定就决定了其鮰鱼产业能够健康平稳地发展，按照成熟的市场规律运转，不会在短时间内出现巨幅震荡。此外，美国养殖的不同规格成鱼和鱼种数量之前也一直呈现减少的趋势，但2012年后减少幅度也明显减缓，2017年度养殖的鱼种已经开始回升（表1-1），这也基本与产量表现一致，表明美国鮰鱼产业应该会相对平稳地发展。

表1-1　美国斑点叉尾鮰年度养殖数量

年份	亲本/万尾	小规格成鱼/百万尾	中规格成鱼/百万尾	大规格成鱼/百万尾	鱼苗/百万尾	小规格鱼种/百万尾	大规格鱼种/百万尾
2010	54.4	168.62	91.59	8.57	429.59	213.18	152.19
2011	49.7	115.96	54.13	6.21	568.99	222.89	158.47
2012	56.2	112.97	64.74	3.6	451.1	298.08	165.41
2013	54	103.52	58.02	5.16	398.51	212.15	127.11
2014	65	102.19	50.6	4.5	420.06	176.77	112.31
2015	57.7	96.81	48.22	5.09	449.51	153.55	95.24
2016	52	101.12	45.61	3.53	313.57	134.39	71.51
2017	59	69.61	51.51	3.56	269.42	195.51	96.44

注：按照美国农业部的分类，小规格成鱼0.75～1.5磅（1磅≈0.45千克）、中规格成鱼1.5～3磅、大规格成鱼3磅以上，小规格鱼种0.06～0.18磅、大规格鱼种0.18～0.75磅。

三、美国斑点叉尾鮰产业展望

虽然各项养殖数据表明美国鮰鱼产业已经进入平稳发展阶段，但是美国鮰鱼产业依然面对以越南为主的进口鲶鱼市场的竞争，市场竞争带来了诸多挑战，需要引起整个产业的足够重视，并加以小心应对。

1. 美国斑点叉尾鮰养殖成本高、利润低

美国《清洁水法》规定美国环保局有权颁发排污许可，该许可机制对水质进行管控，确保水产养殖的尾水排放不会给环境和自然资源的保护造成不利影响。美国斑点叉尾鮰养殖尾水需要达到美国环保局的标准才能排放，因此养殖场都需要建立养殖污水处理设施。随着时代的进步，美国环保局的养殖尾水排放标准越来越严格，基本都是零排放。不菲的养殖污水处理费用，使得众多鮰鱼养殖户转型种植大豆。此外，美国的人力成本高，美国年轻人不太喜欢从事农业生产，所以鮰鱼加工成本要高于我国2倍以上。而目前美国鮰鱼加工厂的设备与技术落后，基本处于美国的20世纪80年代水平，自动化程度低，不可避免地加大了对人员的需求。这些因素都推高了美国斑点叉尾鮰的养殖和加工成本，与养殖密度惊人、尾水任意排放的越南巴沙鱼相比，价格悬殊，自然没有竞争优势。降低美国鮰鱼成本，主要方向应针对加工流通阶段，更新加工厂的设备与技术、提高加工流通阶段的自动化水平、减少人力成本是产业升级的必经之路。

2. 美国本土鮰鱼品质差，产品市场定位不准

虽然对养殖污水排放作出严格要求，但美国鮰鱼养殖过程中池塘水质总体较差，藻类繁殖过盛，造成出塘的鱼肉口感较差。美国消费者调查表明，低收入人群基本购买越南的巴沙鱼片，高收入人群以购买斑点叉尾鮰鱼片为主，特别倾向于来自

中国加工的鮰鱼片。美国本土产的鮰鱼虽然价格高，但是消费者普遍认为其风味与口感要逊于从中国进口的鱼片。甚至许多美国经销商将进口中国的鮰鱼片在工厂内进行重新包装并修改标签后，转手以美国本土产品出售或出口至欧洲与中东市场。提高斑点叉尾鮰养殖技术，改善养成的鮰鱼品质，瞄准美国国内中高端市场可能是美国鮰鱼产业未来的准确定位。美国的水产养殖技术在广大中国养殖从业者看来基本不合格。"养鱼先养水"、水质"肥、活、嫩、爽"等中国养殖者的基本经验在美国很少见。美国鮰鱼养殖过程中的水质调节往往被忽视，藻类水华时常暴发。提高养殖技术，调控养殖周期内的水质，避免藻类水华和微生物产生各类异味物质，改善美国本土养殖的斑点叉尾鮰品质，从而与占据价格优势、进口数量巨大的越南巴沙鱼片形成差异化竞争，稳定中高端市场的鮰鱼需求。

3. 最新检验法规的挑战

美国国际贸易委员会2003年针对越南冷冻巴沙鱼片的反倾销关税并没有挡住越南巴沙鱼的出口，相反，越南冷冻巴沙鱼片出口美国的数量和金额逐年攀升。美国国际贸易委员会2009年和2014年的两次复审都维持了对越南冷冻巴沙鱼片的反倾销关税政策。因此，密西西比州前参议员萨德·科克伦（Thad Cochran）撰写了仅针对鲶形目鱼类的检验法规。2015年12月，美国农业部食品安全检验局（FSIS）发布《强制性鮰鱼检验法规》终稿，自2016年3月1日起，鮰鱼产品监管权正式由美国食品药品监督管理局（FDA）移交FSIS，过渡期18个月。法规施行的理由是为了保证食品安全，但目的是通过改变检验单位，加大检验难度，提升鮰鱼进口成本，同时提高贸易壁垒，降低外国进口产品的竞争力。

FSIS与FDA在管理上要求不同，前者是对产地认证的要求（包括从农场运抵加工场所途中的运输要求和产品原料的安全，如用水卫生和饲料安全），产品合格后才能进来，后者是"产品可以进来，出了问题之后再进行处理"。FSIS此前主要是按照《联邦肉类检验法》对美国市场的肉类、禽类产品开展严苛的检验，全世界仅有10个国家可以满足其检验要求。过渡期内，FSIS将派驻官员对境内鮰鱼宰杀、加工和运输企业实施全过程广泛检查，对进口鮰鱼的出口国进行等效性评估，以确保出口国相关措施与FSIS等效，经评估合格后出口国才可以对美出口鮰鱼。FSIS对鮰鱼进口商实施最低每季度一次的定期检查并采样进行品种和药残监测，过渡期满后对每批次进口的所有鮰鱼产品实施检验。

　　该法规对美国鮰鱼产业而言是柄双刃剑。法规虽然对进入美国的鲶鱼产品要求苛刻，提高了国外产品进入难度，但同时也对国内的鮰鱼宰杀、加工和运输企业提出了严格的监管要求。如果按照FSIS的监管和检验要求，美国本土养殖的鮰鱼加工鱼片可能很难通过。法规在阻挡国外鲶鱼产品进入美国市场的同时，也会导致美国本土的斑点叉尾鮰产业处境困难。

第二节
中国鮰鱼产业发展历程

　　1984年，湖北省水产科学研究所首次从美国3个州（阿肯色州、亚拉巴马州和密西西比州）引进天然水域捞取的斑点叉尾鮰野生苗种，并对其生物学、繁殖与养殖技术进行了本土化研究。1987年，池塘培育的亲鱼成功繁殖67万尾鱼苗。这些鱼苗被引种至全国15个省（市）的59个科研、生产单位，并开展培育与养殖，繁殖的苗种供应周边，为发展鮰鱼商品养殖奠定了基础。随着鮰鱼苗种生产的规模化，带动了养殖的发展，养殖区域和面积逐年扩大，产量也不断增加，养殖进入商业化阶段。在养殖过程中，对苗种和养殖技术进行了研究与标准制定，繁养殖技术不断完善，市场逐步扩大，进入21世纪我国鮰鱼养殖已经初具规模。21世纪后，我国加强了斑点叉尾鮰引育种研究，并开展了饲料开发和养殖模式创新，为鮰鱼养殖产业规模化发展奠定了基础。2003年，美国对越南巴沙鱼产品加征反倾销关税，为我国鮰鱼出口创造了机遇，2003年对美国出口326吨，拉开了我国鮰鱼产业加工出口的序幕。加工企业引进鱼片加工设备，对美出口量逐年增加。在美国市场需求的拉动下，我国鮰鱼产业也得到了迅猛发展，产量从2003年的不到4.6万吨上升到2009年的22万吨（图1-1）。但是，2007年FDA对我国鮰鱼产品实施强制性药残检测，使我国鮰鱼对美出口受到极大限制，出口量大幅下降。2008年7月，FDA来中国考察后，宣布将9家中国企业从自动扣留名单中去除，我国鮰鱼对美出口开始恢复。2008年对美出口量上升至1.7万吨，同比增加187.6%，约合4.9万吨原料鱼，占我国鮰鱼产量的22%。同时，受出口的影响，我国鮰鱼产业加大了国内市场的开发，四川、重庆等地市场相继打开，带来了消费量激增，价格也随之攀升，又燃起了鮰鱼

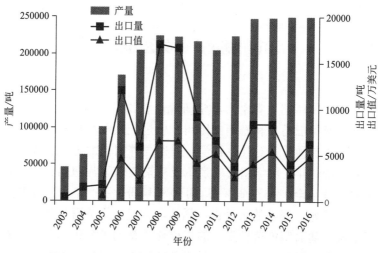

图1-1　中国斑点叉尾鮰养殖产量、出口量及出口值变动

养殖者的信心。然而，2009—2011年鲴鱼产量由于惯性依然连续下降，2012—2013年才逐步上升。2003年以来，我国鲴鱼价格呈现出4～5年为周期的波动特征，鲴鱼产量也呈现出波浪式起伏。2015年后，国内消费市场稳定开拓并占据绝对优势，带动鲴鱼养殖规模稳步扩大，我国鲴鱼产业呈现出稳定健康发展的态势。

一、引种

我国于1984年从美国引入斑点叉尾鲴苗种。1997年，全国水产技术推广总站牵头从美国阿肯色州、得克萨斯州和密西西比州等地引入斑点叉尾鲴苗种60万尾，分别保种养殖于北京、江苏泰兴和湖北武汉。1999年，全国水产技术推广总站再次牵头从美国阿肯色州引进苗种70万尾，养殖于北京通县、上海原南汇和江苏泰兴。2003年，江西省水产技术推广站引入密西西比州和阿肯色州品系苗种10万尾，养殖于江西峡江。2004年和2007年，中国渔业协会鲴鱼分会又牵头从美国阿肯色州及密苏里州分别引进70万尾和44万尾卵黄苗，保存在北京、湖北、江苏、四川等地。此外，为满足自身养殖生产的需求，2001年和2005年，湖北、江西等省份的企业自行从美国引进不同批次的苗种。经全国调研，国家及省市原良种场的种质保护较好，档案记录齐全（表1-2）；由地方企业引进的种质分散于不同养殖场，缺少档案记录和保护，种质已经流失或者混杂。

表1-2　中国官方机构引进并保存的斑点叉尾鲴种质

引进时间	引进单位	来源	状态	数量/万尾	保存地点
1984年	湖北省水产科学研究所	阿肯色州、亚拉巴马州、密西西比州	卵黄囊	3.5	湖北武汉
1997年5月	全国水产技术推广总站	阿肯色州	卵黄囊	20	北京

引进时间	引进单位	来源	状态	数量/万尾	保存地点
1997年5月	全国水产技术推广总站	得克萨斯州	卵黄囊	20	江苏泰兴
1997年5月	全国水产技术推广总站	密西西比州	卵黄囊	20	湖北武汉
1999年6月	全国水产技术推广总站	阿肯色州	卵黄囊	70	北京通县、上海原南汇、江苏泰兴
2003年7月	江西省水产技术推广站	密西西比州和阿肯色州	卵黄囊	10	江西峡江
2004年7月	中国渔业协会鮰鱼分会	阿肯色州	卵黄囊	70	湖南沅江、江苏泰兴和洪泽、福建闽清、江西峡江
2007年7月	中国渔业协会鮰鱼分会	密苏里州	卵黄囊	44	安徽巢湖、湖北嘉鱼、江苏泰兴、四川成都

二、苗种与养殖

1984年湖北省水产科学研究所引进的斑点叉尾鮰卵黄苗经养殖3年后，首次人工繁殖成功，孵化出约67万尾鱼苗。之后，斑点叉尾鮰的人工繁殖在多地获得成功，我国多个省份开始进行了苗种生产与养殖。

三、苗种生产

根据中国渔业协会鮰鱼分会的统计，我国每年繁殖斑点叉尾鮰苗种约10亿尾。目前，我国已经形成2个斑点叉尾鮰苗种主产地区，分别为长江中游湖北省嘉鱼县和长江上游四川省眉山市。其中，嘉鱼县是我国最大的斑点叉尾鮰苗种供应基地，每年生产苗种7亿～8亿尾，生产的苗种销售至全国多个省份。眉山市每年生产斑点叉尾鮰苗种 1.5 亿尾左右，主要供应当地周边地区养殖。湖南、江西和江苏等地也有少部分苗种生产，销售主要针对当地。

我国斑点叉尾鮰苗种生产主要以家庭作坊和小企业模式为主。繁殖设施简单，亲本质量难以保证，养殖管理技术水平不一，导致生产的苗种质量也参差不齐。如嘉鱼县斑点叉尾鮰繁殖场数量多达 200 余家。为了提高苗种质量，使斑点叉尾鮰产业持续、健康、稳定发展，2013 年嘉鱼县整合 206 家斑点叉尾鮰繁育场及繁育户，成立了公司，并注册了品牌商标。在新公司里，斑点叉尾鮰亲鱼仍然由各个养殖场分开进行标准化培育，但是鱼卵集中到公司孵化，所生产的苗种由公司统一销售，公司也定期更新亲本，饲料和渔药由公司统一采购。该公司繁育中心现保有亲本 6 万组。

四、养殖情况

目前斑点叉尾鮰已在我国 20 多个省份养殖，主要区域集中于长江流域。根据《中国渔业统计年鉴》统计，2016 年我国斑点叉尾鮰养殖产量前五名省份分别如下：四川省 6.96 万吨，湖北省 4.90 万吨，湖南省 4.10 万吨，江西省 2.61 万吨，广东省 2.01 万吨。我国斑点叉尾鮰养殖以池塘养殖为主，还有网箱养殖、流水养殖等养殖模式。普遍投喂颗粒饲料，浮性饲料也逐渐被接受。但是随着国内环境保护工作的加强，多个省份已经逐步开始清退湖泊、水库的网箱养殖，这些省份的鮰鱼养殖产量明显下降。

斑点叉尾鮰在引入我国的前 20 年发展缓慢，产量也一直维持在 1 万多吨。2003 年我国斑点叉尾鮰产品初步出口美国市场并获得成功后，带来了国内斑点叉尾鮰养殖量的攀升。2005 年全国产量超过 10 万吨，2 年后则突破了 20 万吨。2007 年后，出口市场的波动导致国内斑点叉尾鮰养殖规模也出现了相应的波动。

病害是制约美国斑点叉尾鮰产业发展的主要问题，生长退化、饲料转化率低、肉片产量和品质、不耐低氧等也都一定程度限制了其产业发展。对中国而言，斑点叉尾鮰是引进品种，经过连续多代的人工繁殖，管理上缺乏系统的近交控制，导致斑点叉尾鮰的养殖性状退化、病害频发、生长缓慢、规格变小，其原因是近亲繁殖、亲本群体数量小和更新周期长。

为了维持产业发展，中国不断从美国各地引进斑点叉尾鮰种质。但中国鮰鱼出口对美国本土斑点叉尾鮰产业造成一定冲击后，美国开始限制对中国的斑点叉尾鮰种质出口。为了解决种质来源问题，2007年，农业农村部批准在南京建立国家级斑点叉尾鮰遗传育种中心，并开启了斑点叉尾鮰自主选育之路。该中心于2007年底至2008年初从全国各地收集了6个之前从美国引进的种质保存良好、来源与养殖档案记录清晰的斑点叉尾鮰地理种群的个体450尾，以此构建了斑点叉尾鮰育种工作的基础群体（97得克萨斯，99阿肯色，01密西西比，03阿肯色，04阿肯色，07密西西比），开始以体重为目标的选育工作。2008—2010年，国家斑点叉尾鮰遗传育种中心设计了双列杂交实验，利用独立的配种池，1雄1雌定向配组斑点叉尾鮰亲鱼，建立斑点叉尾鮰全同胞家系，亲鱼自然产卵，每个卵块在独立的孵化槽孵化。120日龄的稚苗测量体长和体重后注射电子标记混合养殖在同一池塘，养殖到商品鱼规格后，再次测量体长和体重。利用 REML/BLUP 程序估算各个家系的遗传参数和育种值。连续两年的测试结果表明，01密西西比♀×03阿肯色♂ 组合的后代生长优势最大，收获体重比其他组合的均值高22.23%。2011年和2012年，以01密西西比自交家系后代6个高选择指数家系前50%的雌鱼与03阿肯色自交家系后代6个高选择指数家系前50%的雄鱼交配，获得新品种"江丰1号"（图1-2）。2012—2013连续2年的养殖对比试验表明，"江丰1号"新品种比国内普通斑点叉尾鮰商品鱼收获体重提高20%以上。"江丰1号"新品种于2013年底通过全国水产原种和良种审定委员会的品种审定（GS-02-003-2013），现已在国内推广。

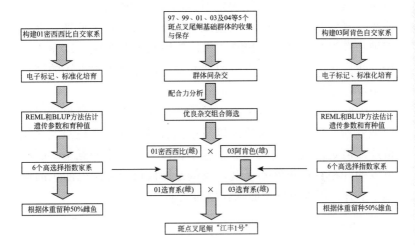

图1-2　斑点叉尾鮰新品种"江丰1号"选育技术路线图

六、国内外市场

1. 加工出口

2003年以前，我国斑点叉尾鮰消费主要面向国内市场，基本上是鲜活鱼直接出售。2003年5月，越南鲶鱼被美国定为倾销，给我国的冻鮰鱼片出口带来了机遇。湖北、湖南和江苏等地的少数几家加工厂开始尝试向美国小批量出口。这些加工企业原来大多从事小龙虾加工，每年8月小龙虾加工结束后，刚好转换为鮰鱼片加工。2003年我国仅出口326吨鮰鱼片，出口量不大，却引起美国贸易商的关注，之后相关订单纷至沓来，导致国内鱼种供不应求，成鱼价格也应声而涨。2003年以后，出口带来了我国鮰鱼产业的空前繁荣，行业迅速发展形成了养殖、加工、贸易为一体的产业化链条。斑点叉尾鮰产品的出口量也不断上升。2004年中国渔业协会鮰鱼分会成立后，开始系统地统计全国的鮰鱼养殖与出口量。2007年6月28号，FDA作出决定，对包括斑点叉尾鮰在内的中国5种水产品进行自动扣留，严格检查抗生素等药物残留。该决定对蓬勃发展的鮰鱼产业如同晴天霹雳，导致加工厂停产，大量成鱼积压，市场行情低迷，众多养殖户改养其他品种。2007年出口量锐减至5900吨。2008年开始，我国鮰鱼出口量呈现出周期性波动，导致国内市场的销售价格也剧烈起伏。

因此，除了美国这个主市场外，目前我国出口商也积极地向俄罗斯、乌克兰、西班牙以及中国香港等地推销斑点叉尾鮰鱼片，但是这些地区同样面临越南巴沙鱼片的激烈竞争。而新市场的开拓目前仍然不乐观，反倒是国内进口越南巴沙鱼的量逐年上升，国内市场也面临强烈的竞争。

2. 国内市场

斑点叉尾鮰最初引入我国是针对国内市场的，作为小众特色水产品种，其产量和价格一直很稳定。然而，2003年美国市场的打开，使得我国斑点叉尾鮰产业迅速发展，产量也急剧上升，远远超过了国内市场的需求量。尤其2007年出口受限后，国内市场的无序开发开始引起重视。《当代水产》杂志从2009年开始将斑点叉尾鮰的华中地区和珠江三角洲地区的塘口价格变化列入"品种调查"专栏（彩图3）。虽然国内市场消费了90%以上的斑点叉尾鮰，但是我国斑点叉尾鮰的市场价格却主要受出口影响。前一年的出口量和出口额增加（或减少），会导致第二年国内斑点叉尾鮰的市场售价升高（或降低）。

四川、重庆、贵州等西南地区的省市一直有吃无鳞鱼的习惯，因此成为斑点叉尾鮰国内市场开发的重点地区。而斑点叉尾鮰因为无肌间刺、出肉率高的特点，迅速赢得这些市场的欢迎。2014年，中国渔业协会鮰鱼分会在四川省成都市的调研结果表明，该市每天平均销售斑点叉尾鮰鲜活鱼50吨。四川、重庆和贵州三个省市每年消费斑点叉尾鮰鲜活鱼8万～10万吨。北京、上海、广州和杭州等大城市的餐饮店每年消费斑点叉尾鮰鲜活鱼5万～6万吨；其他小城市和农村消费斑点叉尾鮰鲜活鱼5万吨。国内斑点叉尾鮰消费主要是鲜活鱼，加工包装销售的产品只有1万吨。2015年后，根据养成规格，国内形成了四个不同的市场：0.5～0.75千克的鮰鱼，提供给加工厂，以制作冷冻鱼片为主；0.6～0.9千克的鮰鱼供应西南市场，包括四川、重庆、贵州、云南等省市，统称成都货；0.9～1.6千克的鮰鱼供应华北市场，包括北京、河北、山东和河南等省市，统称北京货；1.6千克以上主要供应西北市场，包括陕西、甘肃、宁夏等省区，统称西北货。

七、问题与展望

1. 建立育繁推体系

加强育种工作，建立遗传育种中心—良种场—养殖场的三级苗种培育与养殖模式。遗传育种中心通过选育提供具有生长、抗病等性状的亲本，良种场利用这些亲本繁殖和培育出大量商品苗种，养殖场则将这些苗种养殖至商品鱼规格供应市场。由于斑点叉尾鮰是引入物种，因此种质资源是决定我国斑点叉尾鮰产业的重要因素。我国斑点叉尾鮰良种场和养殖场建立已久，但是遗传育种中心建立不久，育种成果刚刚开始显现，尤其遗传育种中心、良种场和养殖场三者之间还缺乏紧密衔接机制，选育良种的养殖覆盖率仍然偏低。因此建立三级扩繁模式，实现育繁推一体化管理，将从根本上解决我国斑点叉尾鮰产业的良种需求瓶颈。

2. 培育成熟稳定的国内市场

目前我国鮰鱼价格受市场供求关系影响极大，国内鮰鱼价格大幅波动震荡的问题不解决，会导致市场不稳定，也将影响我国鮰鱼产业的健康发展。国内斑点叉尾鮰养殖从业者规模小、数量多，因此鮰鱼价格的波动，导致这些鮰鱼养殖从业者频繁进出鮰鱼产业，从而导致鮰鱼养殖产量不稳定，又反过来影响鱼价。因此，仅仅依靠市场经济的负反馈价格机制不能保证产业的平稳健康发展，还需要政府调控这只看得见的手，共同护航。政府引导培育规模化斑点叉尾鮰苗种、养殖企业与合作社，稳定鮰鱼苗种总体供应，保持养殖产量维持在合理范围，保证鮰鱼产业在长期健康稳定发展。

3. 研究推广绿色养殖模式

随着社会的发展，国家对农业生产过程生态环境保护越来越重视，环保执法强度也越来越严格，内陆多个省份已经开始逐步清退湖泊、水库的网箱养殖。这些清退行动已经对我国斑点叉尾鮰产业带来了一系列的影响。但是，这也是我国鮰鱼产业升级的一次机遇，也是我国水产养殖业供给侧结构性改革的必然趋势。可以预见，未来的中国水产养殖必然会对养殖水体水质进行管控，严格施行达标排放制度，确保养殖生产过程尾水的排放不会给环境和自然资源造成不利影响。斑点叉尾鮰养殖零排放的相关绿色养殖模式的研究早已开展，工业化循环水养殖、池塘湿地生态养殖等新型模式已经开始试点推广。不同地区的斑点叉尾鮰养殖者应该认清发展趋势，尽早尽快地开展适合当地的环保型养殖模式摸索，建立适用的绿色养殖的本土化模式。

4. 建立鮰鱼产品质量安全追溯体系

多宝鱼、小龙虾等水产品暴发质量安全问题后，水产品质量安全问题引起了社会的强烈关注，国内建立水产品质量安全管理与追溯体系的呼声越来越高，相关工作也逐步开始展开。而斑点叉尾鮰作为我国主要出口水产品种之一，其质量安全也面临国际监管的需求。2007年因药物残留被FDA决定自动扣留严格检查后，我国绝大部分斑点叉尾鮰加工出口企业其实已执行 HACCP 体系，但是鮰鱼产业链上游的苗种繁育场、养殖场几乎没有执行 HACCP 体系标准。建立外向型鮰鱼产品质量安全追溯体系，将可以以点带面，推动国内其他水产品种质量安全追溯体系的建设。同时，健康安全的鮰鱼产品也对鮰鱼的出口和国内市场的开发提供了保证。

5. 加强斑点叉尾鮰加工产品的研究

国内市场斑点叉尾鮰鲜活鱼销售占比很高，加工产品太少（主要是鱼片），缺乏适合城市快节奏生活、营养全面、制作简单的便利鮰鱼产品。此外，食品以外的其他产品更是缺乏，高附加值的胶原蛋白等美容、保健产品也是值得期待的。鮰鱼加工产品单一影响了产业的多元化发展。针对市场，开发出一系列的能被消费者接受的产品，引领产业提档升级，是科研院所和加工企业需要重点研究的问题。

第二章

斑点叉尾鮰
生物学特性

为了给斑点叉尾鮰创造一个良好的生态环境，养殖者有必要先充分了解斑点叉尾鮰的生物学特征，掌握其习性和生活规律，在此基础上，同时制订一系列相应的养殖措施和对策，才能为高产高效养殖奠定坚实的基础。

第一节

斑点叉尾鮰外部形态

斑点叉尾鮰（彩图4）体形较长，体前部宽于后部，头部相对较小，吻稍尖，口亚端位，体表光滑无鳞，黏液丰富。侧线完全，皮肤上有明显的侧线孔。头部上下颌具有深灰色触须4对，其中鼻须1对，口角须1对，颐须2对，颏部有较明显而不规则的斑点。口角须最长，从基部较粗稍扁逐渐变为尖而圆，须末端超过胸鳍基部。鼻须和颐须短于口角须的一半。前后鼻孔相距较远，呈管状。鼻须根部着生于后鼻孔的前端，末端超过眼后缘。2对颐须灰白色，外侧的1对长。鳃孔较大，鳃膜不连于颊部。胸鳍和背鳍有锋利坚硬的刺，刺的外缘光滑，内缘具锯状齿。背鳍有软鳍6～7根，腹鳍位于背鳍后方，臀鳍较长，背鳍后方具有脂鳍1个，尾鳍有较深的分叉，各鳍均为深灰色。头后部有明显的倒"V"字形皮褶。体两侧背部淡灰色，腹部乳白色，幼鱼体形稍类似蝌蚪形，体两侧有明显不规则的斑点，成鱼斑点逐渐变淡或消退。体色受水质和饲料的影响会出现变化。

斑点叉尾鮰生活习性

　　斑点叉尾鮰属于底层鱼类，野生群体一般栖息在湖泊、大型或中型河流中，对生态环境适应性较强。在我国大部分地区都能自然越冬。喜欢生活在清凉、较深以及底质有石块和沙砾的水中，在夜间做短距离游动，从湖泊游到河的支流进行觅食；在日出或日落期间常发现该鱼的活动能力明显增强。冬季主要在水体底层活动，而且活动能力明显降低。斑点叉尾鮰幼鱼阶段活动较弱，喜集群在池塘边缘摄食、活动，随着鱼体长大，游泳能力增强，逐渐转向水体中下层活动。

　　斑点叉尾鮰为温水性鱼类，适温范围0～38℃，最适生长温度26～30℃，最适摄食温度18～34℃。pH值5～8.5均可生存，而以6.3～7.5为最适pH值，盐度适宜范围为0～8.5‰。如果pH值过高或过低对该鱼的生长、性成熟及产卵都有明显的抑制作用。在溶解氧2.5毫克/升以上的水体即能正常生活，溶解氧低于0.8毫克/升时开始浮头，养殖生产中水体溶解氧水平最好在4毫克/升以上。斑点叉尾鮰性情温顺，喜欢集群摄食，也容易捕捞，在我国大部分地区都适合养殖。

第三节

斑点叉尾鮰食性

斑点叉尾鮰属于肉食性鱼类，经人工驯化养殖后，可转变为营底栖生活的偏肉食的杂食性鱼类。较贪食，具有一个较大伸缩率的胃，胃壁较厚，饱食后胃体膨胀较大。生活在自然水域的幼鱼主要摄食个体较小的水生生物（如轮虫、枝角类、水生昆虫等）；稍大点的幼鱼，除摄食枝角类、桡足类外，主要摄食中、大型浮游生物中的甲壳动物、小型底栖生物、水蚯蚓、水生昆虫及有机碎屑等；成鱼则以浮游动物、各种蝇类、摇蚊幼虫、软体动物、大型水生植物、植物种子和小杂鱼虾（彩图5）为主食。其摄食方式随个体大小而异，幼苗期以吞食与滤食并举；自幼鱼长至成鱼时期转为吞食为主。在人工饲养条件下，各生长阶段均喜食人工饲料。斑点叉尾鮰日夜均摄食，且有集群摄食的习性，并喜弱光和昼伏夜出摄食，主要以底层摄食为主，但幼鱼有时也游到水面摄食。人工饲养若采用在水体表面的方式投喂引诱其摄食，久成习惯后，可养成在水面集群摄食的特性。

第四节

斑点叉尾鮰年龄和生长

斑点叉尾鮰属于大型经济鱼类，在江河中最大个体可达20

千克以上，一般成鱼规格为0.5～1.0千克。在池塘养殖条件下，生长速度较快，当年鱼的体长可达13.0～19.5厘米；2龄鱼可达26～32厘米；3龄鱼为35～45厘米；4龄鱼为45～57厘米；5龄鱼为57～63厘米；雄鱼的生长速度略快于雌鱼。生长速度受气候条件、饲料及饲养方式等多种因素的影响，呈现出较大的差别。在网箱养殖条件下，当年苗种体长可达15～20厘米，体重可达75～150克；第二年鱼的体长可达35～48厘米，体重可达700～1000克。

在商品鱼养殖中，要经常观察鱼的生长情况，即在不同的年龄阶段测量其体重与体长，计算出它们的关系，来确定鱼的生长状况（如肥满度、营养情况等）。在鱼种阶段，20厘米以下体形较细长，20厘米以上成鱼阶段体形变得较肥壮。

第五节

斑点叉尾鮰繁殖习性

斑点叉尾鮰雌雄性比约为3∶1、2∶1或1∶1。雌雄比例不同，产卵的数量、卵块重量及孵化没有什么差异，如果雄性比例大些则产卵的速度会快些。其标准性成熟年龄为3～5龄，体重2～4.5千克，3龄鱼达到性成熟的占30%～40%。从生产角度讲，亲鱼以4～5龄、体重2.0～3.0千克为好。雌鱼相对产卵量为每千克体重4000～15000粒。产卵数量因亲鱼个体大小、初次和第二次性成熟而存在明显的差异。一般个体在1千克以上，初次产卵量为4000～7000粒/千克，第二次产卵量为7000～15000粒/千克。体重约4.0千克的亲鱼可产卵约30000粒。产卵周期为一年，体外授精。

在江河、湖泊、水库中均能自然产卵，以水底部有沙质、硬土底的浅滩较合适，喜欢在僻静、阴暗的岩石下或洞穴筑巢产卵。在人工产卵池塘，一般放置人工鱼巢等产卵装置让雌鱼产卵。雌鱼产卵后即离开鱼巢，雄鱼守护卵块，并扇动鳍以产生水流增加卵块的氧气供给和排出卵块代谢产物，直到鱼苗孵出。

产卵季节在湖北地区为5月上旬至7月底，广东等南方地区为5月初至7月初，产卵水温为20～30℃。在水温24～26℃时，孵化时间为6～7天。出膜10天左右，器官分化完毕。斑点叉尾鮰属于一次产卵类型，雌鱼一般每年仅产1次卵，雄鱼可多次排精。成熟亲鱼如寻找不到合适的场所筑巢，全年将不产卵，除非用人工注射激素的方法来诱导。

第三章

斑点叉尾鮰苗种繁育技术

优良的种质是苗种质量的重要保证,是取得高产高效的关键。斑点叉尾鮰自20世纪80年代引入我国以来,已推广到江苏、江西、湖北、四川、福建等20多个省市。实践证明,斑点叉尾鮰是适合我国大部分地区养殖和加工的推广品种,已成为我国出口美国的主要水产品之一,形成了从苗种繁育、养殖、加工及出口的完整产业链,是我国淡水养殖业中一个令业内人士瞩目的特色产业。

斑点叉尾鮰自1984年从美国引进我国,经过连续多代的人工繁殖,管理上缺乏系统的近交控制导致了养殖性状退化,主要出现了明显的生长减慢、体色分化、病害高发和规格不齐等种质退化的现象,严重影响了养殖业的经济效益。种质问题逐渐成为制约产业进一步可持续发展的关键问题。为了维持产业发展,我国不断从美国各地引进斑点叉尾鮰种质。但我国鮰鱼出口对美国本土斑点叉尾鮰产业造成一定冲击后,美国开始限制对我国的斑点叉尾鮰种质出口。2007年我国农业农村部渔业局为了改变鮰鱼产业亲本种质受美国限制的状况,针对产业发展立项建设我国首个国家级斑点叉尾鮰遗传育种中心。由江苏省淡水水产研究所联合中国水产科学研究院黄海水产研究所和全国水产技术推广总站等单位技术骨干组建了我国斑点叉尾鮰联合育种团队,着手开展我国斑点叉尾鮰遗传改良工程。经过近6年的研究,于2013年成功育成了生长优势明显的斑点叉尾鮰新品种"江丰1号"(GS-02-003-2013)(彩图6),在解决当前我国斑点叉尾鮰养殖苗种短缺、种质退化方面已显成效,逐步提高了我国斑点叉尾鮰产业的良种化水平。目前斑点叉尾鮰良种选育工作正在逐代持续深入,国家级斑点叉尾鮰遗传育种中心将根据产业发展需要定期为全国斑点叉尾鮰良种场和苗种场提供阶段性选育成果,并将其建设成为支撑我国斑点叉尾鮰产业发展的"种质库"。所生产的苗种主要推广应用到湖北、四川、江苏、安徽、广东以及新疆一带一路沿线省市,取得了广泛的好评和显著的社会效益和经济效益。

斑点叉尾鮰"江丰1号"新品种的培育成功，为我国斑点叉尾鮰产业的持续、健康、高效发展提供了新的优质种源保障，对提高产业良种覆盖率具有积极作用。

斑点叉尾鮰的繁殖方式

斑点叉尾鮰可以自然产卵，也可以注射激素催产使其产卵。人工繁殖技术目前已非常成熟。其在池塘的繁殖方法归纳为3种：①在池塘中自然产卵受精、自然孵化，然后收集鱼苗；②自然产卵受精，然后人工孵化；③人工催产孵化。在这3种繁殖方式中，自然产卵受精、自然孵化效率较低，且鱼苗在亲鱼池中数量无法估计。人工催产因雄鱼精液无法挤出，只能杀鱼取精进行人工授精，这对保护亲鱼资源不利，也不常采用。目前生产单位采用较多的繁殖方法是第二种，人工选择性腺发育好的优质良种亲鱼，进行配组后放入产卵池中，让其自然配对产卵后，再收集卵块放入事先准备好的孵化设备中进行人工孵化。

亲鱼培育与选择

一、亲鱼培育池条件

一般要求亲鱼池的面积在3～5亩（1亩≈666.67平方米）

为宜，培育池不宜过大，过大水质不易掌握，且同一池塘的鱼数量多，挑选亲鱼时，拉网次数过多，影响产卵效果。水深在1.5～1.8米为好。底部平坦，便于拉网捕捞，淤泥少，以硬底或沙底为好。要求水源充足，无污染，水质良好，进排水方便，环境安静，交通便利。进排水口应铺设拦鱼设施，防止亲鱼逃逸和野杂鱼进入池塘。

二、亲鱼选择

亲鱼质量的好坏直接影响鱼苗质量。选用亲鱼要求个体大，体质健壮，体态丰满，体表光滑，肥满度较好，无疾病、伤残和畸形。亲鱼具有一段适于繁殖的年龄，其中也有一段最适合繁殖的年龄。当养殖鱼类处于最适繁殖年龄时才能获得健壮的鱼苗，所以在亲本选择时必须考虑适合作为亲本的最小和最大年龄。亲鱼应选择经过人工选育、年龄4龄以上、性腺发育良好、体重2～2.5千克的个体，选择时必须注意不能仅以体重为唯一标准来衡量亲鱼好坏，大个体的亲鱼不一定都达到性成熟年龄和良好的性腺发育程度。一般2龄鱼中只有20%～30%个体性成熟；3龄鱼中可达到30%～40%；而4龄鱼中大多数能达到性成熟，用于繁殖的成功率较高；10龄以上个体通常都很大，不易操作，一般不采用。亲鱼选育制度和技术操作规程应严格执行SC 1031—2001《斑点叉尾鮰》种质标准。亲鱼来源应是由省级及省级以上的良种场提供的优质亲本。避免使用有病毒病史、疫病区选用的亲鱼。

三、雌雄鱼鉴别

斑点叉尾鮰雌雄个体在繁殖季节可通过第二性征来鉴别。一般雄鱼比雌鱼大，而且头部比雌鱼宽，临近产卵季节，雄鱼逐渐变瘦，凸显出大而肌肉发达的头部，使得其头宽大于体宽，有时体色还会发黑；雌鱼腹部柔软、膨大，卵巢轮廓明显，使得头宽小于体宽。还可通过生殖孔来进行鉴别（即第一性征）

来确定，这种方法在非繁殖季节也可以使用，将鱼的腹部朝上，即可见2个或3个开孔，靠近头部的一孔为肛门，靠近尾部的是生殖孔。雄鱼的生殖孔为一肉质的乳头状突起，繁殖季节呈膨大较硬状态。雌鱼生殖孔卵圆形，不突出，靠尾部一侧尚有一个小的泌尿孔，在临产卵季节雌鱼的生殖区呈淡红色，并显肿大，较为柔软，而且布满黏液。在非生殖季节，雄鱼头部稍宽、体色偏黑，雌鱼头部稍窄。

四、亲本培育

亲鱼培育是人工繁殖非常重要的一个环节。它决定着人工孵化成功与否及产卵率、受精率、孵化率和苗种培育率的高低。

1. 放养密度

亲鱼培育一般平均每亩放养密度为40～60尾（100～150千克），尽管雌雄比例为1∶1，但在搭配时不能以此比例放养，人工配组一般雌雄搭配比例以2∶1或3∶2为宜，同塘培育。亲鱼在繁殖季节，1尾雄鱼可与2尾甚至2尾以上雌鱼交配。搭配雌鱼过多也会造成配组不足而影响产卵受精，雄鱼过多将会出现选择雌鱼时，雄鱼相互争斗而造成鱼体受伤，影响产卵。因此亲鱼雌雄的配组比例及选择雌雄鱼规格大小的技术要求是必须重视的环节。如进行人工授精需雌雄分养，否则性成熟的亲鱼在池塘中会自然产卵孵化。

培育池中，同时搭配15厘米左右的鲢鱼、鳙鱼鱼种200～250尾，以控制池塘水质。因斑点叉尾鮰的食性与鲤、鲫相似，鲤、鲫争食能力较鮰鱼强，亲鱼池中不要放养鲤、鲫等杂食性鱼类，以免因相互争食而影响斑点叉尾鮰亲鱼的性腺发育。亲鱼增重较快，培育池应适当稀放，有利于性腺发育。

2. 饵料投喂

斑点叉尾鮰是杂食性底栖鱼类，对饲料的营养要求比我国的一般养殖鱼类要高。营养好坏直接影响亲鱼的性腺发育，在亲鱼培育期间应投喂质量好的优质颗粒饲料，粗蛋白质含量应不少于36%，有条件的地方，在亲鱼产卵前后30天左右，每天还可增投一次新鲜的动物性饵料（彩图7），如畜禽下脚料、新鲜的小杂鱼虾等，加速亲鱼性腺的营养积累和转化，对亲鱼性腺成熟效果很好。足够的配合饲料和其他动物性饵料添加，成为规模化繁育苗种的首要物质基础，同时对亲鱼的产卵和产后身体恢复是非常有利的。平时要仔细观察亲鱼的摄食情况，投饵过少或过多都会产生不好的影响。

3. 水质管理

亲鱼池要求水质清新，溶解氧含量要求保持在4.5毫克/升以上，pH值6.5～8.5，透明度须在30～40厘米。在培育亲鱼的过程中，性成熟的亲鱼耗氧量大，对低溶解氧特别敏感，因此调节亲鱼池水质，防止水质过肥是亲本培育的关键。春季到来后，最好将亲鱼池水换去一半，再灌注新水，以确保水质清新，促进亲鱼食欲。从4月份开始，每隔5～7天给亲鱼池加注新水，更换老水，始终保持池塘内水质清新；产卵前1个月，每隔3～5天冲水一次进行刺激，冲水对加速亲鱼性腺发育有良好的促进作用，可以有效地对性腺发育产生直接刺激。在产卵期间让池水流动保持微流水，每天适时开启增氧机，天气闷热时早开，并延长开机时间。亲鱼池要求无野杂鱼，以防与亲鱼争食、争氧，从而影响亲鱼的正常发育；还要密切注意亲鱼不能出现严重浮头、泛塘情况，较严重的浮头会造成亲鱼不产卵。

斑点叉尾鮰繁殖

一、繁殖季节

在水温22℃以上产卵，长江中下游地区一般在5月上旬开始产卵，到6月底、7月初结束，主要集中在5月底和6月中旬。根据气候条件（水温）的不同，产卵的季节有所差异，初次产卵和第二次性成熟产卵时间也有差异，一般初次产卵较第二次产卵时间晚一些。

二、挑选成熟雌雄鱼

选择繁殖用的性成熟的雌鱼（彩图8）作为亲鱼时，要求其腹部膨大、柔软，卵巢轮廓明显，生殖孔红肿且微向外突；选择成熟雄鱼（彩图9）作为亲鱼时，体色应深灰，腹部扁平，生殖器管状，末端尖细突出。这个时期的雌雄鱼外部特征已非常明显。

三、对环境的要求

斑点叉尾鮰从性成熟到产卵繁殖，不但受自身生理条件的制约，一些环境因素对其生殖活动也起到关键性的决定作用。如产卵水域底质条件以沙质、少淤泥或硬质底为好；产卵对水的深度有一定的要求，一般在1.1～1.3米为好；水体透明度为40厘米左右；溶解氧含量要求在4毫克/升以上。只有在水质清新、溶解氧丰富的水域才能满足其生殖活动时的需要。性成熟好的亲鱼一般在天气晴好的状况下产卵，通常水温在19.5～30℃时都能自然产卵和受精，产卵的适宜水温为23～28℃，如遇水温升降幅度较大时，对产卵会有很大的影响。

四、人工产卵巢

在自然水域条件下，斑点叉尾鮰一般选择较大的岩石下面和洞穴来产卵。在养殖池塘中没有适宜的产卵设施则不产卵，通常喜欢有巢穴或箱桶，因此，产卵季节在池塘中放入人工产卵鱼巢。

鱼巢一般可选用木箱、旧牛奶桶、大的塑料桶（彩图10）、陶瓷罐（彩图11）、缸、涂料桶等制作，都能取得不错的产卵效果。鱼巢的大小以能容得下一对亲鱼自行游转身体为宜，一般长80厘米、宽45厘米、高30厘米，亲鱼进出口直径20厘米左右，开口处的大小以亲鱼能自由进出、适应产卵、正常活动的需要为宜。进出口的另一端可用稍密一点的网布蒙上扎好封住，使亲鱼产卵时不漏卵，这样池水可在鱼巢中流动，以利水体交换流通，也便于从水中提取鱼巢。将鱼巢放置在产卵池四周离池边3～5米、水下0.5～0.8米深处，要求平放。产卵巢的间距可根据亲鱼数量而定，可4～10米放一个。鱼巢开口处朝向池中央，每个鱼巢上可系一个塑料浮子作为标记，以方便每次在池中寻找鱼巢检查、集卵。鱼巢的放置数量可按照亲鱼配对情况而设定，一般占亲鱼配对数的20%～30%。

一般在水温接近20℃时开始放置产卵巢，待水温上升到20℃以上时进行检查，如果未发现卵块，此时可以用手移动一下产卵巢的位置，这样有利于刺激亲鱼产卵。

五、产卵过程

鱼巢放置好后，当水温达到22℃时，便进入产卵季节，如果亲鱼成熟度相对一致，一般产卵时间相对集中。雄鱼开始在人工设置的鱼巢中行筑巢行为（彩图12），并寻求雌鱼配对入巢。雌鱼在选中雄鱼和鱼巢的情况下，便进入巢中交配产卵。

此时，雌鱼产一层卵粒，雄鱼立即排精，雌鱼再产，雄鱼再排精，这一产卵授精过程将重复多次，甚至长达几小时之久，卵受精后有很强的黏性，产卵结束后形成一个胶状的卵块（彩图13）。亲鱼的大小不同，所产卵块的大小（即产卵量）也不一样，一般体重2.0～2.5千克的雌鱼一次可产卵1万～1.5万粒，鱼体较大，相对产卵量也大。如果在产卵正常的情况下出现突然停产，可采取适当排水20～30厘米再进行回水，或移动鱼巢位置等来刺激亲鱼产卵，往往可以得到较好的效果。当然，也不一定配组的每条雌鱼都产卵，可通过收集的卵块数量综合分析原因，总结估算产卵率。

六、卵块收集和运输

斑点叉尾鮰产卵时间一般在晚上或清晨，鱼巢检查可在早上8点以后，这段时间取卵既不影响亲鱼产卵，也不会使鱼卵受到强光照射而被紫外线杀死。检查产卵巢中有无卵块的具体方法是：检查和收集卵块应由两人合作，先轻轻将产卵巢开口端上提，看亲鱼是否在巢中，但不要露出水面。因雄鱼有护巢行为，先看是否有雄鱼在，如有，将其赶走，然后用手伸入轻摸，或用手电筒检查，如产卵缸底部有卵块，则能看到淡黄色部分，发现后轻轻将其从鱼巢底板网上慢慢铲下，取出卵块放入带有产卵池水的桶中，连水一起运往孵化车间（彩图14）。

运卵时，运输的卵块不能过多，卵块要浸没在水中，运卵桶应加盖。卵在桶中不宜存放过久，以免缺氧窒息而死亡。如运输距离较远，应进行充气增氧，以免缺氧。应该注意的是，移放卵块的容器不能堆积，并防止运输途中有阳光照射，如鱼卵在阳光下直射半小时，可杀死较多受精卵，尤其是对卵块表面的卵影响更大。

卵块在放入孵化设施的水中时，应注意水温与池塘水温的差别，以免温差过大影响卵块孵化质量。

第三章 斑点叉尾鮰苗种繁育技术

第四节

人工孵化

　　所谓人工孵化，就是将已经受精的鱼卵，放入孵化设备内，在人为的条件下仔细管理和呵护，使其发育成鱼苗的过程。

　　在池塘取出卵块时，如发现卵块上有些卵粒不清、出现溶解的现象时，要及时进行处理，最好用镊子将坏卵、未受精卵全部剔除。鱼卵喜欢在弱光下孵化，孵化水温22～30℃，以25～28℃为最适宜的孵化温度。水温的高低直接影响孵化率，水温过低卵块孵化期将会延长，而且会引发霉菌大量繁殖；水温过高会导致胚胎发育过快，甚至造成鱼苗畸形。

　　孵化过程中应经常清除水面上的污物，每天翻动卵块2～3次，如发现有卵块染病，应立即移出以免感染其他卵块。

　　未受精卵和死亡的鱼卵易感染真菌，卵块表面会出现白色或褐色的棉絮状物，真菌也易感染健康鱼卵，及时剔除白色的坏卵，然后用福尔马林等浸泡消毒（表3-1）。消毒方法是将药物配成溶液放入容器中，然后将孵化卵块放入消毒药液中浸泡（彩图15），消毒好后，用新鲜水清洗，再放回孵化槽中孵化。注意在出膜前一天不能用福尔马林等药物处理。

表3-1　斑点叉尾鮰鱼卵的化学处理药物和用药量参考

病症	药品	防病处理用量
卵上的细菌	高锰酸钾	3毫克/升浸泡10～15秒
卵上的真菌	福尔马林（37%甲醛溶液）	100毫克/升浸泡5分钟，然后浸洗

　　孵化用水要求水质清新，溶解氧含量保持在5毫克/升以

33

上，pH值6.8～8，水质的好坏将直接影响孵化率、鱼苗成活率，水质不好甚至会导致病害，所以水质对整个孵化过程特别重要。孵化期间要特别注意水、电、气是否正常，要有专人负责值班，如有异常，要及时采取相应措施。

有学者研究，一般水温在（24±1）℃，出膜时间（胚胎期）约为147小时。水温稍低或稍高，孵化时间将延长或减少1天。从孵化出膜到卵黄囊吸收完毕、幼鱼开始摄食为止，在水温（25±1）℃条件下，历时约134小时。

由于斑点叉尾鮰产出的卵块为沉性卵，孵化过程中以悬挂方式在水体中同时满足受精卵发育必需的溶解氧和对水质的要求。主要孵化方式有以下几种。

一、不锈钢孵化槽

选用不锈钢等材料制作孵化槽（彩图16）孵化。这种孵化装置体积较小，可放在室内孵化而不受气候变化的影响。槽长2.5米、宽0.6米、深0.5米。一组可设置10个独立的孵化槽，每个独立的槽上有水喷头淋水，配以气泵通过塑料管连接散气石产气，放在卵块篓下供氧，槽底部设出水口，槽身一面开一个溢水口用于控制水位和溢出卵膜等污物。孵化篓可用0.3～0.5厘米网目的金属丝织物、塑料网布、塑料制品等制作，一个孵化槽可放置一个孵化篓（彩图17），一个孵化篓可放1～2个卵块，如卵块超过1500克，应分成小块，以免中间卵块缺氧窒息而死亡。此小型孵化装置操作简单、管理方便、孵化率高，能及时观察鱼苗的发育状况。有水产养殖企业设计了一种不需电力、只要具备水位差的孵化器，非常适合斑点叉尾鮰等名贵鱼类的黏性卵孵化，实践证明，可收到很好的孵化效果，孵化率达到95%以上。

二、水泥池孵化槽

水泥池孵化槽（彩图18）槽长2.0米、宽0.7米、深0.5米。

根据天然水体中斑点叉尾鮰的繁殖习性设计，采用水车式搅水器，转轴上带螺旋式叶片分布，转速为28～30转/分，使槽内水体波动，增加溶解氧，使卵块轻微摆动，同时可使水体内的有机物向溢出口流出。孵化时，将卵块放在用铁丝网或塑料网制成的长方体篮子中，篮子长50厘米、宽30厘米、高20厘米，每个篮子中放1块1000克左右的卵，卵块过大的可分成两块分开孵化。将篮子横向挂在孵化槽中，放在两个划桨之间。篮子口面与槽面平齐，底面距槽底5厘米。启动旋转杆，划桨会将槽水激活。打开进水管，可使槽中的水不断更换。鱼苗出膜后，通过篮子的网眼落入孵化槽底部。待鱼苗卵黄囊消失2～3天后，即能将卵黄苗移出孵化槽进入下一阶段培育。

三、环道孵化

在进行批量生产时，斑点叉尾鮰也可用淡水鱼常用孵化环道（彩图19）来孵化鱼卵，放卵密度为10万～15万粒/米^3。有搅水式和喷水式两种，两种方式相比起来，搅水式的较好。喷水式环道进水冲击力太大，会使出膜后喜欢聚集在池底的幼嫩鱼苗受伤，对鱼苗集群和鱼苗胚后发育不利，所以通常使用时选择搅水式环道。孵化时，将卵块放在用网目合适的铁丝网等材料做成的孵化篓中。孵化篓的口要高出环道水表面5～8厘米，以免卵块受流水摇动流出而沉到环道底部造成缺氧。环道流速为0.8～1立方米/分，鱼苗出膜后就会从孵化篓的网眼落入到环道内，待鱼苗开食后，可以在环道中再进行一段时间的暂养，之后，移出环道的鱼苗可直接放入鱼苗培育池培育。

四、人工移苗出池

刚孵化出膜的幼苗，在水体的底部聚集成团（彩图20），以自身的卵黄为营养，体质柔弱，卵黄较大，不能自由游泳，只能借助水体的流动而上下翻动，3～4天后幼苗快吸收完自身的卵黄后，开始有一定的游动能力，且能够开口，当上浮苗达1/3

时，前2～3天使用人工培养的红虫（枝角类）或捣烂的水蚯蚓等活饵料投喂。培育5～6天后，人工计数后将鱼苗移至暂养池中暂养。

第五节

强化亲鱼产后培育

这一阶段的特点是由于亲鱼经过产卵、排精的过程，亲鱼产后体能消耗非常大，产后亲鱼体质虚弱，再加上操作中的损伤，放入池塘后较容易感染疾病。为使产后亲鱼尽快恢复体质，为来年繁殖打下坚实的基础，切实做好产后管理工作尤为重要。如果亲鱼培育恢复阶段饲养管理不到位，应该考虑会导致亲鱼性腺发育迟缓、卵子数量少、质量差、亲鱼体质差等众多问题。因此，必须精心护理。

对亲鱼的培育应该从秋季抓起，这一阶段，亲鱼大量摄取食物，体内积累脂肪，是恢复体力和为下一阶段把体内脂肪转化为性腺发育所需物质的最重要的时期。在这段时间内，一定要加强饲养管理。其中心环节必须做到以下几个方面：一是创造良好的池塘环境让亲鱼恢复体力；二是亲鱼下塘后的放养密度上应适当稀放；三是加深培育池塘水位，及时冲水增氧，并重视水质调节；四是及时补充营养，使产卵后体能尽快恢复。因此，秋季加强饲养管理不容忽视，这阶段护理效果影响来年的怀卵量和成熟度。

即使在冬季的晴暖天气时，也要适当投喂饲料，不能认为冬季不用投喂。初冬，亲鱼继续积累体内脂肪，仍属肥育时期。冬末，亲鱼开始把积累的养分用于性腺发育，这一阶段，由于气温下降，亲鱼食欲减退，可适当少投。

要特别注意的是，养殖者不能把亲鱼的产前培育工作全部寄希望于春季时再进行强化培育，要考虑春季水温逐渐升高，加上日常饲料投喂过多，水质较易恶化，会影响亲鱼的性腺发育，严重时会引起亲鱼死亡。

第六节 苗种培育技术

苗种是渔业生产的重要基础，苗种的质量好坏直接影响成鱼产量。获得健壮、符合规格的鱼种，是成鱼生产获取丰收的保障。

苗种培育是很细致的过程，由于刚刚脱离鱼卵开始主动摄食，取食能力很弱，食料范围窄，再加上鱼体幼小纤细，对外界环境条件及敌害侵袭的应付能力都很低。但是其代谢活动十分旺盛，食物的转换率也很高，生长也非常快，所以要求在人工严密控制的良好条件下，给予精心的饲养管理，使其健康成长。

斑点叉尾鮰鱼苗、鱼种的培育，主要是将水花培育成3.5～4.0厘米的夏花鱼种，然后再将夏花鱼种培育成30～50克重的大规格鱼种。夏花鱼种需要15～20天的培育时间，大规格鱼种需要4～5个月的培育时间。

一、鱼苗前期培育

前期培育主要是指将鱼苗进行短时间暂养，为提高下一阶段培育成活率所做的工作。培育方式一般有水泥池培育和网箱暂养两种。

1. 水泥池培育

选择面积以1～2平方米的水泥池为好，小面积的水泥池（彩图21），管理起来较方便。每平方米水体可移苗暂养2.5万～3.0万尾（彩图22），卵黄囊逐渐消失后的鱼苗完全依靠摄取外界食物为营养，此时的鱼苗个体细小、活动能力弱，其口径小，取食器官还未发育完全，只能依靠吞食的方式来获取食物。因此，鱼苗入池后2～3天可投喂些开口饵料，投喂的浮游动物以轮虫、枝角类、桡足类和摇蚊幼虫等活饵为好，之后，可辅助投喂营养价值高、蛋白质含量在40%以上的适口的微型颗粒料（彩图23），要少量多次，每天投喂6～8次，让幼苗吃好、吃足。在暂养培育过程中，一定要保持微流水，溶解氧充足，水质清新，常用塑料软管吸出池底污物，保持池底清爽干净、无死亡浮游动物的尸体。定期用0.2～0.3克/米^{3}高锰酸钾消毒。培育1周后幼苗体色转变为深灰色（彩图24），体长平均达1.2厘米左右时，即可出池转入夏花鱼种培育池进行下一阶段的培育。

2. 网箱暂养

暂养网箱（彩图25）一般用40～50目尼龙纱布制成，规格2米×1米×0.5米，每立方米网箱可暂养幼苗1.0万～1.5万尾。为使网箱减少与鱼体表的摩擦，在幼苗暂养下塘3～4天前，先把网箱放入经消毒后的池塘中浸泡、软化后再装置好放苗。暂养水体要求透明度在30厘米以上，池中有大量浮游动物，也可捞取池中的浮游动物直接投入网箱投喂。幼苗管理主要是应该注意保持水质清新、不混浊，水中溶解氧含量保持在5毫克/升以上，勤洗箱，并检查箱体是否破损，以防幼苗外逃。如计划下一阶段的鱼种培育在网箱暂养池塘中进行，有的地方是采用在暂养网箱的一侧先设计好幼苗下池处留个出口的方法，出苗口应在水面下4～5厘米处，以便下一阶段培育时幼苗能自由地从网箱游到池中。这样做的好处是免除人工操作带来的损失，直接下塘，提高成活率。幼苗入箱6～7天后，一般能自由游出网箱，如还有鱼苗未能游到池中，应及时将鱼苗从暂养网箱中放入池塘。

二、夏花培育

1. 养殖环境与池塘条件

　　斑点叉尾鮰苗种培育池塘要求具有水、电、路等基础设施，交通便捷，便于运输，周边生态养殖环境适宜，没有污染源，水利设施良好，水源充沛，水质良好。水源水质应符合GB 11607—89《渔业水质标准》的规定，养殖池塘水质应符合NY 5051—2001《无公害食品　淡水养殖用水水质》的规定。

　　培育池面积以1～3亩为宜，东西走向，面积过大易造成鱼种摄食不均，而且给捕捞操作带来困难。水深保持在1.0～1.3米，池塘保水性能好，池底平坦，淤泥少，进排水方便，周围环境安静。

2. 池塘肥水准备

　　修整池塘，在冬季或者早春的时候将池水抽干，使池底冰冻或日晒，减少来年养殖病害的发生。清除池中杂草和过多的淤泥，检查塘埂有无漏洞，修补塘埂，确保不漏水，整平池底。

　　鱼苗放养时间一般在5月底至6月初左右，清塘以生石灰为好，放养前10～15天池水排至10～15厘米，用生石灰80～100千克/亩清塘消毒，3～5天后灌注新水，用双层80～100目的筛绢过滤，至水深0.5～0.7米。放苗前3～5天，池塘施腐熟粪肥或绿肥200～250千克。为了加速肥水，可根据池塘条件兼施化肥或尿素、氯化铵等。放苗前2天，每天用黄豆磨浆全池泼洒，每亩用黄豆2～3千克，使池中浮游动物达到最高峰，培养鱼苗适口的活饵料，使鱼苗入池即可吃到充足的天然饵料，提高培育成活率。

肥水下塘要掌握好浮游生物和下池鱼苗食性转化的一致性。池塘施肥后，各种浮游生物的繁殖速度和出现高峰时间不同，出现顺序一般依次为浮游植物和原生动物、轮虫和无节幼体、小型枝角类、大型枝角类、桡足类。鱼苗下池后的食性需求转化规律一般是先轮虫和无节幼体，然后转化为小型枝角类，再转向为大型枝角类和桡足类。为保证鱼苗在各个发育阶段都有丰富适口的天然饵料，应注意鱼苗适时下塘，充分把握好两者在时间节点上的一致性。适时下塘就是在池中培养的轮虫量达到高峰时，将鱼苗放入池中。下塘过早或过晚都不好，下塘过早，池中的轮虫数量少，适口饵料不足，吃不好也长不好；下塘过晚，错过了池塘中饵料生物量的高峰期，鱼苗无法获得适口饵料，也会影响鱼苗生长。

当池水中的轮虫量达到高峰时，每升水含轮虫0.5万～1万个。池水中轮虫数量可用肉眼观察计数，具体方法是用玻璃烧杯取池水对着阳光估算每毫升水中的小白点（轮虫）数目，如果每毫升水中含有10个小白点，那么每升水中大约含有1万个轮虫。

3. 鱼苗放养

（1）鱼苗质量　鱼苗质量是影响苗种培育成活率的关键因素，选购的鱼苗应95%以上的鱼苗卵黄囊基本消失、鳔充气、能平游和主动摄食，且鱼体呈灰黑色、有光泽，集群游动，规格整齐。畸形率小于1%，伤残率小于1%。

（2）放养试水　鱼苗下塘前2～3天要先进行试水，待池内消毒药物的药性完全消失后才能下塘。具体做法是从池中取一盆水或在池中放置一小型密眼网箱，放入鱼苗试养12～24小时，如果鱼苗活动正常，证明毒性已经消失，可以下塘，即能正常放养。

（3）放养密度　每亩放苗6万～8万尾，建议放苗密度可根据鱼池条件、水质肥度及浮游生物的丰歉具体情况而定。鱼苗运输到塘口后，先不要急于放苗，在下塘前先调节温差，将运输的塑料袋放入池水中，使袋内外的水温达到平衡后，再开袋放出鱼苗，慢慢倒入池中暂养网箱内暂养几小时，动作要轻缓小心，以免伤苗。

（4）放苗天气　入池时间最好控制在晴好天气，应尽量避免长期阴雨天放养，尤其注意的是多关注鱼苗入池后2～3天的气候情况。

（5）放苗前的暂养　鱼苗如从外单位购入，下塘前则先放入本塘已准备好的纱绢网箱内暂养6～10小时。暂养过程中要保证氧气充足以防缺氧，并在上风口放养，经观察发现鱼苗活动敏捷后方能放入池内。

4. 饲料选择与投喂

鱼苗下池后2～3天，由于池中有丰富的天然饵料，一般不需投饵。随着池中浮游动物的减少，5～7天后逐渐添加投喂人工饵料，选择斑点叉尾鮰鱼种配合饲料专用料0号料（小粒径的粉料），蛋白质含量32%～35%，若觉得粒径过大，可人工将颗粒饲料碾碎后再投喂。投喂时有以下几种方法可参考：一是将粉料撒在池塘四边的水面上驯食，让鱼苗上浮集中摄食，随着鱼苗长大，逐渐缩小投喂范围到池塘一固定区域，让鱼苗集中到定点区域摄食；二是加水调成面团状，放在人工做成的饲养箱内供其摄食；三是调成糊状，然后将糊状饲料放在鱼苗饲养池底部事先铺设好的塑料板上投喂。无论采用哪种投喂方法，每天至少投喂2～4次，日投饲量为鱼苗体重的8%～10%，要根据天气、水温、吃食情况来定，以投喂后半小时内吃完为宜。切忌投饲过量，否则会滋生病菌和败坏水质。

5. 水质管理

鱼苗池的水质调控是鱼苗培育过程中一项重要的管理工作，是提高鱼苗成活率的重要技术措施。鱼苗下塘后，如水质过肥，

2天要加注1次新水，每次加水不要过多，一般10～15厘米即可。因投喂高蛋白质饲料，池水也极易恶化，所以要特别注意防止池塘缺氧，造成鱼苗泛池死亡。在放苗15天后，用生石灰水改善水质，5千克/亩全池泼洒。

在确保投饵充足、饵料高营养的情况下，还应做到保持水质"肥、活、嫩、爽"，透明度25～30厘米，酸碱度为中性或偏碱性。

6. 日常管理

（1）做好巡塘工作 鱼苗培育期间，认真坚持每天巡塘。巡塘的主要目的在于多注意观察鱼苗的活动情况，如水质肥、天气闷热无风时就应多注意鱼苗是否缺氧浮头，如发现有缺氧症状的池塘，要立即冲注新水以改善水质、增加溶解氧，并停止施肥、喂食。勤除池中杂草，傍晚时查看鱼苗池的水质，安排第二天的投饵、加注水等工作。

（2）及时清除敌害 鱼苗培育期间天敌很多，如野杂鱼、水蜈蚣、水蛇、水老鼠等，防治方法主要依靠人工捕捉和驱赶。池塘注水时应采用密网过滤，防止敌害生物侵入，发现蛙卵要及时捞出。

7. 夏花出塘

鱼苗经15～20天的培育，可达到3.5～4.0厘米。须及时拉网锻炼出池，夏花出池须在晴天经2～3次的拉网锻炼，每次拉网前先停食。第一网将鱼围入网中，观察鱼苗数量和生长情况，密集10～20秒，再将鱼苗放回池中。隔天拉第二网，鱼苗入网后赶入网箱中，可一边推动网箱，一边捞出箱中污物，1～2小时后如鱼种池在附近可进行筛选计数和放养。如还需要长途运输则需隔日再拉第三网后出池，方法同第二网。因为斑点叉尾鮰属于无鳞鱼，具坚硬胸鳍和背鳍，拉网密集时容易相互刺伤，所以在抬网时要小心，防止损伤鱼体。

8. 夏花培育关键点

斑点叉尾鮰夏花池塘培育的关键点：一是培育好适口的活饵料；二是准备好鱼苗转食的人工配合饲料；三是调节好池水。做好以上三个方面的工作是夏花培育阶段成功的关键。

三、大规格苗种培育

鱼苗经过15 ～ 20天的培育后，规格一般可达到3.5 ～ 4.0厘米，应将夏花鱼种进行分离饲养，进入大规格苗种培育阶段。

大规格培育鱼种的方式有池塘、网箱、水泥池、湖湾、库汊等，池塘是最理想的培育方式，也是其他培育、饲养方式的基础。斑点叉尾鮰具有集群性强、食量大、耐肥水的特点，在饲养过程中，可根据这些特点，抓住培育过程中几个主要和关键的技术环节，才能提高培育和生长速度。

1. 养殖环境与池塘条件

养殖环境参照上述"二、夏花培育"的养殖环境条件。鱼种池的标准应有利于鱼种的活动、生长和饲养管理及拉网操作。鱼种池以3 ～ 5亩为宜（彩图26），池底平坦，池埂牢固不漏水、东西向，光照和水源充足，水质清新，水深1.3 ～ 1.5米，进排水方便。

2. 放养前的准备

（1）鱼种池塘的准备　鱼苗下塘前应先清整消毒鱼池，并过滤进水。采用干塘结合施肥的方法准备鱼种池，具体做法是：在放苗的前一个月将池水排干，每亩用生石灰50 ～ 70千克或漂白粉5 ～ 10千克清塘消毒。在鱼种入池前半个月，每亩施用70千克有机肥进行肥水，并向池塘注入0.8 ～ 1.0米的池水，鱼种放入池塘前一周，注水至1.2米深，投放尿素1千克/亩、过磷酸钙4千克/亩，可以促使池中的浮游动物增殖。

（2）增氧设施 必须准备增氧机、水泵，增氧功率与池塘面积比为1：（2～3），即1.5～3亩池塘配一台1千瓦功率的增氧机。增氧设备可以是车轮式增氧机或水车式增氧机，也可以是微孔增氧设备等。

3. 苗种放养

（1）夏花鱼种质量 鱼种要求在3.5厘米以上，体质健壮，规格整齐，已转食人工配合饲料。健壮的苗种游动活泼，在桶内或鱼苗袋中聚集成群。

（2）鱼种消毒 放养前鱼种须经过消毒，用浓度20～30毫克/升的聚维酮碘溶液浸浴5～8分钟。

（3）放养时间 一般在6月底至7月初，在清晨水温较低时放养较好。用少量池水兑至运输工具内，直到和池中的水温一致时，再将鱼种缓缓地放入池塘。

（4）放养密度 放养密度除取决于生产上需要的冬片鱼种规格，还应考虑结合各自的养殖条件和饲养管理水平适当调整放养量。放养不同密度的夏花可培育达到不同规格的预期鱼种，鱼苗经4～5个月生长后，一般可取得预期规格（表3-2）。

表3-2 夏花鱼种不同放养密度饲养与预期规格参考表

夏花放养密度/ （尾/亩）	预期体长/ 厘米	预期体重/ 克	搭配其他鱼种放养量/ （尾/亩）
6000～8000	14～18	40～65	白鲢夏花800～1000、鳙鱼夏花200～300
11000～13000	12～16	30～45	白鲢夏花500～600、鳙鱼夏花200
15000	8～13	15～25	白鲢夏花350～400、鳙鱼夏花150～200

4. 饲养管理

（1）饲料选择 培育过程中浮性饲料和沉性饲料均可以投喂，沉性饲料经济便宜，但浮性饲料便于观察鱼种的摄食情况、浪费少。通常选用斑点叉尾鮰鱼种配合饲料专用料或精养鱼配合饲料适口小粒径的浮性颗粒料。

（2）质量和粒径要求　要确保饲料质量，投喂饲料应无变质且新鲜。由于所放养的鱼种已能摄食人工配合饲料破碎料，以投喂人工配合饵料为主，兼施少量有机肥。要按照鱼种的不同培育时期、不同生长规格，选择投喂不同粒径的配合饲料。不同规格配合饲料粒径如下：初期投喂时蛋白质含量应在36%左右，粒径为1.0毫米的破碎料；当鱼体长至4～5厘米后，改投1.5毫米粒径饲料；鱼体长达到6厘米后，饲料粒径可提高到2.0毫米；当鱼体长7.5～8.0厘米、体重10克后，粒径可提高到2.5毫米；体长15厘米、体重50克后，可投喂粒径3.0～4.0毫米的饲料，投喂的饲料蛋白质含量选择可根据鱼体规格的增长而逐渐下降，这一阶段饲料蛋白质含量建议保持在32%以上为好。在实际操作中，还应多注意观察，饲料颗粒大小应以能让最小规格的鱼吞食为宜，这样才能保证培育的鱼种规格均匀一致。

（3）投喂数量和方法　夏花入池第2天即可投饵驯化，搭建PVC管做成框形浮性防鸟饵料台（规格2.0米×1.5米）（彩图27）。通过将饲料投到饵料台上，引食驯化投喂，一般驯化5～6天鱼苗即可养成集中、定点摄食的习惯。鱼苗的食欲比较旺盛，下塘半个月内，每天投喂3次，之后每天改为2次。在饲养早期，可以稍微过量投饲，以保证所有鱼苗都能获得足够的食物。具体投喂量应灵活调控，一般以15～20分钟基本吃完为宜。每次投饵要有固定的时间，通常在上午8：00～9：00投喂全天饵料总量的1/3，下午4：00～5：00投喂全天饵料总量的2/3。饲料的日投喂量可根据鱼摄食情况、鱼体规格和水温进行适当调整，再决定当天的投喂量。

（4）保持良好的水质　良好的水质是确保鱼种正常生长的重要条件。池塘中每天投饲量大，排泄物较多，池水也容易过肥，调节好水质是鱼种培养过程中提高鱼种成活率的一项重要工作。斑点叉尾鮰鱼种培育阶段的池水溶解氧含量应保持在4毫克/升以上，如果池水溶解氧含量在3毫克/升以下将会大大影响生长，同时也会影响食欲并降低鱼的免疫力。一般15～20天要加注一次新水以调控池塘水质，池塘注水不但可以为逐渐长大的鱼种增加活动空间、增加池水营养元素、刺激饵料生物的繁殖，还可以促进鱼体生长。同时进一步改善养殖池的溶解氧状况，且可一直保持良好的水质，防止缺氧泛池。

高温季节需注意经常冲注新水，冲注新水对鱼种的培育十分关键，一般每周注水一次，每次注水10～15厘米。如池塘水质过肥、发现异味、有水质败坏等情况发生应及时换水，方法是：可先排后进或边排边进，换水量一次一般不超过20厘米。水质过差时可多次逐步调好水质，以防鱼种产生应激反应，引起病害发生，造成养殖上的经济损失，不宜一次大量排水或大量进水以防造成池塘水质急剧变化。此外，每半个月还应按10～20千克/亩泼洒一次生石灰水，调节水质，预防鱼病。

（5）提高日常管理　管理工作是鱼种饲养的重要环节，这项工作不容忽视。在整个鱼种饲养过程中，池塘日常管理是一项多方面且要细致对待的工作，它将直接影响鱼种的生长速度和质量，是提高鱼种成活率，使其达到大规格、高产量的关键。

每天早晨要巡塘一次，观察水色和鱼的活动情况，如果鱼有浮头现象，要及时开增氧机或加注新水。检查鱼的吃食情况，还要根据鱼的吃食、水质和天气情况，确定第二天的投饲数量。鱼种饲养阶段若投饲量大，水质容易变坏，所以每天巡塘时，尤其要注意观察池塘水质变化情况，以便及时采取相应的措施。经常清除池边杂草、池中腐败的杂物。苗种饲养期间，也是蝌蚪和各种有害水生昆虫的繁殖时期，应随时捞出池塘中的蝌蚪，以免抢食鱼种的饵料。水鸟较多的地方，特别注意鱼种上浮摄食时，要采取有效措施，防范水鸟吃鱼。有的地方在池塘边设置防鸟线、防鸟网，或将饵料台做成立体式，在饵料台上面一层用大网眼的网布蒙好，饵料台四周用密眼网布扎严，这样饵料能够圈在食台，鱼体集中在食台内吃食，且鸟不能吃到鱼。保持池塘环境卫生，每2～3天清理食场1次，每10～15天用漂白粉消毒1次。

如果全程投喂颗粒饲料，清理次数可适当减少。

5. 鱼种出池

11月下旬至翌年5月可开始进行拉网干塘，鱼种出池时水温应尽量在20℃时转入成鱼塘或2龄培育池中养殖（彩图28）。

四、斑点叉尾鮰苗种培育实例

1. 斑点叉尾鮰苗种培育实例一

南通华鎏水产有限公司2016年在海安县墩头镇仇湖村进行斑点叉尾鮰水花培育和夏花培育鱼种生产试验。鱼苗来源于自己公司繁殖生产、放养的水花16万尾。经过20～25天的培育，捕捞收获规格3～4厘米夏花14万尾，成活率87.5%。计数4万尾苗种，培育到2017年春节，收获12～16厘米的鱼种3.4万尾，成活率达到85%。现将培育试验技术简述如下。

（1）放养前的准备　试验池塘在2015年冬季经干塘、长时间曝晒至池底污泥干裂。选择的培育池塘共2个，水源方便，光照充足，面积均为3亩，水深1.0米，池塘底部基本平坦，无渗漏现象。放苗前15天池塘蓄水30厘米，并用生石灰水全池泼洒消毒。进出水口安装20厘米PC管，并用密网布包扎管口，方便进排水。塘内配备一台叶轮式增氧机。下苗前3天，将放养的池塘水加高到60～70厘米。

（2）放养密度　放苗时间为2016年6月14日。鱼苗经计数后采用塑料桶充氧运输投放。放入的苗种规格整齐、无损伤、体质健壮。水花先用准备好的其中一个池塘培育，待培育到夏花阶段，出塘计数留用4万尾，两口塘各放入4厘米规格鱼苗2万尾。

（3）饲养管理　水花培育成夏花共用25天，前期用含蛋白质40%以上的配合饲料投喂，后期改用含粗蛋白质32%的饲料投喂，全部使用全价饲料。每天投饲4～5次，投喂时间分别为每天6点、8点、11点、14点和18点，投喂量以半小时内能吃完为宜。

鱼种培育阶段，投喂含粗蛋白质32%的饲料，日投3次，即每天8点、14点、19点，按鱼体重的3%～5%投喂。鱼种培育期间做好日常管理工作：15～20天用生石灰消毒一次；用大蒜素拌饲料每30天投喂一次；每7～10天对鱼种进行抽样生长测定和显微镜检查寄生虫，发现病害按常规鱼类疾病用药进行泼洒治疗。早晚勤巡塘，认真观察鱼活动和吃食情况，发现问题及时采取相应处理措施。

（4）试验小结　斑点叉尾鮰是无鳞鱼，易感染病菌。培育全过程中采取清塘消毒、定期拌药饵投喂和及时泼洒防病害药物等措施，做到无病先防。如遇到急剧降温、降雨等恶劣天气，应暂缓投苗下塘。水花对水温差异十分敏感，下塘水温如相差3℃以上会损失较大，相差2℃则成活率低。因此，鱼苗入塘时，塘内与袋内水温一定要严格调节，千万不要着急一解袋就放苗入塘。

2. 斑点叉尾鮰苗种培育实例二

江苏省淡水水产研究所于2016年6月选择了扬中基地6个土池塘口进行斑点叉尾鮰池塘苗种培育养殖试验。放养斑点叉尾鮰鱼苗24万尾，经过10个月的培育，2017年3月底起捕，收获斑点叉尾鮰苗种最大个体尾重40克，最小个体尾重15.5克，共计22.8万尾；另收获草鱼50千克，白鲢150千克。试验总结简述如下。

（1）池塘条件　选择在江苏省淡水水产研究所扬中基地6个土池塘口，面积3亩的池塘，池塘底泥20～30厘米，注排水方便，水量充足，水质良好，养殖期间平均水深1.5米左右。苗种进塘前7天，池塘角落用鸡粪300～500千克和青草堆肥培育天然饵料，水位控制在70厘米左右。

（2）鱼苗放养情况　2016年6月2日，6个土池塘口共放养斑点叉尾鮰鱼苗24万尾，全长1.6～1.7厘米，成活率为95%。

（3）饲养管理　因池塘中浮游动物较丰富，鱼苗下塘前4天内不投喂饲料，4天后，池内的浮游动物逐渐减少，按照体重

10%左右开始投喂破碎的小颗粒饲料，每天投喂3～4次。根据鱼苗营养需要，生长阶段投喂不同的饲料。前10～15天投喂饲料破碎粉料，每天投喂4次，在池塘四周投喂，直到每次看到鱼苗全部吃完，没有鱼上浮摄食，吃饱并游走为止。随着鱼的长大，投喂更换了不同粒径的浮性颗粒饲料，每天投喂2次，主要集中在饵料台定点投喂。11月下旬随着气温逐渐降低，鮰鱼摄食量也明显减少，即少投或停止投喂。

养殖过程中，做到定期消毒池水，消毒药物主要为二溴海因制剂、碘制剂等。斑点叉尾鮰苗种塘水质清新，透明度一直保持在30～40厘米。整个饲养期间每10～15天排水1次，换水量20%，在高温季节及气压较低的天气，必须根据情况增加换水次数及换水量。

（4）苗种培育小结　斑点叉尾鮰鱼苗下塘前：一是确保鱼苗下塘有适口饵料，首先要培育好池塘中的天然饵料，待浮游动物饵料丰富时，可将苗种直接肥水下塘；二是鮰鱼对环境适应能力较强，水温在10～30℃都能正常摄食，10℃以下可考虑适当少量投饲或停止投喂；三是苗种培育期间，病害防治是提高培育成活率的关键，良好的管理可以防止许多鱼病的发生，苗种培育期间还要定期检查有无寄生虫病害发生；四是鱼种起捕前应进行2～3次拉网锻炼，以减少苗种应激反应。

第七节

苗种捕捞和运输

一、苗种捕捞

斑点叉尾鮰苗种较易捕捞，通常采用的方式是：拉网、干塘进行捕捞。拉网捕获苗种时，选用的网目大小要适宜，拉网起捕7.5厘米以上的鱼种，可选用的网目大小为6.4毫米；拉网起捕15厘米以上的鱼种时，可选用的网目大小为8.4毫米。一般拉2～3网后，鱼种上网率可达85%～90%，根据很多单位的经验，为提高鱼苗、鱼种成活率，在鱼苗、鱼种出塘前，经过至少2次的拉网锻炼是很重要的，拉网前需停食1～2天。先将池中增氧设备和饵料台拉至池塘一角，池塘中如有杂草和丝状藻时，还需提前将水生杂草和藻类清除干净，防止拉网时这些藻类会缠结堵塞在网眼上，给拉网带来困难。

网具有尼龙线和聚乙烯材料两种，斑点叉尾鮰鱼种的尖刺较硬，会缠在捕捞用的工具上。因此用尼龙线做成的拉网、抄网等网具在使用前都要用池水浸泡，经过处理后的网具更少地缠住鱼种棘刺。聚乙烯做成的网具可以不用这种方法处理。

一般池底较硬的池塘中捕捞鱼种较为方便省力，捕捞上来的鱼种先暂养在隔壁池塘中的网箱中冲水2～3小时，待池中鱼种全部捕捞上来后再进行鱼种分级（彩图29），可按体重取样计数进行放养和销售。

二、苗种运输

鱼苗、鱼种的运输有陆运（汽车、火车）、水运（船运）、空运（飞机）等各种途径。运输工具有尼龙袋、活鱼车等多种。不管用何种工具运输，其运输密度根据鱼的大小、水温、运输时间等条件各异。

1. 尼龙袋充氧运输

用尼龙袋（彩图30）充氧运输鱼苗，具有搬运方便，节省人力，可装载于车、船和飞机上进行远程运输的优点，装少量水，充氧后运输，这是目前较先进、最常用的一种运输方法。在山区运输时，还可不受地面颠簸不平的影响。鱼苗运输用规格80厘米×（30～40）厘米的尼龙袋，每袋盛水为容积的1/5、充氧4/5。每只袋装运的密度，依温度和运输时间的长短而定。如当水温25℃左右，可放卵黄鱼苗2万～3万尾；1.0～1.2厘米左右鱼苗0.5万～0.8万尾。鱼苗装袋及打包要带水操作，为了防止尼龙袋在运输途中损坏，可把它装进事先准备好的定制硬纸箱（彩图31）中，再把纸箱包扎结实，即可运输。运输途中，若时间较长，有条件时可在中途换水或重新充氧。尼龙袋不适合大规格鱼种运输，鳍条容易扎破袋体漏氧导致运输失败。

2. 帆布桶运输

帆布桶运输的优点是装运速度快，操作简便，途中可以喂食、换水，适用于火车、汽车、拖拉机、三轮车等交通工具。帆布桶的大小，一般要求长85厘米、宽85厘米、高95厘米。帆布桶的框架规格与帆布桶在设计制作时要相适应，能支撑帆布桶的重量就可以。每桶可装水350～400千克，占整个容积的60%～70%。桶内装鱼密度多少与水温高低及运输路程远近关系密切，如果水温低且运输路途较短，可以适当多装。一般当水温在15～20℃时，每桶可装规格3～4厘米的夏花1.4万～1.6万尾；规格5～6厘米的0.8万～1.0万尾；6～7厘米的0.5万～0.7万尾；8～10厘米的0.3万～0.4万尾。装鱼后的帆布桶口一定要用网片盖好，以免鱼随水溅出。在运输途中，如果发现桶底有污物或死鱼沉淀，应及时捞出，防止水质污染。当发现鱼种浮头时，可用人工打水、淋水或送气的方法来增氧，确保运输途中鱼种成活率。若鱼种浮头严重，应换水1/3～2/3，再加注新水。

3. 活鱼运输车加密网箱运输

这种运输方式具有操作简便、节省人力等特点。活鱼箱为活鱼运输车的重要装置，一般按汽车车厢大小来设计，其安装在汽车车厢上，并配备增氧设备，动力来源于汽车发动机或专配的柴油机（或发电机）。为方便鱼的装卸，箱体顶部设计为敞口。敞口上一般配有可活动的拉盖，避免箱内的鱼随车前行惯出。活鱼箱内部根据鱼种规格配套网眼大小合适的网箱，以鱼不逃出网箱为宜，鱼计数后放入网箱中，运输到目的地后解开网箱捞出即可。水温25℃左右时，一般装运密度为每立方米水体放规格3～4厘米鱼种8万尾，6～8厘米鱼种6万尾，10厘米以上鱼种2万尾。随温度的高低可适当增减运输密度。

4. 注意事项

在鱼苗运输过程中，不论采取何种运输方法，都应注意考虑苗种的体质、水质和水温等三个方面的问题。一是运输苗种的体质要求健壮、无病无伤，身体拖带污泥、游泳不活泼或畸形多的苗种不要外运；运输前1～3天应先将池鱼拉网锻炼1～2次，并且在运输当天不要投饵，装运前将鱼苗先放入清水塘中用网箱暂养2～3小时，使其排出粪便和黏液，有利于提高鱼苗成活率。二是运输用水要清新，含氧量高，水温低，无毒无异味；一般河水最好，塘水、水库的水可用，自来水或井水除去余氯或经阳光晒后可用，田水不可用。三是要考虑运输时，苗种装袋、装车、下塘或途中换水时要注意温差，不能超过3℃。

特别提示：斑点叉尾鮰虽然全身体表光滑无鳞，但其胸鳍上有坚硬锋利的棘，采用氧气袋运输时轻巧方便，需小心装袋，要防止被鱼种棘刺划破，造成鱼种缺氧死亡，导致运输失败。运输途中，在不能更换新水或缺乏其他增氧设备的情况下，也可采取化学增氧的方法，即将一些能产生氧气的药物投入水中，增加水中的溶解氧。

第四章

斑点叉尾鮰成鱼养殖技术与模式

斑点叉尾鮰对环境的适应性很强，性情温顺，集群摄食，在我国大部分地区都适合养殖。成鱼养殖可在池塘中，也可在江河、湖泊、水库等大水面进行。斑点叉尾鮰也是流水养殖、网箱养殖及池塘工业化水槽养殖的重要品种。目前最普遍的养殖方式是池塘养殖，其设施简单实用，管理体制方便，环境较易控制，生产过程能全面掌握，生产技术要求也低，投资小，收益大，适合各种规模的生产养殖。池塘养殖分主养和混养两种养殖方式。本章主要介绍池塘主养、池塘混养、网箱养殖和池塘工业化生态养殖模式以及成鱼捕捞和运输。

第一节
池塘成鱼健康养殖技术

一、池塘主养模式

1. 池塘养殖条件

池塘是养殖品种栖息、生长、繁殖赖以生存的环境，池塘环境条件的好坏，直接关系到食用鱼产量的高低，许多增产措施都是通过池塘水环境作用于鱼类。良好的池塘条件（彩图32）是获得高产、优质和高效的关键之一。在可能的条件下，应采取措施，创造适宜的环境条件来提高池塘鱼产量。

（1）水源水质　池塘应有良好的水源条件，水质清新，水源必须充足，方便经常加注新水；进排水分开、排灌方便、交通便利、电力充足；养殖用水水源不得有污染。由于池塘内养殖鱼类饲养密度大，加上投饵和施肥量大，水质也容易恶化，池水溶解氧往往供不应求，导致鱼类浮头而引起死亡。增氧设备虽可有效防止鱼类浮头，但并不能从根本上改善水质问题，久而久之不利于鱼类生长。池塘水源应以溶解氧含量高、无污染的河水和湖水为好，适宜鱼类生长。因此，鱼池建造最好靠近河边和湖边。

（2）面积　养殖斑点叉尾鮰成鱼的池塘面积要求不是很严格，一般的鱼池都可用于养殖成鱼。养殖面积一般在 10 ～ 15 亩较为适宜。小面积的池塘虽然也能取得养殖高产，但在建造池塘时占用的池埂多，相对缩小了水体面积，且水体小的情况下水环境也不稳定，不能很好掌控，缓冲性较差，水质也容易恶化，不利于成鱼的生长。较大面积的养殖池塘，在管理上不是很方便，池大则受风面大，容易形成大浪冲坏池埂；捕鱼时，一网起捕过多，在挑拣分鱼时，需要的时间较多，操作上相对困难，容易引起死鱼事故，造成经济损失；另外，如果发生重大病害不能及时得到解决，局面一时难以控制，经济损失较大。

（3）底质　饲养斑点叉尾鮰的鱼池，池底质以沙壤土最好，具有保水保肥的特点，有机质分解较好，池水容易培肥。养殖 1 ～ 2 年后的池塘，由于积存的残饵、粪便和生物尸体与泥沙混合在一起，形成淤泥，代替原有的土壤，池中淤泥过多，则其中所含的有机物氧化分解要消耗大量氧气，易造成缺氧，而且缺氧后有机物厌氧发酵还会产生氨、硫化物等有害物质，影响鱼的生存和生长。通常池底淤泥厚度保持在 10 ～ 15 厘米，对补充水中营养物质和保持、调节水的肥度有很大的作用。

（4）水深　通常养殖斑点叉尾鮰的鱼池水深以 1.8 ～ 2.0 米为宜。池水较深，蓄水量较大，可增加放养量，水质也较稳定，对斑点叉尾鮰生长有利，可提高产量。池水并不是越深越好，如池水过深，下层水光照条件弱，浮游植物量少，光合作用弱，溶解氧含量也低，有机物分解又消耗大量氧气，容易造成下层水经常缺氧，对鱼类的生长和生存都有影响，并使池塘的生产力降低。

（5）池形和环境　鱼池形状应规则整齐，以东西走向的长方形为好。长方形池的池埂遮阴小，水面日照时间长，有利于池中浮游植物的光合作用，并且夏季多东南风和西南风，水面容易引起波浪。长方形池不仅外形美观，而且更有利于饲养管理和拉网操作，加注水时也易造成池水流转。池水在动态中能自然增氧，可减少浮头。池埂必须要坚固，不漏水。另外，池塘周围不应栽种高大的树木或建造房屋，以免遮挡阳光和减小风力。

根据斑点叉尾鮰养殖生产需要，池塘面积每8～10亩配备功率为3千瓦增氧机1台和小型投饵机2台（彩图33）。

2. 放养前的准备

为取得池塘养鱼的最大养殖效果，必须在放养前做好相关的准备工作。根据具体养殖条件，在制订周密饲养计划的同时要落实好管理人员、放养鱼种、饲料肥料的数量和来源以及正常养殖工作的运转经费。另外，还要重视产量目标和经济核算。只有充分做好这些准备工作，才能保证养殖成功。

（1）修整鱼池　池塘经一年养殖后，最好干塘越冬，即池塘冬休。利用冬休时间清除池底杂草、杂质。挖去过深的淤泥，平整池底，修补池边，加固池埂，疏通注排水渠道，设置进出水口拦鱼栏。

（2）清塘消毒　池塘是水生动物生活栖息的场所，也是病原体的储藏场所，池塘环境的清洁与否，直接影响水生动物的健康。一般成鱼池的清塘方法有两种。一是土法清塘：冬季池鱼销售结束后排干池水，通过冬季池底冻结、曝晒和干燥（彩图34），不仅可以清除敌害和杀菌，而且还可以改良池底的底质，破坏底泥的胶体状态，使其疏松通气，底泥中的有机物质在阳光下充分曝晒和干燥状态下，容易氧化分解，促进底质理化性状的改变，从而有利于池塘生产力的提高。二是药物清塘：

一般可采用干法清塘或带水清塘两种方法。干法清塘时，可按每亩生石灰50～75千克或漂白粉3～5千克使用；带水清塘时，每亩平均水深1米可用生石灰125～150千克泼洒，通常做法是将生石灰放入木桶或水缸中化开后立即全池泼洒，以达到杀灭寄生虫、病原体及野杂鱼等目的。干法消毒后第四天，池中加水至0.8～1.0米深，利用人工或机械搅水，使生石灰与淤泥充分接触，淤泥中的营养物释放到水中，有害物质充分氧化，晒水提高水温，达到肥水、消毒杀菌和净化水质的目的，为鱼种投放做好充分的准备工作。应该注意的是，在投放鱼种前，新旧池塘都必须清整消毒。老池塘清除过多淤泥，只保留底泥10厘米左右即可。为达到杀灭养殖水体中病原体和敌害生物的最佳效果，用药物进行清塘消毒时间应在鱼种放养前10～15天。

（3）施肥　清塘消毒后，待药物毒性消失，即可加注新水。瘦水池塘和新开挖的池塘，池底缺少或无淤泥，水质清瘦，一般在鱼种放养前，需投施基肥，培肥水质，改良水体中底泥的营养状况，增加池塘营养物质，利于天然饵料的生长，具体方法是按每亩施用经过腐熟的鸡粪250～300千克。通过适度培肥，可使浮游生物处于良好的生长状态，来增加水体中的溶解氧和营养物质，保持养殖期间良好的水质，促进斑点叉尾鮰生长。为了陆续补充水中营养物质消耗，使饵料生物始终保持较高水平，还需要根据水体中水质情况等适时追肥。一般施肥时间以每月一次为好，每次每亩可施氮肥2～3千克和磷肥1千克，也可根据水温、水质情况施用有机肥或生物肥料。施追肥应掌握及时、均匀和量少多次原则。肥水主养池塘和养殖多年的池塘，池底淤泥较多，一般不施或尽量少施。养成期间，应多观察水质情况变化，再判断和决定是否施追肥及用量多少。

（4）苗种放养

① 鱼种质量　放养的鱼种应选择体质健壮、体两侧有不规则的灰黑色斑点、体色素完整、规格整齐、体形正常、体表光

滑有黏液、游动活泼，且畸形率小于1%、伤残率小于1%的鱼种。保证数量充足。还应选用拉网捕获的鱼种，而不是放养清塘时被污泥呛过的鱼种。

② 鱼种消毒　鱼种放养下塘前必须进行严格消毒，杀灭各种病原体，操作时动作要轻巧小心，防止鱼体受伤。一般采用3%～5%的食盐水浸泡鱼种5～10分钟，或者用浓度10毫克/升高锰酸钾浸泡5～10分钟或浓度2～3毫克/升二溴海因浸泡15～20分钟，以达到杀灭或抑制病原的目的。浸泡时间视水温、天气和鱼种忍受度而定。

③ 鱼种放养时间　水温在15～20℃，投放时间宜在3月中旬至4月中旬。随着水温提高，可有效减少水霉病的发生。也有在秋季将大规格鱼种直接转入成鱼池养殖。放养必须在晴天进行，严寒和风雪天气不能放养，以免鱼种在捕捞和运输中冻伤。

④ 放养量和品种搭配　池塘主养模式是以放养斑点叉尾鮰为主，所搭配的白鲢、花鲢肥水鱼数量要控制在一定范围内以调节水质。斑点叉尾鮰非凶猛性鱼类，抢食能力一般，主养时不宜搭配其他吃食鱼类，否则将影响鮰鱼的生长和摄食。鮰鱼喜集群摄食，放养密度小会影响鱼类驯化效果，导致吃食减少，成活率低。鱼种的放养量可根据市场对鮰鱼成鱼的规格需求和计划达到的产量指标，并结合池塘条件、饲料供应、鱼种规格以及管理水平等多方面情况综合掌握，确定池塘的放养密度。生产上有经验的养殖户还可根据塘口历年养殖实践结果进行适当的调整，确定放养量。如历年鱼生长不好，出塘的成鱼规格小，鱼常有浮头现象，饲料系数过高，次年就应适当调低放养密度；反之，出塘规格大，收获亩产量低，总体效益差，应调高放养密度，适当增加放养量。池塘主养斑点叉尾鮰鱼种放养量参考见表4-1。

表4-1　池塘主养斑点叉尾鮰鱼种每亩放养量参考

放养规格/ （克/尾）	放养量/尾	其他鱼种放养量	预计产量/ 千克
20～30	1500	搭配50～100克/尾白鲢100尾/亩； 搭配50～100克/尾花鲢30～50尾/亩	800～850
30～50	1200	搭配50～100克/尾白鲢100尾/亩； 搭配50～100克/尾花鲢30～50尾/亩	750～800
30～50	800～1000	搭配50～100克/尾白鲢100尾/亩； 搭配50～100克/尾花鲢30～50尾/亩	700～750

3. 饲料选择与投喂

（1）三种类型饲料比较　斑点叉尾鮰属杂食性鱼类，投饲喂养是加速鱼的生长和提高其产量的有效保证，靠施肥起的作用是有限的。因此斑点叉尾鮰养殖生产中的饲料选择是一项重要的内容，当前一般有三种：膨化饲料、沉性颗粒饲料和自配饲料。生产上建议选择品牌饲料，保证饲料质量。

近年来，随着膨化饲料的加工工艺越来越成熟，膨化饲料投喂后，具有漂浮在水面的特性，鱼类摄食时便于观察和控制鱼的摄食量。膨化饲料为众多大规模水产养殖中选择应用较广泛的一种饲料。其优点是：节省人工劳动强度；在投喂膨化饲料时，可以直接看见鱼的摄食情况，容易掌握投饵量，减少饲料的损失；提高饲料的利用率，膨化饲料比沉性颗粒饲料的利用率可提高20%以上；同时还可以减少对环境的污染，保持良好的养殖环境，池塘水质较易控制，减少了鱼病的发生，且便于观察鱼类活动情况，发现问题可及时处理。因此在斑点叉尾鮰养殖中提倡使用膨化饲料。

对于经验丰富的养殖者来说，也能正确掌握沉性饲料的投饵量。养殖中采用沉性颗粒饲料，应当选择国内生产企业生产的品牌饲料，在饲料营养、加工工艺和质量等方面都能得到有效保证。在无公害养殖中不主张使用自配饲料，自配饲料虽然价廉、节省成本，但因自配饲料的原料、配料以及营养配比合理性等因素，不能确定是否符合《无公害食品　渔用配合饲料安全限量》要求，以及在产品质量、养殖效益等方面能否得到有效保障。

（2）饲料质量要求　投喂鱼类的饲料要求必须新鲜且无霉变，严格按 GB 13078—2017《饲料卫生标准》、NY 5072—2002《无公害食品　渔用配合饲料安全限量》、《饲料药物添加剂使用规范》（中华人民共和国农业部公告第 168 号）的规定执行。

（3）斑点叉尾鮰营养需要　根据国内专家的一些科研单位的试验结果，为保证生长期间的营养需求，斑点叉尾鮰成鱼养殖期间对蛋白质的需求量应不少于 28%。

（4）投饲方法　待鱼种入池 2～3 天适应新的环境后，养殖者再开始投饲。掌握斑点叉尾鮰有群集特性，通过人工驯食，将其驯化到一个固定位置，养成定点摄食的良好习惯（彩图 35），以方便管理。投喂方法有人工投饲和机械投饲两种形式。水温 20℃以下时，一般每天投喂一次；20℃以上时，每天投喂两次。鱼摄食量随着水温的升高而增加，随着鱼体的增大而逐渐减少。在投饵技术上可按"四定"原则和"四看"方法进行投喂，以提高饲料利用率，取得高产。为达到这个目标，必须掌握鱼类饲料投喂的基本原则和方法。

所谓四定，就是定点、定量、定质、定时投喂饲料。

① 定点　定点投饲，根据鮰鱼喜群体摄食习性，使鮰鱼养成在固定位置摄食的习惯，采用集中投喂的方法，这对有群集特性的鮰鱼来说是非常必要的。用竹子、PVC 管等材料在池塘一边的中央搭建方形饵料台，饵料台面积大小视池塘面积而定。鱼类对特定的刺激容易形成条件反射，投饵前给予特定的刺激，使鱼集中在饵料台附近。配合饲料采用手撒或投饵机投喂，每次应投在固定地点。这样不仅可以检查吃食情况，减少饲料浪费，大大提高饲料利用率，还便于清理摄食场所，进行食场消毒和鱼病防治，保证卫生。

② 定量　正确掌握投饲量，使鮰鱼摄食均匀，防止时多时少。在规定时间内吃完，以避免鱼类时饥时饱，影响消化、吸收和生长，并易引起鱼病发生。具体投饲数量，应根据鱼种大小、水温高低、天气变化和摄食情况灵活掌握。定量投喂对降低饲料系数，使鱼类正常生长，减少鱼病都有较好效果。当水温在25～30℃这一摄食生长最适温度范围时，投饲量应达到最高峰。应当注意的是：当天气突变，出现闷热、雷雨前后、低气压、鱼病发生或者温差变化较大等情况时，池塘投饲量都要减少，鱼病情严重时则需停止投饲。日投饲量按饲养水体鱼体总重与水温关系投喂，如表4-2［引自《无公害食品　斑点叉尾鮰养殖技术规范》（NY/T 5287—2004）］所示。

表4-2　鱼种日投饵率

水温/℃	8～15	15～20	20～25	25～32
日投饵率/%	1.0～1.5	2.0～2.5	3.0～3.5	3.5～4.5

注：日投饵率为每天投喂饲料数量占池中鱼体总重的百分比；依据鱼的吃食情况、天气情况灵活掌握投饵量并及时调整方案。一般吃食时间控制在20～30分钟内吃完为好。

③ 定质　就是要确保饲料质量，保证饲料成分全面，投喂饲料要新鲜、无霉变、无异味、颗粒适口、粉末少，且基本稳定，如时常变换饲料往往会影响鮰鱼正常吃食。要考虑到蛋白质需求量应不少于28%，以满足鮰鱼正常生长需要。

④ 定时　为保证鮰鱼摄食充分，在一年中，要根据季节的变化调整投饲时间。当水温较低时，投饵时间应安排在气温较高的中午进行；随着水温逐渐升高，日投饵次数应增加，每天投饲时间应相对固定，一般每天投饲2次，以上午8：00～9：00、下午4：00～5：00为宜。投饵时间一旦选定或经驯化后形成定时摄食行为，则不宜经常变动投饵时间，以免扰乱其已形成的摄食规律。放养密度大的鱼种池，应根据摄食情况增加投饲次数。

所谓四看，就是掌握了基本日投饵量后，还要看季节、看天气、看水质、看鱼的吃食与活动情况，以确定实际投饲量，并适时适量调整。看季节就是根据不同季节调整投饲量，一般冬季水温过低，可不投喂或少量投喂饲料；3～5月和11月可以投喂少量饲料；6～10月为养殖高峰期。看天气就是根据养殖当天的气候变化来决定当天的投饲量，如遇雷阵雨天气、连绵阴雨、酷暑闷热等天气时，可临时减少或停喂饲料。看水质就是根据池塘水质的肥瘦、颜色、老化与否来确定投饲量，水色过浓或有鱼浮头的现象，就要停止喂食并加换水，水体稳定后再投喂。水色好、水质清新，可正常投饲。看鱼的吃食与活动情况，就是鮰鱼活动正常，且在规定时间内将所投喂的饲料全部吃完，可适当增加投饵量；反之，应减少投饵量。

4. 养殖池塘水质调控技术

池塘水质管理的好坏直接影响斑点叉尾鮰的生长，水体溶解氧充足、水质清新可为其生长提供良好的水环境。斑点叉尾鮰窒息点低，耐低氧能力相对较差，易浮头或泛塘，对水质要求较高。水质调控主要有以下措施。

一是经常及时地加注新水是培育和控制优良水体必不可少的措施，定期向鱼池加注新水也是最经济适用的方法之一。一般7～10天加水一次，可以直接增加水中的含氧量，使池水垂直、水平流转，减轻鱼类浮头，增加食欲。还可以培养浮游生物和增加鱼类必要的活动空间，相对降低了鮰鱼的养殖密度，加速生长。加水之后，水色变淡，池水透明度增大，浮游植物光合作用水层增大，池水溶解氧增加。

二是为保持优良水质，有条件的还可以15天换水一次，换水量约占池水总量的1/5，保持饲养水体的溶解氧含量在4.5毫克/升以上，透明度在35～40厘米，池塘水色为茶褐色，保持池塘的清洁卫生。

三是生长季节（4～9月）每隔15～20天全池泼洒1次生

石灰水，用量5～10千克/亩，调节池水pH。池水的pH较高时，应该注意不宜施用生石灰，影响浮游植物的正常生长。泼洒时间一般选择在晴天下午3点之后为宜。

四是高温季节可配合使用有益微生物制剂调节水质。应用有益的微生物制剂是行之有效的水质调控技术之一。采用微生物制剂改良水体是符合目前渔业发展方向的生物防治方法。其除了能预防水产动物疾病发生、作为饵料添加剂等作用外，还可以用来净化养殖废水，在水产养殖业中应用前景广、潜力大，具有广泛的经济效益和社会效益。有益微生物制剂种类有硝化细菌、光合细菌、芽孢杆菌、有益微生物菌群（EM）等。应选择合适的菌剂，养殖者不能盲目泼洒，否则会导致池塘中的微生态群落结构发生改变。各类微生物制剂需在合适的环境条件下才能发挥作用，在满足菌剂需求的水体中才能正常地繁殖与生长，使用时必须加以重视。

有益微生物制剂水质调控技术的使用方法如下。

（1）硝化细菌使用方法　硝化细菌是亚硝化细菌和硝化细菌的统称，属于自养型细菌的一类。其对pH最适宜范围为7.8～8.2，溶解氧只要不低于2毫克/升即可。使用时不需要经过活化处理，只需简单地用池水溶解泼洒即可。一般情况下，投放硝化细菌后，需4～5天才可见明显效果。因此，提前投放是解决这个矛盾的好方法。不可与化学增氧剂（如过氧化钙等）同时使用。

（2）芽孢杆菌使用方法　芽孢杆菌为革兰阳性菌，是普遍存在的一类好氧性细菌。使用芽孢杆菌前，必须进行活化工作，活化方法是加本池水和少量的红糖或蜂蜜，浸泡4～5小时后即可泼洒，这样可最大限度地提高芽孢杆菌的使用效率。在泼洒该菌时，须尽量同时开动增氧机，使其在水体繁殖，迅速形成优势种群。芽孢杆菌的应用使池水构成一个良性的生态循环，让池塘菌相达到平衡，维持稳定的水色，营造良好的底质环境。芽孢杆菌还可以分解并吸收水体及底泥中的蛋白质、脂肪等有机物来改善底质和水质。

（3）光合细菌使用方法　使用光合细菌可以起到改善水质环境、减少换水次数、减轻养殖污染、降低养殖成本的作用，也是当今微生物制剂中调控水质应用最广泛的。在池塘使用光合细菌时，每立方米水体用2～5克光合细菌拌细碎的干肥泥土粉均匀撒入池塘，以后每隔20天左右，每立方米水体用1～2克光合细菌兑水后全池泼洒。光合细菌应在水温20℃以上时使用，不能与消毒杀菌剂同时使用。水体消毒须经1周后方可使用。

（4）有益微生物菌群（EM）使用方法　加入水体后，能杀死或抑制病原微生物和有害物质，调整养殖环境；可有效去除水体中氨氮、硫化氢等有害物质，提高溶解氧，使水质得到改善。在使用EM前1周不宜使用其他消毒药物，不能与抗生素、杀菌药或具有抗菌作用的中草药同时使用；清瘦水体不宜使用；用药后3天内养殖者应密切观察鱼类行为，防止缺氧带来损失。塘底净每10～15天用1次即可，每次按0.4～0.5千克/亩（1米水深）的用量均匀泼洒。

5. 养殖日常管理

（1）合理使用增氧机　增氧机是一种比较有效的改善水质、防止鲴鱼浮头以及提高鲴鱼产量的专用养殖机械，已生产的有叶轮式（彩图36）、喷水式和射流式等多种类型。养殖者应合理选择购置和正确使用增氧机，才能更好地发挥增氧、应急救鱼的作用。养殖鲴鱼的成鱼池大多采用叶轮式增氧机，此类增氧机既可以直接进行机械增氧，还可搅动池塘上、下水层，促进上、下水层对流，使淤泥中储存的营养元素释放和有害物质氧化、分解，加强浮游植物光合作用增氧。在鱼类主要的生长季节，必须坚持在晴天中午开机1～2小时，充分利用上层水中过饱和的氧气，抓住改善水质的主动权，如池中的载鱼量大时开机的时间一定要长。阴雨连绵导致有严重浮头危险时，必须在鮰头浮头前开机，直到不再浮头，这样做可直接改善溶解氧低峰值，防止和解救浮头。晴天傍晚和阴雨天中午不开机。晴天傍晚开机，使池塘上、下水层对流，此时增大耗氧水层和耗氧量，容易引起浮头。阴雨天中午开机不仅不能增加下层水的溶解氧，还会加速下层水的耗氧速度，极易引起浮头。因此，结合养殖池塘的具体情况，根据池塘溶解氧含量变化规律，灵活应用，合理使用增氧机。

（2）巡塘 经常巡视鱼塘，观察鮰鱼动态，有无浮头现象，发现浮头应立即注、换新水和启动增氧机。斑点叉尾鮰在溶解氧含量小于3毫克/升时生长缓慢，因此加强水质管理十分重要；下午2～3时是一天中水温最高的时候，结合投饲检查鱼的活动情况及摄食情况；傍晚时检查鱼的全天摄食情况。高温季节，还要增加夜间巡塘次数或值夜班管理，注意观察水质、天气、鱼的活动情况和池塘设备是否正常运转等，如发现异常、紧急情况要及时采取措施和相应对策，防止意外发生而造成重大经济损失。

（3）鱼池清洁卫生 鱼池周围的杂草、食台上的剩饵和鱼类不能摄食的杂物应随时捞出清除，以免污染水质和影响鱼的摄食活动，保持水质清新。及时将池中的病鱼、死鱼捞出，死鱼不能乱丢，以免病源扩散。将捞出的病鱼、死鱼处理包装好运送到远离养殖区、养殖水源和河流的地方，进行普通的深埋处理即可。保持良好的池塘环境，可起到减少鱼病传染和避免水质恶化的作用。

（4）检查鱼体生长情况 5～6月起每隔半个月抽样检查鱼体的生长情况，并结合气温、天气状况及时调整和确定饲料的投饵量，防止投喂过量造成浪费，或投喂过少影响正常生长，降低养殖产量。

（5）做好塘口管理记录 必须非常重视塘口养殖记录这项工作。通常记录的主要内容有放养日期、放养数量、池塘水温、天气情况、水色变化情况、每天投饲量、渔药使用、注排水时间和成鱼收获日期、尾数、规格、重量等。根据塘口记录情况进行分析、总结，及时调整养殖管理措施，并为以后制订生产计划、改进养殖方法打下扎实的基础，保证当年的经济效益和下一年的科学养殖生产安排。

6. 养殖注意事项

主养模式养殖过程中，与斑点叉尾鮰食性相似且争食厉害的搭配品种应少放或不放；成品养殖投放鱼种的品质是决定养殖成功的内在因素，苗种来源于正规渠道，投放鱼种必须规格整齐；控制好养殖塘口水质，减少鱼病的发生；全程投喂浮性颗粒饲料比单一的菜饼、豆饼养殖效果好；采取生态防病、生物防病以及药物防病等综合措施，敏感的药物应少用或不用。

二、池塘成鱼主养模式实例

据报道（2010年），江西省赣州市水产研究所曾庆祥等2006—2007年在6口不同条件的池塘进行了不同模式的斑点叉尾鮰主养试验，取得了良好的经济效益。现将试验结果总结如下。

1. 材料与方法

试验6口池塘（面积共26亩）分别位于赣州市水产研究所老所部和良种繁育中心，交通便利，地势开阔，环境安静，光照充足，进排水设施齐全，各池塘均配有1.5千瓦叶轮式增氧机1台。养殖用水为井水和河水，水质清新，无任何污染，溶解氧含量为5～6.5毫克/升。鱼种下塘前10天左右，每亩池塘留水20厘米，用100千克生石灰化水全池泼洒，3天后加水至0.5米，第7天加水至1.2～1.5米。

试验鱼种为自己培育的春片鱼种，种质符合斑点叉尾鮰生物学形态特征及无公害种质标准的要求，体质健壮，体灰色一致，体表光滑，黏液丰富，体两侧有不规则的斑点，无损伤、无疾病、无畸形，规格基本整齐。鱼种放养前用3%食盐水消毒3～5分钟，放养时间分别为2006年1月10日～12日和2007年1月25日～28日。2006年两口试验池塘的斑点叉尾鮰鱼种放养密度为1000尾/亩，规格为14厘米；同时套养鲢鱼80尾/亩，规格13厘米；鳙鱼50尾/亩，规格16.5厘米；彭泽鲫鱼50尾/亩，规格8厘米；2007年4口试验池塘的斑点叉尾鮰鱼种放养密度为1500尾/亩，同时套养鲢鱼、鳙鱼和彭泽鲫鱼，放养规格、放养密度同2006年。

2006年试验所用饲料为沉性鲫鱼颗粒料，饲料直径为2～4毫米，粗蛋白含量30%～35%。鱼种下塘后的前两个月投喂破碎料，粗蛋白含量35%，以后逐渐调整饲料颗粒直径和粗蛋白含量。2007年试验所用饲料为浮性的斑点叉尾鮰专用料，粗蛋白含量32%～35%，饲料直径为2～4毫米，每天按鱼体重的3%～5%分两次投喂，上午8：00～9：00一次，下午5：00～6：00一次，用投饵机投饲。根据天气状况、鱼的吃食情况、水质好坏灵活调整投饲量。

前期水深1.2米左右，4月份以后逐渐提高水位，每10天左右加水1次，每次15厘米，到7月份池塘水位达到最大。7～10月，每个月充换水1次，用20毫克/升生石灰全池泼洒1次。定期增氧，使池水溶解氧含量保持在4毫克/升以上。晴天中午开增氧机1～2小时，阴雨天下半夜持续开机增氧到天亮（或鱼不浮头为止）。斑点叉尾鮰商品鱼养殖阶段一般不施肥，且要注意外来生活污水不能流进池塘，以免影响鱼的品质。

坚持"预防为主、防治结合"的原则，定期用20毫克/升生石灰、1.2毫克/升漂白粉、0.3毫克/升二氧化氯交替全池泼洒。杀虫剂注意不能选用敌百虫等对鱼敏感的药物。在整个试验期间，没有发生严重的病害。

2. 收获

2006年收获斑点叉尾鮰商品鱼平均规格为0.89千克/尾，每亩产量为849.5千克，每亩利润为2623.4元；2007年收获斑点叉尾鮰商品鱼平均规格为0.7千克/尾，每亩产量为965.1千克，每亩利润为2895.4元。

3. 试验小结

（1）池塘条件（面积大小、蓄水深浅、淤泥厚薄）对斑点叉尾鮰商品鱼的规格几乎没有影响，但对产量、存活率有较大影响。

（2）淤泥厚的池塘的鱼泥腥味、异味较重，而淤泥极少的池塘的鱼则基本没有异味。淤泥多的池塘池底有机质较多，营养物质较丰富，更容易产生蓝绿藻等与异味有关的藻类。要控制这些藻类，可采取的办法有三种：①选择淤泥极少的壤土硬底质或沙砾底质池塘；②放养一定数量的单性罗非鱼；③常注换水或微流水，不施肥，控制蓝绿藻的过度繁殖。

（3）随着放养密度的增大，商品鱼规格变小，单位面积产量增加，养殖效益也提高。由于该鱼喜欢集群，适合较高的密度，因此，在实际生产中，建议斑点叉尾鮰放养密度为1200～1500尾/亩，以获得较好的养殖效益。

（4）该试验投喂的沉性料的饲料系数平均为1.87，浮性料的饲料系数平均为1.59，差异显著。从每千克斑点叉尾鮰商品鱼的饲料成本来看，沉性料为6.05元、浮性料为5.99元，两者差异极小。在两者饲料成本相接近的情况下，为避免污染水质，建议使用浮性料为好。

三、池塘混养模式

池塘混养一般指除了斑点叉尾鮰还放养其他1种以上吃食饲料品种的养殖模式。每亩放养规格30～50克/尾的斑点叉尾鮰120～180尾，在不影响主养品种生长和产量的前提下，又可使鮰鱼增产约100千克或更高，可根据套养对象调整放养密度。套养对象有鲢鱼、鳙鱼、南美白对虾、鲫鱼、赤眼鳟等。斑点叉尾鮰对水质和溶解氧的要求较高，故水质过肥或成鱼经常缺氧浮头的塘口，不宜混养斑点叉尾鮰。

1. 与鲫鱼混养模式养殖实例

2015—2016年江苏东台一养殖户开展池塘混养技术模式试验，主要以鲫鱼为主的鲫鱼和鮰鱼混养模式，取得不错的试验效果，现介绍如下。

（1）池塘准备　在投放鱼种前，应清除池塘过多淤泥，底泥只保留10厘米左右即可，放养鱼种前10～15天用药物进行清塘消毒，杀灭养殖水体中的病原体和敌害生物。

（2）放养时间　一般在初冬或3月下旬前放养完毕。鱼种放养宜早不宜迟，早放养可使鱼尽快适应新的生活环境，减少应激反应。

（3）鱼种消毒　鱼种放养前必须进行严格消毒，杀灭各种病原体，操作时动作要轻巧，防止鱼体受伤，药物消毒浸泡时间视水温、天气和鱼种忍受度而定。一般采用3%～5%的食盐水浸泡鱼种10～15分钟，或者用10×10^{-6}高锰酸钾，浸泡5～10分钟，以控制疾病传播。

（4）混养放养模式　每亩放养规格20～30克/尾鲫鱼550尾，规格50克/尾鮰鱼180尾，搭配放养规格100～150克/尾花鲢100尾，100～150克/尾白鲢150尾，500克/尾草鱼50尾。

（5）水质调控　为保持优良水质，试验期间定期向鱼池加注新水，不但可以增加水中的含氧量，还可以培养浮游生物和增加鱼类必要的活动空间，加速鱼类生长。保持饲养水体的溶解氧含量在4.5毫克/升以上，透明度在35～40厘米，池塘水色为茶褐色，保持池塘的清洁卫生。生长季节（4～9月）每隔15～20天全池泼洒生石灰1次，用量为5～10千克/亩，调节池水pH。高温季节可配合使用有益微生物制剂调节水质。

（6）收获与效益　池塘混养技术模式试验收获和效益见表

4-3。

表4-3　池塘混养技术模式试验收获和效益

| 养殖品种 | 收获情况 | | | 亩效益/元 |
	亩产量/千克	出池规格/（千克/尾）	单价/（元/千克）	
鲴鱼	135.5	0.80 ～ 0.85	14 ～ 16	3500
鲫鱼	320	0.50 ～ 0.55	10 ～ 12	
花鲢	100 ～ 150	2.0 ～ 3.0	9 ～ 10	
白鲢	100 ～ 150	1.5 ～ 2.0	5 ～ 6	
草鱼	150.5	3.0 ～ 3.5	8 ～ 10	

　　（7）小结　该鱼与异育银鲫混养时要注意放养的规格要比异育银鲫的规格大，否则会影响鲴鱼的吃食与生长。控制好池中水质，减少鱼病的发生；采取生态、生物防病以及药物防病等综合措施，敏感的药物应少用或不用。对试验点养殖用水、饲料、苗种、渔药实施全程监控，并对鲴鱼样品进行质量检测，确保养殖品的质量安全。

2. 赤眼鳟混养斑点叉尾鮰、花白鲢养殖实例

　　2006年顾元俊等在泰兴市天邦水产有限公司试验场4号塘面积3亩的池塘进行了赤眼鳟与斑点叉尾鮰成鱼混养试验，取得较好的养殖效果，现介绍如下。

　　（1）鱼种放养　2006年2月15日排干池水，清整鱼塘，每亩用100千克生石灰进行药塘，3月1日放养规格14厘米、尾重30克左右的赤眼鳟鱼种3600尾，放养规格15厘米、尾重30克左右的斑点叉尾鮰鱼种600尾，同时配放规格100克左右的花白鲢150尾，放养前用3%的食盐水消毒鱼体。

　　（2）饲料投喂　使用的饲料统一为通用型精养鱼配合浮性饲料，粗蛋白含量30%。每天上午、下午各投喂一次，投喂量为池塘鱼体重的3% ～ 6%，具体投喂量以投喂后20分钟基本吃完为准，实行定点投喂。赤眼鳟和斑点叉尾鮰都具有集群摄食

的特点，一般一周即可驯化到位。除了每天投喂浮性颗粒饲料外，结合赤眼鳟喜食青绿饲料的食性特点，在池塘中保持一定浮萍或每天适量投放，以满足赤眼鳟对青绿饲料的需求。

（3）养殖管理　养殖期间池水透明度基本控制在25～30厘米，做到水质爽活清新，定期加注新水提高水位，高温季节池水深度达到2米左右。4～9月每10～15天加注新水一次，每次5～10厘米，并加强水体环境的管理，清除池边杂草、残饵，保持食场卫生。高温季节的闷热天气，中午有时开启增氧机1～2小时。

（4）病害防治　高温季节每月泼洒一次塘毒净或生石灰进行水体杀菌消毒，使用塘毒净两天后，使用一次微生物制剂；生石灰每亩使用量10千克。整个养殖期间出现一次锚头鳋寄生性病害，用阿维杀特和氯杀宁进行两次治疗，效果很好。

（5）收获　10月26日拉网起捕上市，干塘见底，共产成鱼2069千克，亩平均689千克。其中收获赤眼鳟3504尾，产量1345千克，亩平均448千克；斑点叉尾鮰590尾，产量452千克，亩平均150千克；花白鲢295尾，产量272千克，亩平均90千克。总产值33663元，总成本18129元，其中饲料11829元、苗种费3720元、塘租1350元、水电费680元、其他杂费550元；总效益15534元，亩均效益5178元。

（6）小结与结论　赤眼鳟与斑点叉尾鮰进行混养，不仅在技术上可行，而且效益也相当显著，但一定要注意两种鱼种放养规格要基本一致。从吃食情况看，赤眼鳟不如斑点叉尾鮰抢食凶猛，尤其是个体较大时更为明显，所以投饵时应该分成两个投喂点，且投食范围相对大些。两种鱼混养无其他利害冲突。以投喂配合颗粒饲料为主，配以浮萍的组合形式，有效地提高了饲料利用率，可降低饲料系数。两种鱼都较容易垂钓，休闲渔业可增加两个品种的投放量，增加垂钓的效益。

以吃食性为主的混养模式，除放养花白鲢调节水质外，最好每亩放养少量的细鳞斜颌鲴，吃食水中的有机碎屑、残饵、腐殖质及水底附生的藻类，从而净化水质，改善水体环境，在不增加成本的情况下提高池塘效益。

3. 南美白对虾主养，套养斑点叉尾鮰养殖实例

海安县一养殖户2016年进行了池塘养殖南美白对虾为主、套养斑点叉尾鮰为辅的混养模式试验。该模式从5月初到8月中旬开始捕大留小，南美白对虾每亩产量可达550千克，斑点叉尾鮰每亩产量达50～60千克，亩效益达4000元以上。养殖虾的试验池塘混养鱼以后，改变了池塘原来的生态环境，增强了南美白对虾的体质，减少了疾病的发生。混养鱼后较充分地利用了南美白对虾的残饵、排泄物、有机碎屑等，减少了污染物的含量，促进了池塘生态良性循环和相对稳定，从而预防对虾发病，提高了对虾产品质量和综合经济效益。现总结介绍如下。

（1）养殖池塘　养殖池塘面积以8～10亩为宜，长方形，东西走向，水深在1.5～2.0米，进排水方便，水源充足且良好，池底淤泥少且平整，池塘配备1台3千瓦增氧机，电力设备配套齐全，水电供应稳定，交通非常便利。

（2）池塘准备　在放苗前的一个月采用干法清塘，每亩使用100千克生石灰兑水化浆后全池泼洒，范围包括池边、池埂和池底，目的是杀灭池塘内的病原体及敌害生物。隔半个月左右向池内注水，进水时用60目筛绢包扎过滤，避免野杂鱼虾进入池中。之后每亩施发酵的有机肥（鸡粪）200千克培育水质，使池水呈黄褐色或黄绿色。

（3）虾苗、鱼苗放养　放苗在5月初进行，每亩放养0.8～1.0厘米的南美白对虾苗8万尾。5月底放养尾重20克左右的斑点叉尾鮰鱼种80～100尾。

（4）养殖管理

① 饲料投喂　虾苗、鱼苗放养后，投喂饵料的原则是以南美白对虾投饵为主，鮰鱼不需另投饵料。饲养期间南美白对虾

全部投喂人工配合饲料，放苗1周后开始投喂，日投喂3～4次，半个月后日投喂2次，以1～1.5小时吃完为宜。日投喂量为虾苗总体重的7%～8%（前期）、5%～6%（中期）、3%～4%（后期）。日投喂量根据池水水质、水温、虾苗摄食及当日天气等情况灵活掌握。

②水质管理　鱼、虾放养初期水深保持在0.8米左右，以后随着养殖季节水温的上升逐渐向池内加水，高温季节加满池水，加水以少量多次为宜。水质调节是培养良好水质条件的根本途径。在饲养中后期，根据池水水质及鱼、虾的生长等情况随时换水，换水时先排后注，换水量应控制在10～15厘米，以维持池塘水质相对稳定。保持清新的水质，严防浮头和泛池，水体透明度保持在25～30厘米，中后期晴天中午及每天后半夜及时开启增氧机。养殖中后期每半个月使用1次水质改良剂，全池泼洒，具体用量可参考产品使用说明书。

③日常管理　认真观察水色变化，判断水质优劣，池塘维持正常水位，对池塘溶解氧、pH、水温等指标监测记录；检查增氧机的运转是否正常；检查是否发生虾病和异常情况，做到早发现、早治疗、早解决；生长季节每隔10～15天随机抽样30～50尾虾苗进行相关生长指标测定，以便正确掌握虾苗的生长速度、存活率等指标，及时调整饲料投喂量。

第二节

网箱养殖技术

斑点叉尾鮰自引入我国后，网箱养殖是在池塘养殖后的又一种养殖方式，其经济效益和社会效益十分可观。网箱养殖实际上是一种圈养的方法，就是在天然水体中设置由聚乙烯网片或金属网片等材料制成的一定形状的箱体,将鱼种高密度养殖在箱体中,靠人工喂养让鱼体长成的一种养殖方法。网箱内外只一网之隔,箱内外的水体可以自然流动,水通过风浪、水流、鱼群游动等不断更新替换,箱外新鲜水体不断补充进来,并源源不断地带来溶解氧和浮游生物,为鱼类提供必需的生长和生活条件。同时,鱼类的残饵及代谢产物可通过网孔排出箱外,使箱内一直保持活水环境。可以说,网箱养殖是把网箱外水体优越的自然条件和网箱内小水体集约化精细管理相结合,从而实现大水体、小网箱、高密度、精喂养、高产值、高效益的一种现代养殖模式。

一、水域环境选择

网箱养殖对水体的水质和环境有较高的要求,设置网箱的水体环境好坏直接影响养殖的产量和效益,选择养殖水体时,要考虑到水质条件和环境要求。选择在背风向阳,旱季水深能保持在3.5米以上、洪水季节水深能保持在5.5米左右的水交换条件好的库湾、宽阔的河段中,或水库上游的河流入口处。为满足网箱中鱼类对氧气的需要和丰富浮游生物饵料,设置网箱位置的水体应有微流水,水质清新,溶解氧丰富,底质没有太深的淤泥和含超过无公害标准的有机物质。还应选择远离航道、码头,水域环境的相对安静可减少鱼类的应激反应。不宜选择上游及周边地区有化肥厂、农药厂、造纸厂等污染源的水域。一般属于过肥的水体,在夜间无风天气容易缺氧,不宜进行网箱养殖;过于富营养化的水体也不宜养殖。网箱设置水域水的流速选在0.05～0.2米/秒为宜,避免水流流速过大的水域,如果流速过大,超过鱼类游泳能力时,就会没有能力上溯游动,使箱内鱼类能量消耗过大,对鱼有害无利,因此只有流速适宜才能保证箱内鱼体的正常活动。风浪过大,网箱容易受损,投入箱内的饵料容易流失造成浪费。适宜的风浪不仅能增加水中天然饵料生物和溶解氧,还可以带走残饵、粪便,并改善箱内水体环境。风力以不超过5级的敞水区较好，确保网箱的稳定性和安全性。

二、网箱结构与规格

1. 网箱结构组成

网箱主要由箱体、框架、浮力装置、饵料台等几部分组合装配而成。选用网箱材料时，应考虑到来源方便、经久耐用、价格低廉、制作装配方便、操作使用灵活机动等要求，力求把网箱架设得牢固扎实，避免垮塌和被大风吹倒等事故发生。

网箱箱体采用结节聚乙烯网片、金属网片材料制成封闭式或敞开式结构。目前应用最普遍的是聚乙烯网片，其网片光滑、不伤鱼体，箱体柔软、便于缝合，网目经定型不走样；聚乙烯无臭、无毒，有较好的耐低温性能，成本较低。金属网片材料容易生锈，造价也高，装配费时复杂，现已基本淘汰。框架安装在箱体的上纲处，支撑固定箱体，使其张开具有一定的空间形状。框架材料应因地取材，常选用毛竹、木材或钢管等材料。浮力装置通常固定在网箱框架的下面，常用泡沫、密封塑料桶和球形塑料系在框架上作浮子。沉子要表面光滑，以防止鱼体摩擦受伤，以防鱼病发生。卵石、混凝土块都可作为沉子用。食台是投浮性饲料时网箱内鮰鱼摄食的场所，小规格的网箱用PVC管制成1米×1米的方形饵料台，中等规格网箱饵料台面积应增大到2米×2米，吊挂于网箱中央，这样使饵料不易受鱼吃食时尾巴的摆动而溢出箱外，造成不必要的浪费，可有效提高饵料利用水平，降低饵料系数。

2. 网箱规格与颜色

网箱规格分为小型、中型和大型三种形式：大型网箱规格一般在60平方米以上，中型网箱规格一般在30～60平方米，小型网箱在30平方米以下。网箱盖做成活动箱盖，便于检查和投喂饲料，还可防止鸟类或其他动物捕食鱼类。

网箱的颜色对鱼类的生活有一定影响，且与箱体的老化速度有关。生产中网箱的颜色有白色、绿色、黑色3种。由于鱼类对白色最敏感，入箱后会乱窜，所以要先下水浸泡10～15天，让网衣上略有附着物后，再放鱼种。绿、黑两种颜色网箱最为适宜，而且使用年限长，不易老化。

三、网箱固定和设置

固定网箱的方法很多，可用钢管桩、木或毛竹固定，也可用两岸拉绳固定。在水面宽阔的地方，可以用钢管桩固定；也可将网箱连成排，以重锚固定。在较窄的库湾，可在两岸拉绳固定。网箱与网箱之间可设置成"一"字形、两面三排直线式排列（彩图37），横向朝向水流。最常见的布局是两面三排直线式排列，各排网箱中间为人行通道，便于管理和实际操作，方便行走、投饵和检查管理。每个网箱应单独固定，各箱间距1.0～1.5米，箱底离水体底部至少保持50厘米以上，网箱依靠箱架浮于水上，网箱露出水面30～40厘米，以不妨碍鱼上浮集中抢食。网箱应于鱼种入箱前7～10天下水，箱壁附着藻类后可防止鱼体摩擦损伤，以提高成活率。网箱入水前，必须要仔细检查网箱有无破损等现象，并及时修复、加固。考虑到水体富营养化问题，网箱设置面积占养殖水域面积建议应控制在1%以内，以达到可持续性发展。

四、鱼种放养

1. 鱼种来源

鱼种来源可靠，选用无药残的鱼种。要求放养规格整齐，体表无伤，体格健壮，游动活泼，优良纯正，体色均匀一致。要剔除那些体质弱、尾巴细长和颜色灰暗的鱼种。

2. 鱼种消毒

斑点叉尾鮰是无鳞鱼，易造成机械损伤，苗种进箱时应小心操作。鱼种在下网箱前一定要严格消毒，在运输快到达目的地之前20～30分钟，计算好精确的消毒药量。可用3%～5%食盐水浸泡10～20分钟，或每立方米水体用15～20克的碘制剂溶液浸泡鱼体10～15分钟。尽量做到当天投放鱼种当天进行消毒，杀灭体表的病菌和寄生虫。所用药物浸泡时间以消毒时的鱼体忍耐程度灵活确定。

3. 放养规格与密度

养殖一般采用二级放养。一级是规格8～10厘米的放养密度为350～450尾/平方米，养殖到尾重150克；二级是规格150克时可重新分箱使养殖密度调整为150～200尾/平方米，养殖到尾重1000～1500克；也有养殖者直接将50克的鱼种直接养殖到成鱼阶段出箱。具体密度要根据养殖水域的水体交换条件和水域的深度而定，还要结合养殖者的经济条件和技术水平，不能千篇一律。网箱中不可搭配草鱼、鲤鱼、鲫鱼等与之争食的鱼类，以免影响生长和产量，但可以搭配鲢鱼、鳙鱼、鳊鱼以调节水质。鲢鱼、鳙鱼一般每平方米放养3～5尾，规格20～100克。随着鱼体不断长大，为调节好养殖密度、提高效益，可分批起捕上市或轮捕轮放。

4. 放养时间

以水温在15℃以上时较为适宜。考虑到鱼下箱后能摄食生长，运输时的体力消耗能得到及时恢复，病害少，成活率高。

5. 网目大小与放养规格

网箱养殖生产过程中，网目的大小必须适当。养殖过程中如果网目过大，虽水体交换量大，但容易跑鱼；网目过小，虽不会跑鱼，水体中的丝状和网状藻类附着网眼容易堵塞，阻碍水体交换更新，影响鱼类生长。养殖实践证明，在生产中，一般4厘米夏花鱼种需要1.1厘米网目的网箱；10～12厘米鱼种需要2厘米网目；18厘米以上鱼种可以直接进成鱼箱，成鱼箱的网目一般为4～5厘米，一直养至成鱼出箱。网目的大小根据放养不同规格鱼种而定，为了能有利于网箱内鱼的生长，网目可以随着鱼体的长大而增大，转换到较大网目的网箱中养殖。放养规格与网箱网目必须配套，生产效果才好。如果每只网箱配有不同网目的网衣替换，经济上也更合算，使用的时间也长。

五、网箱养殖饲料投喂

斑点叉尾鲴经多年养殖驯化，已转变为以植物性饲料为主的杂食性鱼类，主要摄食对象是底栖生物、浮游动物、轮虫、水生昆虫、有机碎屑及大型藻类等。实践证明，在网箱养殖中可投喂全价配合饲料，也可投喂用麦麸、米糠、豆饼、鱼粉、玉米等原料配制而成的颗粒饲料。在网箱中养殖，饲料投喂分鱼种阶段和成鱼阶段，投喂的饲料必须是经过相关部门检验检疫备案合格的知名品牌配合饲料，质量有可靠的保证。

鱼种阶段蛋白质含量要求不低于36%，成鱼阶段投喂蛋白质含量要求不低于28%，并根据不同规格的鱼种投喂不同粒径的饲料。鱼种入箱初期，待其适应新的环境后，再开始投食驯化。一般情况下，斑点叉尾鲴3～5天就能养成集群摄食的习惯。驯食开始时少量投喂浮性颗粒料，利用人工慢慢撒，在投喂同时，一边敲击网箱架，让鱼形成有声响就来吃食的条件反射，训练鱼上浮并集中抢食。驯化好的鱼群，一听到声音就会迅速集中到水表层争抢饲料，这样在投喂时既做不到浪费饲料，又能使箱内的每一尾鱼吃饱吃好。让刚入箱的鱼种在新环境中获得必要的营养，才能顺利通过入箱关。

待箱内鱼种正常吃食以后，可采用逐渐增加投饲的方法安排投饲量。具体做法是：前一周内投喂箱内鱼体重的1%，第二周投喂箱内鱼体重的1.5%，以后可采用正常投喂量进行投喂，看箱内鱼群摄食情况好时可逐渐增加投饲量。4～5月，水温15～25℃，箱内鱼种规格在200克以下，摄食量一般在2%～5%。6～8月，水温25～32℃，鱼种规格在200克以上时，摄食量一般保持在4%左右。越冬后的400克以上成鱼摄食量一般在1%～2%。入箱初期时水温低，每日上午、下午各投喂一次。高温季节，鱼种摄食旺盛，生长快，日投喂一般以2～3次为宜，使鱼种得到充足的营养迅速生长，随着鱼体长大，可以减少到每日投喂2次。待立秋以后水温下降或箱内放养密度过稀时，往往会出现投饲时鱼群不浮到水面上争食的现象，此时应适当减少投饲量，投喂间隔时间应适当拉长。正常情况下，所投饲料应在20分钟内吃完。

投饲是一项比较细致的工作，养殖者应掌握初期少投、慢投，等网箱内的鱼稳定后大部分集中抢食时，可投得快些，投饵量多些，待箱内大部分鱼吃饱游走后，停止投喂。网箱养殖斑点叉尾鲴一般不宜饱食，饱食往往是发生鱼病的内因。饱食的饲养方法不但效果差，而且很不经济。一般来说，斑点叉尾鲴的日投饲量应控制在让鱼吃八成饱为宜。网箱投饲标准是根据生长过程中鱼体的规格、溶解氧、水温、天气、水质、鱼类生长情况、吃食情况及其季节变化，确定并随时调整每日饵料量、投饲次数和投喂时间。

六、网箱养殖日常管理

网箱养鱼日常管理十分重要。养殖者在这项工作上不可掉以轻心，以免一时的疏忽导致养殖失败，带来巨大的经济损失。

1. 检查网箱有无破损

网箱检查是在鱼种入箱前和入箱后要经常进行的一项工作，定期对箱体进行全面的检查是十分必要的。时间最好选在每天傍晚和第二天早晨，方法是至少应有两名饲养人员各站在网箱的一端，轻轻将网箱网衣拉出水面，从上到下仔细检查，察看网衣是否有破损、滑节的地方，注意尽量不惊扰鱼群。发现异样，及时修补，因为网箱只要有一个洞，全箱鱼会很快逃走。为便于检查，可以在每个网箱内放几尾规格小的红罗非鱼作为检查网箱是否逃鱼的指示鱼。

2. 鱼体检查，估算载鱼量

通过定期检查，可掌握鱼类的生长情况，一般要求15～20天检查一次鱼体，抽样称重，根据鱼体检查情况估算载鱼量。方法有抽样法、生长法、饲料系数法，在生产上以抽样法比较实用，具体做法是由三人配合操作，两人提拉起网箱，将鱼聚在网箱的一角，一人用捞兜随机捞取部分要检查称重的鱼，对捕捞出的部分鱼进行个体称重，求出鱼体的平均体重，然后从放养尾数中减去死亡量算出目前的存活量，即可知道网箱中现有的载鱼量。只要抽样是随机的，都可获得较满意的检查结果，并根据此结果计算和调整投饵量。

3. 网箱污物的清洗

网箱长时间置于水中就会吸附大量的污泥，长时间养殖又会附上各种丝状藻类或其他生物，堵塞网目，若不及时清洗，网目会全部堵死，从而影响水体交换，各种病原体大量繁殖，极易引起鱼病，不利于斑点叉尾鮰的养殖，必须想办法清除。所以清洗网箱是日常管理工作中最重要的一个内容。目前，国内有人工清洗法、机械清洗法、生物清污法和沉箱法。

人工清洗法是网衣上附着物比较少的时候，可先用手将网衣提起，然后抖落污物或者直接将网衣浸入水中用刷子进行洗刷。操作要细心，防止伤鱼和损网。洗网的间隔时间以不使网目堵塞为原则。这种方法比较劳累，往往因附着物太多太厚而洗刷不净。

机械清洗法是使用高压喷水枪、潜水泵，以强大的水流把网箱上的污物冲掉。喷水枪更为快捷方便，开机后用水不多，但压力极大，可以做到"喷到污除"的效果。在操作时要注意，不能将喷水枪直对鱼体，以免冲伤鱼体，操作人员在使用时也要注意安全。

生物清污法是在网箱内适当放一些刮食性鱼类（如鲴鱼等），利用它们喜刮食附生藻类、吞食丝状藻类及有机碎屑的习性，使网衣保持清洁，水流畅通，控制生物性污物，从而净化网箱水质，提高鱼产量。

还有一种方法是沉箱法，将封闭式的网箱沉到水深1米以下处，让各种丝状藻类难以生长和繁殖，减少藻类在网上的附生。但这种方法会影响投饵和管理，对网箱内的鱼生长不利。因此，选择哪种方法应根据各自不同情况作出决定。

4. 调换网箱

根据网片的堵塞情况及时更换干净的网具。换网时，首先把养殖网具的一半的边从网箱上解下来，拉向另一边，然后以新网取代旧网原有位置，再把旧网上的鱼用抄网捞出放入新网中，固定新网边。最后把旧网的一边解下来，将新网完全固定好。换网时要注意防止鱼卷入到网角内造成擦伤或死亡。清洗和更换网箱应根据养殖情况而定，一般1～2个月进行一次。

5. 做好网箱养殖日志

日志通常是检查养殖工作、制订相应养殖计划、积累经验、提高技术的重要参考资料。坚持每天24小时值班并做好养殖日志，网箱养殖日志记录包括日期、天气、当天水温、放养情况、鱼体生长情况、投饵种类及数量、捕鱼情况、鱼类活动情况、鱼病情况及防治措施等项目，做好每只网箱的养殖记录，发现问题及时解决。做好防逃、防盗工作，经常检查网箱是否有鼠害和人为造成的破洞，一旦发现要及时修补。

6. 防止污染和灾害

每日巡视鱼情、水情，注意安全。要防止有毒污水流入网箱，洪汛时及时清除漂浮物，防止挂网、糊网，及时调整和加固缆绳，防止网箱移位。如遇特殊情况（如水质恶变、台风袭击期间）水流急、风浪大、水位变化剧烈，要日夜守护，及时组织人力将网箱疏散到安全地点。

7. 起网收捕

春季放养的大规格鱼种，一般当年都可达到上市规格，可起捕供应市场，捕大留小。捕鱼上市时应停食2～3天，以免运输途中因排泄物过多而污染运输水体，影响运输效果，降低运输成活率。成品鱼起捕时应小心操作，避免鱼体受伤，造成不必要的损失。

七、网箱鱼病的预防

网箱养殖商品鱼鱼病预防和其他形式养鱼有不同之处，因网箱内的鱼群养殖密度很高，网箱设置在大水体中，在高密度、多投喂、快生长的过程中，鱼体质较池塘养殖方式更弱，很容易感染鱼病，且传染速度快。在鱼病预防工作上，不能和池塘养鱼的方法一样，如不宜使用全箱泼洒等方法。

网箱预防工作一定要做到位，选择配方合理的饵料投喂，投饵量要适当，防止鱼体因饵料配方不当引起的营养缺乏症或因饵料不足使鱼体消瘦，发生鱼病。饵料加工方面不要使用霉烂、变质原料，混合各种添加剂时，一定要搅拌均匀。饲养人员发现网箱内有病鱼、死鱼要及时捞出，不能乱丢，防止传播病菌或败坏水质。药物预防可采用药浴、投喂药饵和网箱药物挂袋、挂篓等方法。

1. 药浴法

用药液浸洗鱼体，具体做法是先将网衣连鱼群一起密集到网箱一边，再用白布做成的大袋从网箱底穿过，将鱼和网衣带水装入袋内，注意不要过分密集，计算水体大小，根据鱼病症状使用药液浸洗。

2. 投喂药饵法

这是网箱养殖最有效预防鱼病的方法，可以在鱼病发生前，制成药饵预防鱼病。将药物和黏合剂（约20克配1包饲料）均匀搅拌，用适量水调和，均匀撒在饲料上，拌匀晾干后再投喂。

3. 网箱药物挂袋、挂篓法

由于挂袋后瞬间单位面积内药物浓度升高，网箱养殖密度大，最好选用对鮰鱼毒害作用较小的、比较安全可靠的药物。要注意观察鱼的情况，挂袋后2～3天可能影响鱼类吃食。

八、网箱养殖实例

1. 安徽省宁国市港口湾水库养殖实例

据2011年安徽省宁国市水产技术推广站梅志安报道，在安徽省宁国市港口湾水库燕子窝库汊的东南处，近几年进行了水库小体积网箱养殖斑点叉尾鮰技术的探索、研究。斑点叉尾鮰非常适合高密度集约化小体积网箱养殖，可取得较好效果。现总结如下。

（1）水域选择　养殖地点交通方便、水面宽阔、背风向阳、环境安静、无污染，微流水、透明度大于1米，水深5米以上，pH 6.5～8，溶解氧含量5毫克/升。

（2）网箱结构与设置　网箱以正方形为主，采用网目3厘米的（3×4）聚乙烯网片制作，长×宽×高为2米×2米×1.25

米。进箱4厘米的鱼种需用0.8厘米网目网箱，12厘米的鱼种需用2厘米网目网箱，成鱼箱一般用3～4厘米网目网箱。在网箱中央距水面30厘米处悬挂直径为0.8米的圆形饵料台，网箱底部加一层密眼网，在底部向上和箱盖向下各用密眼网缝25厘米高，防止饲料散逸，以便降低饵料系数。网箱上用黑色遮阳网加盖，能避免阳光直射时紫外线对鱼体的伤害和鸟类侵害鱼类，降低网箱上附着物的生长速度，营造斑点叉尾鮰喜暗怕光的生存环境，促进鱼类的生长。用毛竹做浮架并在每个角用泡沫浮球保持箱架平衡，每只网箱设4只沉子。网箱分两排排列，间距为4米，行距为15米，两端用木桩固定在岸边。

（3）鱼种放养　4月16日从安徽省合肥市某渔场购进，无病无伤，规格整齐，体质健壮。入箱前用5%的食盐水消毒10分钟。鱼种放养规格为15～20克/尾，密度为280～350尾/米^3，选择水温15℃左右时进箱。

（4）投喂　投喂斑点叉尾鮰颗粒饲料，开始时使鱼慢慢到饵料台上集中摄食，利用投饵技术对其进行摄食驯化，待鱼浮到水面抢食后，取走饵料台。驯化方法是先敲击饲料桶，使之形成条件反射，每天8：00～9：00和16：00～17：00驯化2次。遵循"少—多—少""慢—快—慢"的投饲方法，80%左右的鱼不激烈抢食时停止投喂，同时还要根据鱼类生长活动、天气变化等情况，灵活、准确把握投饲量。成鱼阶段水温在15℃以下时投喂量为鱼体重的1.5%～2%，水温在15～20℃时投喂量为鱼体重的2%～2.5%，每天投饲量上午占40%、下午占60%。另外，斑点叉尾鮰喜欢在阴暗的光线下摄食，有昼伏夜出的习惯，故夏季利用库区昆虫资源多的优势在网箱附近挂上黑光灯诱虫为食。

（5）日常管理　网箱养殖斑点叉尾鮰，日常管理很重要。主要做好以下几项工作：①网箱检查；②鱼体检查；③清刷箱体；④调整规格和放养密度；⑤做好养殖日志；⑥病害防治。

（6）经济效益　11月12日随机抽出两只网箱（定为1#、2#

箱），共投放鱼种3180尾、58.5千克重。经过210天的养殖，死亡72尾，收获3108尾，成活率97.7%；收获商品鱼2206.6千克，平均单产220.7千克/米^3，平均增重倍数37.7，饵料系数为1.28；收入30892元，成本22386元，投入产出比1∶1.38。

（7）试验小结

① 在天然水域采用高密度集约化小体积网箱养殖斑点叉尾鲴，具有生长快、病害少、操作方便、饵料系数低、当年即可养成商品鱼且经济效益明显等特点，值得在大水面广泛应用和推广。

② 起捕前停食24小时以上，运输前要密集锻炼，以便提前排出体内积存的废物（如粪便、过多的黏液等），要使鱼逐渐适应密集环境，减少过度的应激反应，减少受伤，提高成活率。实践证明，没有经过锻炼的斑点叉尾鲴在运输过程中体表的黏液层会成块地脱落，成活率较低。

③ 在网箱养殖过程中，要确保养殖水域生态安全和水产品质量安全，应实现"资源节约型、环境友好型"的生态、健康、集约化养殖。渔用药物尽可能不使用，如确需使用，要使用高效、低毒、低残留的药物，最好是生物渔药或生物制剂等，不得使用斑点叉尾鲴禁用的药物。由于斑点叉尾鲴是无鳞鱼，一般情况下不用敌百虫，否则容易造成损失。

2. 河南燕山水库大规格网箱养殖斑点叉尾鲴实例

2011年，郭海山等在燕山水库开展了使用较大规格的网箱养殖斑点叉尾鲴试验，通过养殖水域的合理选择、饵料科学投喂、有效的鱼类疾病预防与治疗和日常管理等，经过8个月的饲养，斑点叉尾鲴平均出箱规格为764克，成活率为90.1%，纯收入为293464元，投资回报率为61.02%。较大规格网箱养殖具有节约人力、节省材料、增加效益的优点，值得推广应用。该试验取得不错的效果，现总结如下。

（1）水域选择　燕山水库位于淮河流域沙颍河主要支流澧

河上游干江河畔，位于河南省南阳市方城县与平顶山市叶县之间，水库控制流域面积1169平方千米，总库容9.25亿平方米，2008年建成使用。养殖斑点叉尾鮰的网箱放置的水域应相对开阔、向阳，水位比较稳定，有一定的微流水，同时，避开航道、坝前、闸口。我们选择在燕山水库上游库汊，此处水深10米左右，透明度1米左右。

（2）网箱的制作与放置　采用封闭聚乙烯网箱，内箱网目3.5厘米，外箱网目4.0厘米，缝制后双层使用。本次试验网箱数量为5只，规格7米×10米×3米。网箱框架用直径为4厘米的钢管焊接而成，为双排钢管，钢管间距25厘米，在焊接好的钢架四角及中间各放置浮筒（涂上防锈漆的铁制密封油桶）一只，网箱露出水面0.3米，入水深2.7米。箱底四角用水泥墩作沉子，网箱排列成"非"字形，箱与箱间隔10米，并用缆绳连接，每只网箱用大铁锚固定。另外在网箱缝制时，在网箱底部加一层密眼网作为食台，铺于整个网箱底部，沿网箱四周侧网向上延伸20厘米并与之缝合，防止饵料散逸，以降低养殖的饵料系数。网箱在鱼种入箱前15天下水，使其附生藻类等附着物，避免鱼种入箱后擦破皮肤受伤而患病。

（3）鱼种放养　鱼种来源于郑州黄河渔场，3月17日用活鱼运输车拉回。鱼种体质健壮、规格整齐、无病无伤，平均规格65克/尾，共放养7.5万尾，平均每箱放养15000尾。鱼种进箱前用4%食盐溶液浸浴10分钟。

（4）饵料选择与投喂　饵料选择以全价人工配合饵料为宜，其质量必须满足NY 5072—2002标准的要求。根据本地饵料供应情况，试验选用的蛋白质含量为30%～35%的鮰鱼专用沉性颗粒饵料，粒径1.5～5.0毫米。3月17日中午鱼种入箱，3月19日开始投饵驯化，以便让鱼有个适应新环境的过程。刚驯化时，每天驯食两次，9：00和17：00各一次，投饵前先敲网箱的钢制框架或浮筒，用适度的响声将其诱集到水面食台附近后再进行投饵，一般驯化2天即可养成集群摄食的习惯。投饵时，坚持"四定"的原则，并根据鱼类吃食情况掌握投饵的速度和投饵量，一般经一周左右驯食后，80%以上的鱼类都能上浮抢食。投喂时，根据天气情况、水温和鱼的生长、摄食情况，不断调整日投饵量，并适时调整饵料粒径大小。

（5）日常管理　每只网箱由专人管理，并做好养殖日志，以便科学饲养和总结经验。在整个养殖试验期间，坚持每天检查网箱有无破损，发现破损及时修补，防止鱼逃跑；坚持每两天洗刷网箱网衣一次，保持网箱箱体清洁及箱体内外水体交换畅通；坚持经常清除网箱箱底残饵，防止残饵、粪便发臭，滋生病菌；在饵料投喂过程中，注意观察鱼的吃食和活动情况，发现鱼病及时治疗、处理；注意天气变化，在大风、暴雨季节、风浪较大或上游洪水来临时要注意及时加固和升降网箱。

（6）鱼病防治　坚持"无病先防，有病早治"的原则。鱼种入箱前用4%食盐水溶液浸浴10分钟，在鲴鱼正常吃食后，用大蒜头、食盐拌进饵料连续投喂5天；定期投喂药饵（每100千克饵料含200克土霉素），连续投喂10～12天；或用中药药饵连续投喂7天（每100千克饵料加进500克干的黄檗、黄芩、黄连、板蓝根合剂打粉后再加500克食盐制成药饵）。在整个养殖期间，由于鱼病预防及时和治疗方法合理，没有大的鱼病疫情发生，为鱼类的健康生长和本次试验的成功创造了条件。

（7）产量和效益　从3月19日到11月20日经过8个月的养殖，在此期间，斑点叉尾鲴从65克长到平均体重764克。共收获成鱼67575尾，总产量为51627.3千克，平均每箱单产10325.46千克，5只网箱平均成活率90.1%。本次试验总计投喂饵料82603.68千克，饵料系数1.77。

养殖期间总投入为480946元，其中苗种费48750元，购买网箱及材料折旧费10000元，饲养人员工资40000元，投喂饵料费用为371716元，鱼病防治用药费等其他费用共10480元。成鱼销售收入774410元（平均销售价格为15元/千克），利润293464元，投资回报率为61.02%，取得了较好的经济效益和社会效益。

3. 湖北省清江高坝洲水库邓家冲库湾网箱养殖实例

2001—2003年，何广文等在湖北省清江高坝洲水库邓家冲库湾开展网箱养殖斑点叉尾鲴试验，取得较好的经济效益，现将试验结果介绍如下。

（1）养殖水域环境　试验基地位于湖北省清江高坝洲水库邓家冲库湾。此库湾背风向阳，环境安静，交通便利。水深6～8米，四季水位变幅1～2米。水体保持常年交换状态，水体pH 6.9～7.8，水深2米处溶解氧含量6.5～9.4毫克/升，以水深2米处测量的水温为准，全年水温变幅为10～33℃。

（2）鱼种投放　2001年9月28日从湖北省当阳市购进10厘米/尾的鱼种21600尾。鱼种启运前进行了常规的拉网锻炼。4只网目1.0厘米的网箱中，每个网箱约5000尾。统计死亡数为337尾，进箱成活率98.4%，水温为22～25℃。

（3）网箱结构及设置　网箱为浮式网箱，以石锚固定。框架为内径40毫米的钢管。用建筑用扣件连接，旧油桶作浮子。箱架纵向中间设有60厘米宽的通道，横向箱间设有40厘米宽的操作通道。网箱架整体呈"非"字形排列。网箱规格为（5米×4米×3米）。网衣材料为聚乙烯，网目大小分别为1.0厘米、2.0厘米、3.5厘米。前两种规格的网箱为无结单层，后一种网箱为有结双层。网箱的四角用3.0千克重的柱形水泥砖作沉子。网箱上纲露出水面30厘米。

（4）饲料及投饲技术　养殖全程使用商品料，鱼种前期阶段为破碎料，鱼种后期为硬颗粒料。颗粒料径为2.0毫米、3.0毫米、4.0毫米。鱼种料蛋白质34%～36%，成鱼料蛋白质30%～32%。冬季水温在15℃以下、10℃以上时，投饲率在0.3%～0.8%灵活掌握。坚持定时、定量投喂。早晚2次投饲量为全天量的80%。饲料撒入网箱中心呈圆盘状，撒出饲料面积以鱼群水面集群抢食面积达网箱面积的2/3为佳，以保持不同规格的鱼均匀摄食。投喂过程中坚持"慢—快—慢"的原则。

（5）分级饲养　在水温降至20℃以下时，即11月上旬进行了第一次分级。按大、中、小3种规格调整至5个网箱；第二年4月底进行了第二次分级，调整成6个网箱饲养；6月下旬进行第三次分级，分成8个网箱养殖；9月对小规格的网箱进行了最后一次分级，直至养成，不再分级。分级饲养能提高养殖成活率，降低饲料系数，减少鱼病发生。

（6）日常管理　日常管理是网箱养殖中不能忽视的重要环节。一是做好"四防"工作，即防逃、防盗、防害、防病；二是在暴雨过后做好鱼病预防，可以用氯制剂挂袋消毒，预防腐皮病、烂鳃病，严禁雨后动箱伤鱼；三是勤换洗网箱，可采取更换法，定期更换清洗网箱，保持箱内外水体正常交换；四是写好养殖日志。

（7）养殖情况　本试验从2001年9月28日鱼种入箱，至2003年5月商品鱼全部销售完，共养殖20个月，总成活率91.3%，饲料系数1.81，尾均重817克。

（8）经济效益　2003年5月养殖试验结束时，总成本为13.2万元，其中鱼种1.3万元，饲料9.04万元，药费0.05万元，人工、利息、折旧、水电费用合计2.81万元，每千克鱼成本8.2元。实际销售收入16.1万元，利润2.9万元，投入产出比为1：1.22。

第三节　池塘工业化生态养殖模式

池塘工业化生态养殖模式是目前全新的一种养殖模式，是将传统池塘开放式散养模式创新为循环流水养殖的集约模式，利用占池塘面积5%～8%水面建设养殖水槽作为高产养殖区，具有推水增氧和集排污装备的系统，进行类似于"工厂化"的高密度养殖，实施工业化管理，并对其余92%～95%的水面适当改造构建成净化区，用来净化水体。在养殖尾水处设置集污区，利用集污设备收集粪便和残饵，养殖周期内通过生物净化处理，实现养殖用水的循环利用。净化区对残留在池塘的养殖尾水进行生物净化处理，实现养殖周期内养殖尾水的零排放或达标排放。以循环经济理念为指导，通过对传统养殖池塘的改造，科学布局养鱼与养水的空间与功能，综合运用新型养殖设施与工业化技术，从而实现高效生态养殖。

该模式既有利于控制污染物排放，又可变废为宝，实现零排放的目标，也便于管理，操作简便，捕捞方便，颠覆了传统养鱼苦、脏、累的形象，具有生态和经济双重效益。在低成本的情况下，又可以保持水质无污染，更好地适合未来池塘养殖的需要，达到整个系统生态环保、产品质量安全、经济高效的目标。符合当前国家提出的循环经济、节能减排、转变经济增长方式的战略需求。工业化水产养殖秉承"高效、优质、生态、健康、安全"的发展理念，进一步推动了水产养殖业的绿色、低碳、可持续发展，形成现代渔业新的经济增长点。

一、发展现状

该模式技术源于美国，主要以美国奥本大学的研究为主体，2013年江苏省水产技术推广站与美国大豆出口协会在苏州吴江试点"低碳高效池塘循环流水养鱼技术"获得成功。2014年江苏省海洋与渔业局组织在全省示范推广，当时名称是"池塘工程化养殖"。2015年在总结提高的基础上在江苏省进一步推广，定名为"池塘工业化生态养殖系统"。截至2017年底，先后建成系统约20.1万平方米（涉及养殖池塘水面面积14480亩），并以年均规模达5万平方米的速度在增长。

目前，除江苏外，全国已有许多地方开展该养殖模式，又名"池塘跑道养殖模式"。已开展了草鱼、鲈鱼、鲫鱼、黄颡鱼、罗非鱼、团头鲂、斑点叉尾鮰、梭鱼、青鱼等十多个品种的养殖试验，基本都获得了成功。

二、养殖系统的组成

池塘工业化生态养殖系统的组成可以分为五个部分：推水区、水槽养殖区、污水区、生态净化区、机械配套机房（图4-1）。

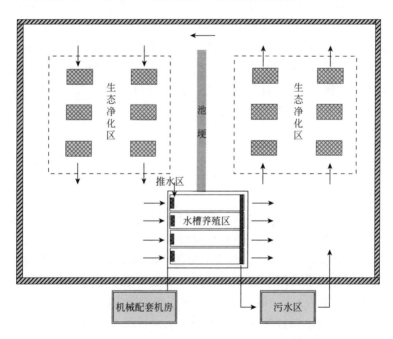

图4-1　池塘工业化水槽养殖系统组成和水循环方向示意图

三、推水区装置类型

推水区（机头）分为明轮式推水和气提式推水。气提式推水目前有独立式、串联式和集中供气式三种机头。

四、水槽养殖区材质类型

目前建设材质有玻璃钢结构式（彩图38）、砖混结构式（彩图39）、钢架塑料板式、钢架帆布型（彩图40）、钢架不锈钢板式等几种类型。分布形态大部分是固定式的，有部分是组装式或半组装式的，如玻璃钢一体式的、钢架塑料板（不锈钢板、塑料布、土工布）等。针对不同的池塘条件，可以采取相应的材料和结构建设养殖水槽。新开挖的池塘或底质条件较好的池塘淤泥较少、底质较硬，在此类池塘建设养殖水槽，既可以采用砖混结构，也可以采用钢架结构。对于淤泥较多、底质较松软的池塘，采用砖混结构建设水槽的难度较大，费用也较高，建议采用钢架结构方式建设水槽。钢架结构施工相对方便，建设成本相对便宜，且拆除方便，部分材料还有较大回收价值，因此，采用钢架结构较多。

五、集污、排污处理区

集污、排污处理区分集、排两个方面，集是将水槽内的沉积污物收集到集污区，排是将污物从集污区排出。集污区按底部结构分：主要有平板型、漏斗型两种，平板型结构底部略低于水槽或和水槽相平，并配有吸污泵、吸污罩、导污槽和行车等，一般长2～3米，宽与各水槽相通，方式有定时自行或人工控制行走式吸排污；漏斗型结构一般是一条水槽设计两个集污漏斗，长宽各2米，深约0.6米，配有漏斗插管、管道、集污井、排污泵和液位自控开关等，需要人工提拔漏斗插管，可分别对不同水槽进行排污。由于漏斗型的建造相对麻烦，大多以平底型为主。平底型吸污以采用自动型轨道式较为理想（彩图41）。集污区按收集方式分为：泥浆泵吸式、气提式、管吸式、轨道式等不同方式。污物处理区可分为：过滤式、化粪池式、沼气式、直接下田肥菜式。只要污物能有效地进入集污区，并沉积于集污区，用配备好的水泵即可排出。

和传统池塘养殖相比，集、排污是池塘工业化生态养殖系统与技术的核心部分，可将鱼类养殖中的残饵和粪便及时排出池塘，是保障养殖水质达标和减轻池塘水净化处理压力的关键措施。如何集到污物，又如何排出，是成功的关键。

养殖尾水处理可根据水槽数量建设合理大小的集污池，原则上每3条水槽应建设2个相通的体积为10立方米的下沉式集污池，并配套50～100米长的渠道，渠道深、宽各0.6～0.8米，与集污池相通，并保持渠道内有0.3～0.5米的水位。渠道内通过种植水生植物等对污水进行净化。

六、池塘大小与水槽占比

建设工业化生态养殖系统的池塘，原则上面积应在10亩以上（以30亩以上为宜），长方形，长宽比1∶（2～3），东西朝向，水深在2.0米以上。水槽结构长方形，通常规格为长22米、宽5米、深1.8～2.0米。为合理利用池塘面积，并充分发挥养殖水槽的集约化、规模化效应，建议在同一池塘单元建设3个以上水槽。水槽面积占池塘面积的比例控制在5%～8%（如果专门用于鱼种培育，水槽面积占比可以适当加大，但不宜超过10%）。

七、系统动力配备

池塘工业化生态养殖系统的主要动力配备有气提推水增氧、底部充气增氧和吸排污设备。养殖实践证明，气提推水增氧动力每条80～110平方米水槽原则上配备1台1.5千瓦漩涡式鼓风机，并根据生产需要确定开机数量；随着鱼体长大及水槽载鱼量增加，另外单独配备1台动力为2.2千瓦底层增氧鼓风机，可以与气提推水增氧系统并联，用以调节气阀控制气量。集排污系统的动力需单独配套，养殖者一般可根据吸污泵的功率大小配备，一般选择在1.5～3.0千瓦。在同一池塘养殖系统中，如果水槽数量在10条以上，可采用集中式供气方案进行（彩图42）。将几台不同功率的漩涡式鼓风机以并联方式集中在机房中，根据生产需要合理开启不同数量的鼓风机。此外，在高密度养殖情况下，为防止停电发生意外事故，应配备一套应急自启式发电设备以减少养殖损失（彩图43）。

八、苗种放养

在苗种放养前一周，应仔细检查养殖系统推水增氧设备，并开机试运行是否正常，确保水槽内水体质量与整个系统一致；还应对水槽水质与净化区水质进行常规指标的检测，如果发现存在问题及时采取措施解决；同时在充气推水端拦网前安装防撞网（彩图44）。

苗种运输至塘口后，应及时进行放养。有条件的地方可设置制作简单的人工滑道等设施，直接将苗种从运输车辆送入养殖水槽，以减少苗种因操作等原因造成的损伤。苗种在放养进入池塘水槽前，用浓度3%～5%的盐水进行消毒10分钟左右。苗种在进入水槽后，仔细观察充气增氧推水设备的运行情况，并根据进入水槽鱼类品种与规格严格控制充气流量，防止苗种应激撞击拦网而造成损伤。

1. 不同规格放养密度参考

池塘工业化水槽不同规格放养密度参考见表4-4。

表4-4　池塘工业化水槽不同规格放养密度参考

放养时间	放养规格/（克/尾）	放养密度/（尾/米²）	养殖周期/月	养成规格/（克/尾）
4月初	35	100～150	14～16	750～1000
4～5月	500	80～100	3～4	1000～1250
6月初	150	100～120	6～8	800～1000

2. 饲料投喂

鮰鱼刚放入水槽后由于运输应激反应会暂时不进食，应进行投喂驯化2～3天后，使苗种及时进食恢复体质，减少苗种伤亡。

水槽饲料选择投喂浮性颗粒饲料，以便检查吃食情况，饲料应从正规饲料公司购入。苗种进入水槽后，新购入的新鲜饲料应及时进行投喂，不要投喂存放较久的饲料或霉变的饲料。不同规格苗种投喂量与投喂次数也不相同。实际生产管理中应根据苗种规格大小与水温确定投喂次数与投喂量，并根据摄食情况与水温、天气变化及时调整投喂量。一般情况下，在投喂饲料后1～2小时内开启吸排污设备，每次吸排污的时长视污水的程度而定，吸出的污水颜色与池水相近即可停止。高温季节要根据实际养殖情况灵活掌握。

3. 净化区生态环境及养殖品种搭配

养殖单位应该注重生态环境构建与调控。通过种植水生植物、放养滤食性鱼类、贝类，以及适时投放微生物制剂等手段，营造养殖系统良好生境。水生植物主要选择空心菜、水芹菜、茭白和莲藕等经济作物（彩图45～彩图47）。有学者用PVC管制成浮框内放镂空小花盆等方式种植食用、药用中草药进行净化研究，种类以根系发达并可以多次收割的品种为主，如虎杖、鱼腥草和薄荷等中草药（彩图48～彩图50），也能收到不错的效果。一般水生植物的种植面积应控制在净化区面积的20%～30%。贝类主要投放品种有螺蛳、河蚌等；可搭配花白鲢、青虾、南美白对虾、河蟹等特种经济品种，以提高净化区的综合经济效益，原则上养殖全过程不投饵。

在传统养殖池塘建设工业化生态养殖系统时，可利用原有的池埂土方等，建成适宜面积的浅水区、深水区，并设置导流墙和引流设备，确保达到整个净化区水体能够进行循环流动的效果。

九、档案管理

建立日常养殖生产档案，如苗种放养时间、放养规格与数量、投饲方法和次数、投喂饲料的总数量、养殖区病害预防与治疗情况、用药情况、推水增氧设备耗电量、净化区生态环境调控水质情况监测、净化区最佳生态养殖品种搭配情况等。

水槽养殖还需注意在病害高发季节，需要适时进行预防工作。一旦发现病情，关停推水，开启底增氧，封闭水槽两端拦鱼栅，对症下药治疗。

十、池塘工业化生态养殖实例

2015—2016年江苏南京浦口一养殖户开展斑点叉尾鮰池塘工业化生态养殖技术模式试验。水槽养殖区主要以鮰鱼为主，净水区放养花白鲢、罗非鱼等辅养品种。

1. 池塘设施基本情况

池塘面积13亩，建设水槽4个，水槽材质为帆布，长20米、宽4米、深1.8米，共320平方米。每条水槽配备1台1.5千瓦鼓风机。另外，单独配备1台动力为2.2千瓦底层增氧鼓风机，随着鱼体长大及水槽载鱼量增加，根据生产需要确定开机数量和时间。同时配备功率大小3.0千瓦吸污泵2台，其中1台备用。投饵机4台，每个水槽各1台。20千瓦发电机1台，停电时发电应急使用（高密度养殖情况下必不可少）。

2. 苗种放养

在苗种放养前一周，检查养殖系统推水增氧设备是否完好，在充气推水端拦网前安装防撞网。苗种在进入水槽前，用浓度3%～5%的盐水进行消毒10～15分钟。放养规格为每条水槽投放规格35克/尾鮰鱼12000尾，四条水槽共投放鮰鱼48000尾。

3. 净化区辅养品种投放

在一级净化区放养规格20～30克/尾罗非鱼520尾。二级净化区放养青虾苗2千克、河蟹苗种700只，池四周栽种莲藕和茭白，池中间固定人工制作浮床栽种空心菜。三级净化区放养规格250～300克/尾的花白鲢220尾，100～150克/尾鳜鱼60尾。

4. 日常管理

安排专人管理，保证水槽前端的气提推水增氧设备和水槽底部的增氧设备连续24小时开机，发现停电和跳闸情况及时发电，以防缺氧出现意外。随时检查鱼体的摄食、生长情况，及时调整投饵量。做好水质的调控及养护管理工作，并做好相关养殖记录。

5. 产量情况

检查斑点叉尾鮰生长情况，打样得出平均规格775克/尾，四条水槽产量推算大约33480千克。水槽每平方米产量104.6千克，成活率约90%。罗非鱼产量338千克，花白鲢460千克，鳜鱼51千克。

6. 养殖效益

生产投入主要包括塘租、饲料、苗种、人工及电费、渔药等，生产成本共计32.6万元，养殖总效益41.5万元，平均亩效益5000元以上。经济作物产出效益未计入。

7. 试验小结

该模式合理规划养殖区域，充分利用养殖水体资源，是实现环境友好、水产品价值高、产品优质的三者统一的渔业可持续发展养殖模式。该模式除在高温天气及特殊情况下水位降低需向池中添加水外，养殖全过程中做到水体零排放，养殖区的尾水经集污设备收集，并通过净水区的水生植物和滤食性鱼类进行水体净化循环利用，减少了养殖污染，保证水产品质量安全，提高养殖效益，为进一步提升绿色工业化设施渔业生态补偿决策提供支撑。

第四节

成鱼捕捞和运输

一、成鱼捕捞

1. 捕捞方法

对大多数养殖者来说，捕捞季节是收获的季节，也是养殖过程中的最后环节，应该选择正确捕捞时间和得当的操作方法来保证良好的养殖经济效益。由于鮰鱼网箱养殖容易捕捞，收起网箱就行，这里不作介绍。池塘捕捞方法主要有拉网捕捞、干塘捕捞，也有养殖者使用刺网、撒网进行捕捞。

鮰鱼性情较为温和，起网率高，捕捞不存在技术上的问题。用拉网捕捞的方法起捕率较高，该方法是选用网目规格适宜的拉网，捕捞人员只要在养殖池中反复来回拉网2～3次，池中80%以上的鮰鱼即可捞起。干塘捕捞的方法较为简单，只需将养殖池中的水排干即可，在排干池水时，采用水泵进行抽排水，此时为了防止鱼和杂物等进入泵中，最好用网片将泵头包裹好，待池中的水剩下不多时，捕捞人员即可下塘捕捞。捕捉时，最好应用抄网捕捉，不要用手去捉，以防手受伤。把池塘的水排干是一次性彻底起捕鱼类的方法，然而，这种方法浪费水资源，使开支增大，池水排干后在池底捉鱼耗时、费力。

有养殖者采用刺网、撒网进行捕捞时，鲫鱼的上网率也较高，但由于鲫鱼的胸鳍、背鳍的硬刺在起网收鱼时会挂在捕捞的网上，所以，从网上取鱼操作时较为麻烦。因此，池塘饲养时，一般不用此方法进行捕捞。

2. 捕捞注意事项

鲫鱼捕捞出池，应注意以下几个关键点：①捕捞前先确定好捕捞时间；②捕捞前应停食；③掌握正确的捕捞操作方法；④捕捞后的处理；⑤防止被鱼刺划伤。

养殖者根据市场需求情况来确定捕捞时间，在鱼类浮头、天气闷热和发生鱼病等异常情况下，特别注意不要拉网捕捞，以免因发生缺氧而引起大量死亡，造成不必要的经济损失。一般选择在晴天、一天中气温较低、池水溶解氧含量较高时进行拉网捕捞较合适。

确定好捕捞时间后，在捕捞前应停食1～2天，因饱食后的鱼消化道处于消化食物过程中，体内耗能、耗氧增大，捕捞时鱼受惊跳跃，使鱼的消化节律急剧改变，应激反应大大增强。此外，饱食后的鱼在运输途中大量排粪，污染运输水体，严重的将会导致运输的整批鱼大量伤亡。因此，千万不要为增加鱼的体重在捕捞前大量投喂饲料。

还需注意拉网之前先选择网目大小适宜的网具，然后做到慢下网、踩底纲和收好网，并尽量减少回、拉网次数。对于有的池塘鱼的数量多、产量高，最好采用半塘捕捞等方法。其次是一定要安排有经验的人员下水踩纲，拉网行走时尽量贴靠塘边，以提高上网率。最后，收网时位置尽量不要放在水浅的地方，以免搅动塘底淤泥，翻起底部有机物质，降低池塘的溶解氧含量，引起网中鱼缺氧浮头，带来不必要的经济损失。

由于拉网时人为搅动了池底淤泥，池水变得也较混浊，加上网中鱼体密集后分泌了大量黏液，耗氧增加。因此，捕捞后应立即开启增氧机或用水泵加注新水，使鱼有一段顶水时间，增加溶解氧，防止浮头。操作人员此时应快速将网中规格大小不一的鱼进行挑选，达上市规格的成鱼拣好暂养在准备好的网箱中，小规格的鱼放回原塘或转移到其他鱼塘继续养殖。鮰鱼为无鳞鱼，受伤的鮰鱼特别容易患水霉病，一定要小心操作、动作轻柔。

因斑点叉尾鮰胸鳍上有非常坚硬锋利的鱼棘，在成鱼捕捞、捕捉过程中，捕捞人员应小心谨慎，最好戴上防护手套，穿上雨鞋，防止手脚被鱼棘刺伤。

和其他淡水鱼一样，鮰鱼大多集中在秋冬起捕上市，起捕商品鱼（彩图51）时应注意最好错开季节分散上市，不要因起捕上来的鱼数量过多，导致一时难以上市出售，不能获得更高的利润和效益。捕捞销售鱼时还必须做好蓄养的准备，网箱是蓄养最常用的工具，方便操作，捕捞鱼较容易，能减少工作量，但蓄养期间特别要防止鱼类应激缺氧和偷盗事件发生。

二、成鱼运输

1. 做好运输前的准备工作

做好运输前的准备工作，是保证运输成功的基本环节。运输前要制订周密的计划和做好相应的准备。根据运输路程、线路，运输前要安排好运鱼的车辆及其他交通工具。准备好运输时要用的工具，如运鱼塑料大桶、增氧设备、捞鱼网、电子秤等。在成鱼起运之前，检查好运输设备，供氧、增氧和运输车辆情况，确保安全。若运输路途遥远，中途需换水，还要预先了解运输路线中的水源、水质情况，安排好换水和补充氧的地点。

为确保销售市场质量要求，进行成鱼规格分级，成鱼在起运之前2～3天需要停食，上车前要检查鱼腹中是否有食，若有大量食物则不能运输。

2. 运输方式

（1）活鱼车运输　活鱼运输车（彩图52）是一种运送活体水产品的集装箱，其构造为封闭组合式。一般按汽车车厢大小设计，直接安装在汽车车厢上，外部是一个大的铁皮箱，铁皮箱内布了立体式的充气管，配置的增氧设备通过这些充气管的传输向水箱内水体充气，从而保证水体中有充足的溶解氧。鲖鱼对溶解氧要求比较高，体表富含黏液、无鳞，高密度的装载，会出现水质恶化、相互间擦伤及浮头等现象。因此，用活鱼车进行活体鲖鱼运输时，密度一般在75千克/米³以下。

（2）帆布箱（袋）运输　利用帆布箱（袋）运输时，装载水位不能过高，装水量宜为箱（袋）高的1/2，防止运输中由于颠簸或运输速度不稳，鱼随水冲出箱外。必须同时配备增氧设备，一般采用氧气瓶增氧，若发现氧气瓶压力表的压力很低，说明氧气瓶中氧气量不足，应及时将充气管转换到另一个氧气瓶上。为防止运输途中意外发生，还需配备换水设备。在冬季，4小时以内的短途运输，每立方米水体可装鱼300～400千克。长途运输最好运载密度不要过大。

（3）活水船运输　活水船运输指利用船甲板下的活水舱进行运输。活水舱内水体与外界相通，时刻处于交换中，溶解氧和水质都较好，鲖鱼装在舱内就相当于暂养在河道或湖泊内。运用活水船运输鲖鱼时，密度不能太大，否则会出现相互刺伤及浮头现象。密度适中时，利用此种方法，经运输后的鲖鱼体质较好、成活率高。

（4）塑料桶充气运输　用塑料桶充气运输，由于体积小，运输量较小，上下车搬运方便。可不加冰，较适合短距离运输。

（5）麻醉运输　麻醉运输具有运输成活率高、运输成本低的特点。主要通过抑制机体神经系统的敏感性，降低鱼体对外界刺激的反应，使鱼体失去反射功能，降低呼吸强度和代谢强度，提高运输成活率。用麻醉剂或镇静剂注射鱼体或在水中配成一定浓度，使鱼体在运输过程中处于昏迷或安定状态。常见的麻醉剂有乙醚、巴比妥钠、安定和复方氯丙嗪等。

3. 提高运输成活率的措施

提高活鱼运输成活率和效率的关键之一是水质，其中溶解氧最为重要。运输用水应水质清新，溶解氧含量高，含有机质少，无毒无臭。运输的水温是影响活鱼运输成活率的重要环境因子。水的饱和溶解氧含量以及氧的溶解速度与水温成反比，即水温越低，饱和溶解氧越高，溶氧速度越快。水温越高，对运输越不利，在适当低温下运输可以提高成活率。鱼的体质与运输成活率也有很大关系，体质弱和有伤病的鱼，忍耐低氧能力差，经不起长途运输，因此在运输前要加强饲养管理，使鱼的体质健壮，无病无伤。保持合适的运输密度，因运输工具不一，装运密度差异很大。另外，运输人员还要加强运输途中的管理，运输时间过长，可在中途换水和调整增氧气头；温度较高时，可带冰运输，并适当减少运输数量。综上所述，可有效确保运输成功。

4. 卸鱼注意事项

鱼运输到目的地后，为使鱼尽快获得清新水源、减小温差且能适应新的环境，可在运输车（箱内、船舱）先加入新水，让车内的旧水与冲入新水混合。加入新水后，使运输水体中鱼的黏液、粪便等随水流溢出，边加水边观察运输水体中鱼的活动情况，待鱼活动正常后可减少或者停止注入新水。卸鱼时动作要求轻快，避免鱼直接冲撞受伤，下池后立即开启增氧机。

第五章

斑点叉尾鮰病害防治

病害与水产养殖业的发展相伴而生，病害防治对水产养殖生产的各环节至关重要，决定养殖的成败，可以说水产养殖的历史就是与疾病斗争的历史。斑点叉尾鮰产业的发展亦是如此，我国于1984年从美国引进斑点叉尾鮰，1987年人工繁育成功并实现大面积推广养殖，在规模化的人工繁育和养殖生产过程中经常会受到各种病害的困扰，造成了巨大的经济损失。目前已公开报道的斑点叉尾鮰病原性疾病种类10余种，主要是由病毒、细菌、真菌和寄生虫等感染引起的。本章将从病原、症状与病理变化、流行情况、诊断方法和防治措施等几个方面分别介绍一些常见的斑点叉尾鮰疾病。

第一节 病毒性疾病

斑点叉尾鮰病毒病（Channel Catfish Virus Disease，CCVD）主要是指由鮰疱疹病毒Ⅰ型感染而引起的疾病，其最早发现于美国，目前已成为危害世界各国斑点叉尾鮰养殖的最主要的传染病之一。斑点叉尾鮰病毒（Channel Catfish Virus，CCV）由Fijan在1968年首次分离，并在1971年根据形态学特征被鉴别为Ⅰ型疱疹病毒。我国自从引进斑点叉尾鮰养殖以来，养殖面积和规模逐渐扩大，近年已在斑点叉尾鮰鱼苗中检测到CCV。以下详细介绍斑点叉尾鮰病毒病的情况。

一、病原

CCV病毒颗粒具有囊膜结构，病毒粒子呈二十面体，双链DNA，直径为175～200纳米，外层囊膜含有162个衣壳粒，衣壳粒直径为95～105纳米［彩图53（a）、（b）］。CCV基因组 DNA 浮力密度约 1.715 克/毫升，G+C 含量为 56％，病毒分子质量约 85 道尔顿，基因组全长 134kb。CCV 可生长温度在 10～35℃，最适温度为 25～30℃。CCV 对乙醚、氯仿、酸、热处理敏感，在甘油中保存会失去感染力；病毒虽然在 −75℃ 以下可长时间保存（约 5 个月），但冻融对病毒毒力影响显著；25℃ 时病毒在池水中能存活 48 小时，在曝气的自来水中可存活 264 小时；4℃时，病毒在池水中能存活近 1 个月，在曝气的自来水中可存活近 2 个月；病毒在池底淤泥中迅速失活。根据血清型测试，目前认为 CCV 只有一个血清型，并且 CCV 具有宿主细胞特异性，仅能感染 BB（Brown Bulhead）、CCO（Channel Catfish Ovary）等细胞，其中以 CCO 细胞最为敏感。感染细胞后导致细胞出现合胞体，随后细胞核发生固缩，细胞开始脱落并崩解［彩图 53（c）］。

二、症状与病理变化

患 CCVD 的鮰鱼在初期表现为摄食活力下降，甚至不食，游动缓慢，常旋转游动，出现离群独游现象。随着病情发展，病鱼聚集在网箱周围或池边，头朝上、尾向下悬垂不动，最后沉入水底，衰竭而死［彩图 54（a）］。病鱼腹部肿胀，鳍条基部和皮下充血，眼球单侧或双侧性突出，鳃丝变白，有时伴有出血症状，肛门红肿、外突。解剖病鱼后可见体腔内有大量淡红色或淡黄色液体，肝脏肿大，肠道苍白、无食物，肠道内充满黄色液体或黏液；心脏、肾脏、脾脏、腹膜和肌肉等器官也发生点状出血［彩图 54（b）～（f）］。使用显微镜检测时可发现 CCV 能危害斑点叉尾鮰的各种重要器官，其中肾脏是首先感染病毒的器官。肾的分泌和造血部位可以看见出血，发生局灶性坏死。在腹腔和其他部位，液体的积累主要由肾衰引起；同时，造血组织的破坏和出血导致鳃部、肝和肾的表面苍白。脾、肝、肠道、胰腺和脑的损伤要小，偶尔在肝细胞内可见嗜酸性包浆包涵体；胃肠道黏膜上皮细胞发生变性、坏死；胰腺发生坏死；神经细胞空泡化及神经纤维水肿（彩图 54）。

斑点叉尾鮰是CCV的自然宿主,虽然斑点叉尾鮰成鱼可以发生CCV的隐性感染,成为病毒携带者,但小于1龄、体长小于15厘米的鱼苗成为CCV主要感染对象;研究还发现,刚孵化的鱼苗对CCV不敏感,而是随着日龄的增加鱼苗对CCV的敏感性亦逐步增加,尤其是当鱼苗受到应激时感染率会显著升高。水温也是影响CCVD暴发流行的重要因素之一,在20~30℃水温范围内,随着水温的升高,CCVD的感染性、发病率和死亡率都随之升高,最高死亡率可达90%以上;而当水温降至18℃时,死亡率明显降低。CCV可通过水平和垂直两种方式传播,水平传播是病鱼通过尿和粪便等向水体排出CCV,发生水平感染而传播;垂直传播是由于携带CCV粒子的亲鱼通过精子或卵子将病毒传递给子代。不同品系的斑点叉尾鮰对CCV的敏感性不同,其中杂交品系感染率最低。相比斑点叉尾鮰,其他鮰鱼种类可在试验条件下感染。

四、诊断方法

1. 肉眼检查初步判断

肉眼检查主要是根据患病鱼的主要临床症状和流行病学特征分析进行初步判断,比如在温度较高的夏季,出现鮰鱼鱼苗或鱼种大规模死亡,并且病鱼出现如腹部肿胀、体表有出血点、眼球突出,剖检后在内脏系统发现大量腹水,肝脏肿大,肠道苍白且无内容物,充满黄色液体或黏液,肾脏、脾脏和肌肉出血等症状时可以初步判断出属于CCV感染。

2. 显微镜检查判断

从病鱼CCV靶器官分离病毒,利用BB和CCO等病毒敏感细胞对病毒分离,在显微镜下检查在细胞培养过程中出现细胞病理效应（Cytopathic effect，CPE）且产生合胞体，同时检测分离病毒的理化特性，是否与CCV符合而作出进一步的诊断。

3. 利用免疫学或者分子生物学手段进行精准判断

利用免疫反应的特异性，根据血清中和试验，免疫荧光抗体技术、酶联免疫吸附试验，以及核酸水平的聚合酶链式反应（PCR）等方法检测的结果对该病作出最后的确切诊断。

五、防治措施

1. 预防措施

目前对于斑点叉尾鲴病毒病尚无十分有效的治疗方法，一般采取预防为主的综合防治措施，加强日常饲养管理，预防本病的发生或将损失降至最低限度。

（1）首先从养殖水体进行控制，保证养殖水源充足且无污染，养殖池内的水体不应交叉使用，水体溶解氧含量控制在4毫克/升以上。苗种入池前应用20～25毫克/升生石灰对水体进行泼洒消毒。适量调控5～12厘米苗种培育的放养密度。有效调控鲴鱼病毒病发生的池塘适宜放养密度为3～5厘米苗种15000尾/公顷，5～10厘米苗种75000尾/公顷，10～15厘米苗种45000尾/公顷。

（2）其次要采取严格的预防消毒措施，在苗种或鱼种入池前应用1%～3%的食盐水浸浴5～10分钟，或20毫克/升（20℃）高锰酸钾浸浴15～20分钟，或用30毫克/升的聚维酮碘（1%有效碘）浸浴5～10分钟。严格执行检疫制度，不从疫区引进鱼种和苗种，加强综合预防措施。

（3）苗种的体质差、免疫力低与饵料腐败变质是引发鲴鱼病毒病的根源。投喂优质洁净饲料，增强鱼体对外界环境的适应能力和对病原感染的抵抗能力。

（4）斑点叉尾鲴苗种培育期处于高温季节，避免在高温期间或气候剧烈变化的情况下进行拉网、施药、转运等操作，以减少对鱼体的刺激所导致的应激反应，操作与转运后的苗种可用2%～3%的食盐溶液浸泡消毒处理。

（5）选用不携带鮰鱼病毒病病原体的亲鱼进行繁殖，可避免繁殖的鱼苗携带鮰鱼病毒病病原体。

（6）在鮰鱼病毒病发生期间，采用抗病毒中草药制剂拌饲投喂：如每千克鱼在饲料中加入大黄3克、黄芩1.2克、黄檗1.8克，另加0.7克的食盐，每天1次，连续5～7天；每千克鱼在饲料中加入板蓝根2克、金银花1克、连翘1克、贯众0.7克制成复合药剂，另加100毫克维生素C，连续投喂5～7天。

2. 治疗方法

使用病毒的灭活疫苗、弱毒苗（如斑点叉尾鮰病毒V60弱毒疫苗），或基因工程疫苗（如斑点叉尾鮰病毒ORF6基因DNA疫苗）对斑点叉尾鮰进行免疫，都具有较好的保护作用。

第二节

细菌性疾病

细菌性疾病是水产养殖中最为常见的一类疾病，在每年病害暴发病例中也是比例最大的。水产动物细菌性疾病的种类较多，危害严重的主要是革兰阴性菌引起的疾病，如柱状屈挠杆菌引起的烂鳃病、假单胞菌引起的败血病、嗜水气单胞菌引起的疖疮、腐皮病等。革兰阳性菌引起疾病危害较大的主要是链球菌属成员。已报道的斑点叉尾鮰细菌性疾病种类较多，包括肠道败血症、出血性败血症、套肠病、柱形病、烂尾病等，本节将逐一详细介绍。

一、肠道败血症

鮰肠道败血症是斑点叉尾鮰养殖业中危害较为严重的细菌性疾病之一。该病首次于1976年在美国的斑点叉尾鮰中发现，而且到目前为止该病仍然每年能造成数百万美元的经济损失。自1987年我国大面积推广养殖斑点叉尾鮰后，时有肠道败血症暴发流行的报道。近年来由于高密度集约化的规模化养殖，该病的发生也越来越严重，给斑点叉尾鮰养殖业带来了巨大的经济损失。

1. 病原

鮰爱德华菌是斑点叉尾鮰肠道败血症的病原菌。该菌隶属于肠杆菌科爱德华菌属，兼性厌氧革兰阴性短杆菌，周身多鞭毛，在25 ～ 30℃温度内细菌运动性较弱，而37℃条件下则完全丧失运动能力。该菌最适宜生长温度为25 ～ 30℃，培养基上生长速度缓慢，在TSA培养基上培养48小时才形成针尖大小的菌落（图5-1）。生化反应鉴定显示鮰爱德华菌仅能对葡萄糖、麦芽糖和D-甘露糖利用产酸，对其他大多数糖都不能利用产酸。该菌细胞色素氧化酶、脂肪酶和DNA酶阴性，过氧化氢酶阳性，硝酸盐还原阳性，吲哚与甲基红试验阴性，硫化氢阴性，不能利用柠檬酸盐和丙二酸盐。

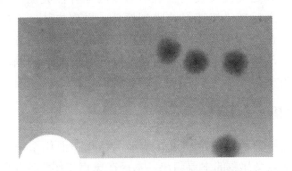

图5-1 从斑点叉尾鮰中分离得到的鮰爱德华菌的菌落形态
(Emeritus John A. Plumb, 2011)

2. 症状与病理变化

依据病原菌感染途径的不同，鮰肠道败血症可分为急性败血症和慢性败血症两种类型。

急性败血症的病情发展快、死亡率高，消化道为主要感染途径。病原菌被食入后经消化道进入血液，然后随血液循环转移到各内脏器官，引发各组织器官的充血、出血、炎症、变性及溃疡的形成。典型症状表现为病鱼全身可见出血斑点或淡白色斑点［图5-2（a）］，鱼吻周边及各鳍条充血或出血发红，鳃丝苍白而有出血点，肌肉呈点状出血或斑状出血，腹部胀大，腹腔、肠腔内充满气体和淡黄色液体，黏膜水肿、充血。内脏器官中肝脏发生水肿，伴有出血点和灰白色的坏死斑点［图5-2（c）］；脾与肾肿大、出血；胃膨大，肠道充血发炎。急性ESC症状在不同的鱼体中会有所不同，如一些病鱼见不到明显的上述外部症状，而是表现为离群独游，反应迟钝，摄食减少，在水中呈"吊水"状，即头朝水面、尾下悬垂于水中，有时作痉挛式或螺旋状游动，继而发生死亡。

慢性败血症则是病原体经神经系统感染引发的，发病的病程较长。最初病原菌通过鼻腔侵入嗅觉器官，再经嗅觉器官转移到脑，继之缓慢发展到脑组织形成肉芽肿性炎症，引起慢性脑膜炎，之后感染迅速经脑膜到颅骨，再到皮肤，引起皮肤溃烂，最后在头部形成一个空洞的病灶，通常位于颅骨前，呈外突的或开放性的溃疡，不需要切除脑颅骨即能看到脑，形成典型的"头穿孔"症状［图5-2（b）］。

3. 流行情况

鮰爱德华菌通过水体进行传播，鼻孔和消化系统是其入侵和感染斑点叉尾鮰的主要门户。本病在斑点叉尾鮰各养殖阶段均容易发生，尤其对鱼种的危害更大，在养殖密度过高、有机物或底泥过多及饲养管理不良时均可诱发疾病的暴发。另外，温度是该病暴发的主要诱因，因此斑点叉尾鮰肠道败血症是一种具有明显季节性的疾病，在春末（5～6月）和秋初（9～10月）水温为22～28℃时是该病发病的高峰期。水温达到25℃时，鮰爱德华菌能在池塘水中存活60天左右，在底泥里存活90天仍能致病，这也就是在池塘养殖过程中该病会反复发生流行的原因。

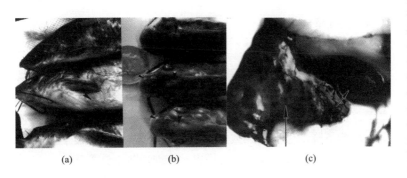

图5-2　斑点叉尾鮰感染鮰爱德华菌（Emeritus John A. Plumb, 2011）

（a）正常斑点叉尾鮰（最下方），早期感染鮰爱德华菌斑点叉尾鮰体色褪色，斑点叉尾鮰皮肤斑点状出血（中间箭头所示）；（b）斑点叉尾鮰颅骨呈现开放性溃疡（大箭头所示），鼻腔发炎（小箭头所示）等典型的慢性感染；（c）感染鮰爱德华氏菌斑点叉尾鮰出现肝水肿（大箭头所示），脾肿大（小箭头所示）。

4. 诊断方法

根据水温在22～28℃特别是在25～28℃时鮰发生大量死亡，结合典型的临床症状作出初步诊断。斑点叉尾鮰肠道败血症的暴发还与寄生虫、柱状黄杆菌、嗜水气单胞菌、温和气单胞菌等感染有关，所以诊断该病的方法除了通过仔细检查患病鱼的临床症状，如"头穿孔"、体表出血、肠道出血等外观初检外，本病确诊还需要从靶组织内分离得到革兰阴性细菌进行鉴定，结合临诊症状和病理变化进行综合诊断。对于急性型斑点叉尾鮰肠道败血症，病鱼的肾脏是分离病原的最佳器官，血液也是分离病原的良好材料。对于慢性型斑点叉尾鮰肠道败血症，脑部是病原分离的最好部位。此外，可以建立间接酶联免疫吸附试验，或应用聚合酶链式反应（PCR）技术利用特异性的引物检测致病菌，以此来最后准确诊断。需要特别注意的是，本病可能与斑点叉尾鮰病毒病产生混淆，在症状与病理变化上，本病与斑点叉尾鮰病毒病最大的区别是感染本病的病鱼头部通常出现空洞性损伤，在实际诊断过程中需要注意区分。

5. 防治措施

（1）预防措施

① 养殖前一定要翻塘清淤，并用生石灰消毒，不给病原菌潜伏的机会。同时控制好养殖水质，避免水体富营养化。因为水体富营养化可导致池塘溶解氧含量降低，水中有害物质增加，鱼体免疫功能下降，进而增加致病机会。尽量保持水温稳定，经常加注新水。发现病鱼、死鱼及时捞出并掩埋，防止交叉感染。

② 进行免疫接种预防，使用疫苗能有效预防该病。超声粉碎疫苗和灭活疫苗都能产生较好的免疫保护，凝集抗体可持续4个月以上。减毒菌疫苗对3周以上的鱼苗具有较强的诱导免疫反应。

（2）治疗措施

① 合理使用抗菌药物。当疑似发生斑点叉尾鮰肠道败血症时，可合理地选择有效的抗菌药物进行处理。但在此之前要进行药敏试验测试：应及时从病鱼的感染部位（病灶）分离、鉴定病原菌，并将病原菌接种在适当的培养基上纯化培养，利用药敏试验，可采用纸片琼脂扩散法（K-B法），将分别蘸有一定量各种抗生素的纸片贴在培养基表面（或用不锈钢圈，内放定量抗生素溶液），培养一定时间后观察抑菌效果。由于致病菌对各种抗生素的敏感程度不同，在药物纸片周围便出现不同大小的抑制致病菌生长而形成的"空圈"，称为抑菌圈。抑菌圈大小与致病菌对各种抗生素的敏感程度成正比关系。因此，可以根据药敏试验结果进行科学选择和精准使用药物，彻底避免盲目用药。

② 鱼种放养前用20～30克/升的食盐溶液浸浴至浮头，发病

季节定期全池泼洒二氧化氯0.3毫克/升或者聚维酮碘0.2毫克/升。

　　③ 可用氟苯尼考20毫克/千克、三黄散25毫克/千克、板蓝根50毫克/千克、多维50毫克/千克拌饲投喂5～7天；复合使用大黄、黄芩和黄檗（5：2：1的比例）拌饲投喂，每天1次，连续使用5～6天；每千克鱼在饲料中加入大黄2克、黄芩0.8克、黄檗1.2克、维生素C 100毫克，每天1次，连续5～7天。

二、出血性败血症

　　鱼类出血性败血症是由气单胞菌属中具有运动力的成员感染所引起的一类疾病的统称，因此又被称为运动性气单胞菌败血症。因该病通常会伴随腹部肿大和大量腹水等外部症状，有时被叫做传染性浮肿症、传染性腹水症等。嗜水气单胞菌、温和气单胞菌、维氏气单胞菌和豚鼠气单胞菌是引起鱼类出血性败血症的气单胞菌属成员，而嗜水气单胞菌最为常见。

1. 病原

　　出血性败血症也是斑点叉尾鮰养殖业中危害较为严重的细菌性疾病之一，引起该病的主要病原为嗜水气单胞菌，隶属于弧菌科气单胞菌属。嗜水气单胞菌为革兰阴性短杆菌，单个或成对存在，极端单鞭毛，具有运动能力，没有芽孢和荚膜，兼性厌氧型，化能异养菌。对葡萄糖和其他糖类能产酸、产气，氧化酶、接触酶、明胶酶和DNA酶均呈阳性，而脲酶、苯丙氨酸脱氨酶和鸟氨酸脱羧酶呈阴性，能还原硝酸盐。在pH 6.0～10.5的范围内均能正常生长，以pH 6.5～7.5范围内生长状况最优，最适宜生长温度为25～30℃。在普通琼脂平板培养基上进行培养形成的典型菌落为表面光滑、边缘整齐的半透明圆形克隆，颜色呈灰白色或略带淡桃红色（图5-3）。

2. 症状与病理变化

　　患病的斑点叉尾鮰早期表现为食欲减少，精神不振，行动

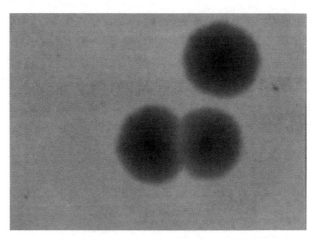

图5-3　从斑点叉尾鮰中分离得到的嗜水气单胞菌菌落形态
(Emeritus John A. Plumb，2011)

迟缓，甚至漂浮于水面，随之病鱼多聚集在塘边浅水区或网箱边，摄食停止。病理特征表现为体表有充血或出血，有稀疏圆形的溃疡，眼球突出，鳃丝变红，轻压鳃部口腔出血，腹部肿胀，剖开腹腔发现有大量含血或淡黄色的腹水，肾组织肿大、变软，肝脏灰白色带有小的出血点，后肠与肛门常伴有出血症状，肠内无食物、充满带血的或淡红色的黏液（彩图55）。

3. 流行情况

　　该病多流行于春季和初夏，20～30℃是其适宜的发病水温，随着水温升高，发病率增加，主要危害斑点叉尾鮰半成品鱼与成鱼。因嗜水气单胞菌是条件致病性病原，因而本病暴发与诸多因素相关，如放养密度过大，养殖水体中病原数量较高，水质、底质严重恶化、老化，水体中过高的氨氮、低溶解氧，鱼体长期生活在不良环境中导致抵抗力下降等也可诱发鮰鱼出血性败血症。该病有急性死亡和慢性死亡两种类型，急性型来势猛，呈暴发性，有明显的死亡高峰期，死亡率较高；慢性型则死亡缓慢，无死亡高峰期，日死亡率不高，但鮰鱼死亡持续长达1个月以上，最终导致累计死亡率也较高。

4. 诊断方法

（1）根据临诊症状、流行病学和病理变化，可作出初步诊断，例如肠道充血发红，后肠段最为明显，肛门红肿、外突，肠腔内有许多淡黄色黏液。但是由于其他细菌（如假单胞菌）和寄生性原虫（累枝虫）等感染也能造成类似的临床症状，因此该病的确诊需要对其病原进行分离鉴定。

（2）通过在病鱼腹水、肝、肾和血液等组织中分离鉴定出嗜水气单胞菌即可确诊，所用培养基通常为脑心浸液肉汤或胰蛋白酶大豆琼脂，在25～30℃培养24～48小时即可看到典型嗜水气单胞菌菌落（见病原介绍）；也可使用Rimler-Shotts（RS）选择培养基进行分离鉴定，35℃培养可在平板上形成橘黄色克隆。此外，用嗜水气单胞菌毒素检测试剂盒，可在3～4小时内检测出准确的病原体。

5. 防治措施

（1）预防措施

① 清除养殖池塘过多的淤泥，并用漂白粉或生石灰彻底消毒，改善水体生态环境。

② 加强饲养管理，定期遍洒生石灰水、加注清水、开动增氧机、投放光合细菌，改善水质；正确掌握投饲量，提倡少量多餐，尽量多投喂天然饲料及优质饲料，不投喂霉烂、变质、有毒饲料，提高鱼体抵抗力。

③ 发病池塘用过的工具要及时进行消毒，对于发病死亡的鱼体要及时捞出深埋，切勿到处乱扔。

④ 鱼种下塘前可用高锰酸钾水溶液（浓度15～20毫克/升）对鱼体进行药浴消毒，时间控制在10～30分钟。

⑤ 鲴鱼出血性败血症多发于不同规格的斑点叉尾鲴与放养密度过大的池塘中，应根据不同生长阶段，合理调整不同饲养

阶段的放养密度。养殖水体内必须确保充足的溶解氧，最低溶解氧含量必须维持在4毫克/升以上；pH最低维持在6.5以上，预防本病的发生。

⑥ 流行季节，用25～30毫克/升生石灰，每半月1次进行全池泼洒，调节水质。

⑦ 0.1～0.3毫克/升二氧化氯或0.2～0.3毫克/升二溴海因；0.2～0.3毫克/升漂白粉精（60%～65%有效氯浓度）；1毫克/升漂白粉全池泼洒。

⑧ 免疫预防：制备嗜水气单胞菌灭活细菌疫苗，采用鱼苗浸泡的方式来接种疫苗，预防鮰鱼出血性败血症。

（2）治疗方法

① 先使用杀虫剂杀灭鱼体外寄生虫。

② 然后内服药物进行治疗，具体方法简要介绍如下：

a. 每千克鱼单独使用氟苯尼考5～15毫克，每天拌饲投喂1次，连用3～5天；或复配使用氟苯尼考20毫克、三黄散25毫克、板蓝根50毫克、多维50毫克拌饲投喂5～7天。

b. 用土霉素2毫克/升泼洒；用50毫克/千克大蒜头、10毫克/千克食盐或用50毫克/千克土霉素，拌饲投喂5天。

c. 每千克鱼体用恩诺沙星10毫克制成药饵投喂，每天1次，连用3～5天。

d. 每千克鱼体使用磺胺二甲异噁唑200～500毫克，或磺胺间二甲氧嘧啶100～200毫克，拌饲投喂，一般连续用药5～7天。

③ 外用消毒剂或中草药：投喂药饵期间，同时外用漂白粉精或三氯异氰尿酸、二氯异氰尿酸钠、二氧化氯等消毒剂全池遍洒；或由大黄、黄芩、五倍子组成的中药煎剂，浓度为10～15毫克/升。

三、套肠病

斑点叉尾鮰套肠病也称肠套叠症，作为一种细菌性传染病，易与肠型败血症混淆而误诊。我国最早于2004年在四川省网箱养殖的斑点叉尾鮰中发现，2005年以来在全国许多地区流行，危害非常严重。该病的病理变化特征和致病病原在水生动物疾病中是罕见的。该病以产生严重的肠炎、肠套叠和脱肛为特征，在短时间内即可引起大量死亡。嗜麦芽寡养单胞菌、荧光假单胞菌和嗜水气单胞菌等细菌均被报道是斑点叉尾鮰套肠病的病原，但目前被大家所接受的病原是嗜麦芽寡养单胞菌。本节以嗜麦芽寡养单胞菌为病原介绍斑点叉尾鮰套肠病。

1. 病原

嗜麦芽寡养单胞菌隶属于寡养单胞菌属，是一种专性需氧的革兰阴性非发酵型细菌，不能形成芽孢。该菌广泛存在于自然界、人和动物的体表与消化道等处，是引起院内感染重要的条件性致病菌之一，可导致脑炎、结膜炎、心内膜炎、肺炎、败血症、消化道感染、尿道感染和伤口感染等问题；同时嗜麦芽寡养单胞菌也是导致一些水生动物感染发病的病原菌。嗜麦芽寡养单胞菌生化反应不活跃，但能快速分解麦芽糖而迅速产酸。

2. 症状与病理变化

在发病初期，病鱼游动缓慢，靠边或离群独游，食欲减退或丧失，垂死时头向上、尾向下，垂直悬挂于水体中；腹部、下颌部及鳍条基部出现充血与出血现象。病鱼鳃丝发白、肿胀，伴有大量黏液产生。随病程的发展，病鱼腹部膨大，体表出现大小不等的、色素减退的圆形或椭圆形的褪色斑，大的褪色斑块直径3厘米，之后褪色斑处发生糜烂、溃疡，并引发水霉感染。病症发展到后期，鱼体体表出现大面积出血症状和大块溃疡，下颌或下头顶处也会出现溃疡斑，深可见骨；有的病鱼肛门红肿、出血、外突，甚至出现脱肛现象；腹部肿大，产生大量腹水；肝脏肿大，呈土黄色或发白、质地变脆；部分鱼可见出血斑，胆囊扩张，胆汁充盈，鳔和脂肪充血与出血。肠道有痉挛症状，于后肠常可见一两个肠套叠，甚至出现肠溶断，有些病鱼还可见前肠回缩进入胃内的现象。经解剖发现，腹腔内积满大量淡黄色或血红色腹水，胃内产生大量白色浓稠黏液，幽门部和胃底部黏膜充血或出血，胃肠道无食物，且局部充血，肠腔内有大量含血的黏液（彩图56）。

3. 流行情况

该病的发病季节主要在春夏交替期，一般情况下每年3月下旬或4月初开始发病，发病期为3～9月，发病高峰期集中在3～5月。具有发病急、传染快、死亡率高等特点，病程持续一般为2～5天，发病率在90%以上，严重可达100%，死亡率达80%以上。发病池塘一般水较肥，增氧条件差，氨氮、硫化氢、亚硝酸盐都超标。发病水温多在16℃以上，病程随着水温的升高而缩短。

4. 诊断方法

观察鱼体在水中的活动情况，肉眼观察体色有无异常、体表是否弯曲。解剖查看体内脏器有无病变。用显微镜观察体表、鳍、鳃等部位的黏液。

5. 防治措施

（1）预防措施

① 选用健壮无病的优良苗种，鱼种下塘或进箱前对鱼体进行消毒。病死鱼要及时捞出深埋，切勿随处乱扔。

② 气候和水质突变的时候要注意防病，改善水体环境条件，合理控制放养密度，以免增加该病发生的机会，并经常加注新水。

③ 本病是在3月下旬或4月初开始发病，发病水温多在16℃以上，要及早预防，在饲料中添加应激宁、三黄散等中草药制剂以提高鱼体的免疫力和抗病力。

（2）治疗措施

① 外用药　可用二氧化氯或三氯异氰尿酸泼洒3～4次，隔1天进行1次。

② 内服药　可用氟苯尼考20～30毫克/千克、三黄散25毫克/千克、板蓝根50毫克/千克、维生素C50毫克/千克，拌饲投喂5～7天。

四、柱形病

鱼类柱形病是淡水养殖鱼类中的一类严重的细菌性疾病，该疾病分布广泛，危害的鱼类众多，其中斑点叉尾鮰是最敏感的鱼类之一。患柱形病的鮰鱼通常伴有严重烂鳃或烂鳍等症状。鮰鱼柱形病也称为烂鳃病、烂鳍病或腐皮病等。该病最早于1922年在密西西比河被Davis发现，直到1944年其病原才被分离和鉴定，因其菌体为一种细长杆菌且能形成柱状堆积，将其命名为柱状芽孢杆菌。随后，不同学者分离到不同鱼类柱形病的病原菌，将其分别命名为柱形粒球黏菌、柱状屈桡杆菌和柱状嗜纤维菌等。直到1996年Bernardet等将柱形粒球黏菌、柱状屈桡杆菌和柱状嗜纤维菌等统一命名为柱状黄杆菌，归属于黄杆菌属，且这一命名才为学术界广泛接受。

1. 病原

柱状黄杆菌为革兰阴性细菌，广泛分布于土壤和淡水水体中，菌体细长、柔韧，长2～10微米，直径约0.5微米；一般情况下在固体培养基上的菌体较短，而在液体中培养的菌体较长；柱状黄杆菌无鞭毛，但在湿润固体上可滑行。在液体培养基中呈细胞柱状，当其与感染的鱼组织、鳞片接触时，有时会形成分枝的菌团。在含有（w/v）洋菜0.9%、酵母膏0.05%、醋酸钠0.05%、胰蛋白胨0.05%、牛肉膏0.02%，pH为7.2～7.4的培养基中生长得最好。菌落扁平，边缘不整齐呈树枝状，中间卷曲，表面粗糙（图5-4）。液体培养基静止培养时，在液体表面形成黄色有一定韧性的膜，震荡后浑浊生长。最适生长温度20～25℃，最适pH为7.5，生长盐度0～0.5%，在含有1%以上盐度培养基中不生长。接触酶、氧化酶和细胞色素酶阳性，液化明胶，能产生硫化氢，具有还原硝酸盐的能力。

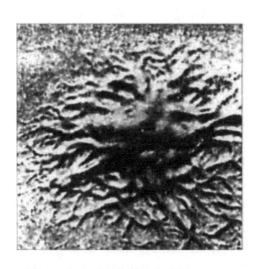

图5-4　柱状黄杆菌菌落（江育林，2003）

2. 症状与病理变化

患病鱼因感染部位不同表现也不同，如有体色发黑、身体腐烂等症状。患病的鱼通常伴有严重烂鳃，有人也称之为鮰鱼烂鳃病。通常患病的斑点叉尾鮰常集群在水面缓慢游动，鳍、吻、鳃和体表出现褐色或黄褐色病灶，病灶周围充血、出血、发炎，随病情发展病灶中心形成开放性溃疡。当病情加重时，病灶部位皮肤完全烂掉，肌肉组织暴露，最后因败血症而死亡。鳃部黏液增多，鳃丝末端出现褐色坏死组织，逐步扩展到整个鳃丝腐烂，鳞片脱落形成溃疡。病鱼鳃盖内表面充血发炎，中间则常糜烂成圆形或不规则的透明小窗，俗称"开天窗"；鳃上黏液增多，鳃丝末端腐烂、缺损、软骨外露，鳍边缘色泽变淡，呈"镶边"状；唇部、鳃盖、腹部、体侧面及尾柄等部位的皮肤溃疡或腐烂，有的则尾鳍坏死断掉，出现烂尾。

3. 流行情况

鲴鱼柱形病一年四季全国范围内都有发生，但春末秋初为多发季节，鱼类在水温25～32℃时最易感染，15℃以下不易发生感染，通过水体进行水平传播。各种规格的斑点叉尾鲴均可发生柱形病，发病急，传播快，流行范围广，发病1～2天内即出现大批死亡。柱形病暴发性发生与鱼类应激反应因素有着直接的关联，如鱼类生长高峰期的高温、密度、损伤、水质恶化、高氨氮、低溶解氧等均能造成柱状黄杆菌感染，尤其是在流水养殖模式和网箱养殖模式下极易发生。养殖环境水质恶化、养殖密度过高、有机物丰富的水体中常见此病。

4. 诊断方法

外部症状检查可初步诊断，从病灶部位提取样品，放在载玻片上，加入2～3滴无菌水（或清水），盖上盖玻片，放置20～30分钟后显微镜观察，如发现大量可弯曲长杆菌状细菌，或利用嗜纤维菌选择性琼脂平板（SCA或Ordal's培养基）和Hsu-Shotts（HS）培养基等对细菌培养后，见扁平、边缘不规则淡黄色菌落，可作出初步诊断。此外，使用特异抗血清并利用免疫荧光技术也能快速检测和鉴定柱状黄杆菌；根据16S-23S rDNA基因间隔区序列，设计PCR特异性引物，建立PCR检测技术对由柱状黄杆菌引起的斑点叉尾鲴柱形病的进一步确诊有较高的灵敏度。

5. 防治措施

（1）预防措施

① 使用5～10毫克/升三氯异氰尿酸进行彻底清塘，处理10天后再投放鱼苗或鱼种。

② 保持养殖水体清洁，按照鱼的不同规格合理调整放养密度，降低柱状黄杆菌对斑点叉尾鮰的感染风险。

③ 养殖过程中溶解氧含量和pH长期处于偏低水平时较易降低鱼类的免疫力，诱发病害。养殖水体内必须确保溶解氧充足，最低溶解氧含量必须维持在4毫克/升以上，水体pH最低维持在6.5以上。

④ 养殖水体必须保持一定深度，防止气候变化使水温幅度突变过大导致应激反应引发柱形病。

⑤ 斑点叉尾鮰是无鳞鱼，操作与运输时鱼体易受伤，可用2.0%～2.5%食盐和1500万国际单位青霉素合剂溶液浸泡消毒，可预防损伤而引发柱形病。

⑥ 选择优质鱼种，鱼种下塘前要药浴。使用高锰酸钾15～20毫克/升药浴15～30分钟，或用2%～4%盐水药浴5～10分钟。碘制剂如聚维酮碘30毫克/升药浴15～20分钟，三氯异氰尿酸5毫克/升药浴10分钟。

（2）治疗措施

① 在进行养殖水体消毒时，用2毫克/升高锰酸钾全池泼洒能较好地杀灭病原菌。在发病时使用0.12～0.13毫克/升二氧化氯全池泼洒，隔1天进行1次，连用7天对鮰鱼柱形病有一定治疗效果，或用1%～3%的盐水浸浴。

② 使用沙拉沙星10～30毫克/千克拌饲投喂，连续使用3～5天。

③ 每千克鱼体使用100～200毫克磺胺类药物（如磺胺二甲嘧啶或磺胺间甲氧嘧啶），首次用药量加倍，第二天以后用药量减半，拌饲投喂，连续使用7～10天。

④ 每千克鱼体用50～80毫克盐酸土霉素，拌饲投喂，连续投喂10天，对早期治疗斑点叉尾鮰柱形病有明显效果。

⑤ 可用氟苯尼考20毫克/千克或磺胺间甲氧嘧啶100毫克/千克和维生素C50毫克/千克拌饲内服，连续用5～7天，首次用量加倍。

⑥ 复配使用五倍子、大黄、黄芩、黄檗（5：5：2：3比

例混合）研磨成细末后加水适量，全池泼洒至浓度3 ~ 4克/米³。

⑦ 脂多糖和外膜蛋白是构成革兰阴性菌表面抗原的主要成分，它们作为柱状黄杆菌重要的保护性抗原而被重点研究，以期制作高效的疫苗。此外，采用柱状黄杆菌制备灭活菌苗，通过人工免疫，具有较好的保护作用。

五、烂尾病

烂尾病是淡水鱼类的主要病害之一，危害对象种类较多，斑点叉尾鮰、罗非鱼、草鱼等多种淡水鱼养殖中时常发生，严重时尾部烂掉，骨骼外露。养殖的各个阶段都会受到该病的影响，尤其是鱼尾部被擦伤，或被寄生虫等损伤后，如果水中病原菌又较多时此病发生的概率明显增加。一般情况下死亡率较低，但也会引起病鱼大批死亡。

1. 病原

烂尾病的病原被报道有多种，但较为常见的为柱状黄杆菌和嗜水气单胞菌，病原特性请见上述介绍。

2. 症状与病理变化

患病斑点叉尾鮰常于水面游动，摄食减少或停食，病鱼鳍外缘和尾柄处肉眼可见黄色或白色黏性物质，继而尾鳍分叉、腐烂，直至尾柄肌肉溃烂（图5-5）。烂尾处继续发展可导致细菌性败血症，各脏器均出现不同层次的病变。春秋水温较低的情况下，本病常继发真菌性疾病。

图5-5　斑点叉尾鮰感染柱状黄杆菌后尾部完全腐烂（江育林，2003）

3. 流行情况

烂尾病常见于养殖水质污浊、养殖密度过高的鱼池中，主要对6厘米以上大规格鱼种和成鱼形成危害。在苗种拉网锻炼或分池、运输后，因操作不慎，尾部受损伤或被寄生虫损伤后容易发生。本病流行季节多集中于春季与初夏，且池塘水位过深时易发生。

4. 诊断方法

该病根据症状可进行诊断，若要鉴定病原需使用相应病原（如柱状黄杆菌）的快速诊断方法进行。

5. 防治措施

在斑点叉尾鮰养殖过程中要事先注意采取预防措施，尽量做到防患于未然。

（1）预防措施

① 斑点叉尾鮰苗种下池前，先要排干池水，清除池底过多的淤泥，并在阳光下充分曝晒，之后用生石灰进行彻底消毒，每亩养殖池塘使用生石灰150千克。

② 定期施用生石灰，每亩养殖池塘用15～25千克生石灰化水全池泼洒，每隔15天左右施用1次，这样不仅能够有效调节水体pH，改良养殖水体的水质，还能起到消毒杀菌的作用。

③ 定期加注新水，使水体溶解氧含量达到3毫克/升以上，水体透明度在30厘米以上。

④ 使用五倍子煎水全池泼洒，泼洒浓度为1.5～2毫克/升，可预防此病。

（2）治疗措施　如果发现鱼体患病，应及时用0.2～0.3毫克/升强氯精全池泼洒，同时内服复方新诺明等抗菌药物连续投喂5～7天。病情稳定后用EM活水素或底改素改良水质。

真菌性疾病

真菌性疾病是指由真菌感染所引起的疾病的统称。真菌的种类很多，目前已知的有十万余种。根据形态特点将真菌分为三个类群，分别为酵母菌，霉菌（丝状真菌）和蕈菌（大型真菌）。其中引起水产养殖动物真菌性疾病的病原是霉菌类，常见的疾病种类有水霉病、鳃霉病和镰刀菌病等。目前报道的斑点叉尾鮰真菌性疾病主要为水霉病。本节将以水霉病为例介绍鱼类真菌性疾病。

水霉病又称肤霉病或白毛病，是危害淡水鱼类养殖重要的真菌病之一，在世界各国均有流行，因在感染组织表面形成灰白色如棉絮状的覆盖物而得名，俗称"长毛"。引起这种病的病原体到目前已经发现有十多种，其中最常见的是水霉和绵霉。水霉菌和绵霉菌也是斑点叉尾鮰水霉病的主要病原体，主要寄生在斑点叉尾鮰的表皮上。受精卵在孵化过程中亦十分容易患水霉病，死亡率高。

一、病原

水霉和绵霉均属于藻状菌纲水霉科成员，分属于水霉属和绵霉属。水霉菌和绵霉菌菌丝为管形无横膈多核体，分为内菌丝和外菌丝两种，其内菌丝为菌丝深入损伤、坏死的皮肤和肌肉的部分，分支多而纤细，具有附着和吸收营养的功能；外菌丝为突出体表的部分，菌丝粗壮且分支少，长达2～3厘米，肉眼可见菌丝呈灰白色似柔软的棉花。其繁殖方式可分为无性繁殖和有性繁殖两种。无性繁殖能够产生动孢子，外菌丝生长到一定阶段后，其梢端开始膨大，同时内部原生质和营养由下部向外菌丝梢端聚集，使菌丝顶部显著地膨大呈棍棒状，膨大的菌丝末端达到一定程度时，能够产生横壁，与下部菌丝隔开，独立成一节，形成动孢子囊。在孢子囊中具有稠密的原生质，原生质可以分裂成数量很多的单核孢子原细胞，之后发育成动孢子。通常情况水霉菌的动孢子是梨形，具有等长前鞭毛两条，本体内具有稠密的原生质和一个液泡。有性繁殖过程会产生藏卵器和雄器，藏卵器一般是通过母菌丝生出短侧枝，其中的核与细胞质逐渐积累聚集，然后形成横壁，与母菌丝隔开。雄器同样也是在同枝或异枝的菌丝短侧枝上长出，之后逐渐缠绕卷曲在藏卵器上，最后同样是由生出的横壁与母体分开。雄器的发生一般与藏卵器的发生同时进行。受精作用是通过雄器的芽管穿通藏卵器壁来实现的。

二、症状与病理变化

该病发病早期，肉眼观察不到异常症状，当肉眼可见时，菌丝已侵入肌肉，并不断蔓延扩展，向外长出绒絮状的白色外菌丝体，与伤口坏死组织缠绕并黏附在一起，使感染处的肌肉腐烂。在鱼卵孵化过程中，此病也常发生，卵膜内遭到内菌丝入侵，而在卵膜外长有大量外菌丝，同时霉菌能大量分泌蛋白质分解酶，使粘连的鱼卵块迅速扩散感染鱼卵，可造成整块或部分鱼卵变白呈海绵状而死亡。病鱼受到刺激后体表黏液增多，鱼体开始焦躁不安，在养殖池塘边摩擦，水霉过多时游动迟缓异常，食欲减退，最后死亡（彩图57）。

三、流行情况

水霉病一年四季都可发生，是一种继发性感染性疾病，以水温较低的早春和晚冬为发病的高峰期，水温25℃以上较少发病，严重危害孵化中的鱼卵以及受伤的苗种和成鱼。水霉菌和绵霉菌对温度适应范围广，5～26℃均可生长繁殖，最适温度为13～18℃，营腐生生活。受伤的鱼体均容易感染本病。在水质较清的水体中生长较好，受精卵孵化水体中的病原体能正常繁殖。有时在活的鱼卵上虽可看到萌发的孢子，孢子可以穿入卵壳，并且悬浮在鱼卵的卵间隙或间质中生长和出现侧枝的现象，但是如果胚胎发育正常，那么悬浮在卵间质中的内生菌丝通常就会停止发育，同时外菌丝也不会长出；当胚胎因某种原因不能正常发育或出现死亡时，则内菌丝可以快速延伸进入死亡的胚胎内进行繁殖，与此同时外菌丝也会长出。当菌丝大量生长时，附近生长发育正常的鱼卵会因菌丝的覆盖而窒息死亡，有时会引起全部鱼卵的死亡。

四、诊断方法

（1）根据肉眼观察，可观察到体表棉絮状的覆盖物，依据症状及流行情况即可作出初步诊断。

（2）利用显微镜对病变部位进行检查，可观察到水霉病的菌丝及孢子囊等，进一步确诊。

（3）进行人工培养，观察其藏卵器和雄器的形状、大小及着生部位，鉴定水霉种类。

五、防治措施

1. 预防措施

（1）清除养殖池塘底部过多的淤泥，同时用200毫克/升生石灰或20毫克/升漂白粉进行全池泼洒消毒。

（2）捕捞、运输和放种过程中尽量避免鱼体受伤感染水霉菌，并用2%盐水浸浴5～10分钟；入池后用二氧化氯或二溴海因泼洒2～4次，每隔1天进行1次。

（3）加强亲鱼培育，提高鱼卵受精率，对产卵池和孵化用具严格清洗并用药物消毒。产卵前改善亲鱼培育池塘的水质，连续2～3次用药物消毒，减少在产卵过程中的腐败有机物与水霉菌的孢子侵入卵膜。亲鱼如果在人工繁殖时受伤，可用10%

高锰酸钾水溶液涂抹于受伤处，受伤严重的情况下可腹腔或肌内注射链霉素，注射浓度为5万～10万国际单位/千克。

（4）中草药预防：五倍子0.4克/升或大黄0.2克/升溶液浸泡鱼卵5～10分钟，对于鱼卵的水霉病有一定效果；按5：1：2的比例将青蒿、黄芩、丹皮混合并研磨后，按照1～2克/米³进行全池泼洒。按照每千克鱼体1.5克生姜和0.05克食盐，进行拌饲投喂，连续投喂3～7天。

2. 治疗方法

（1）400毫克/升盐和400克/米³小苏打（碳酸氢钠）混合制剂浸浴病鱼1天，也可用此浓度全池遍洒。

（2）全池遍洒浓度为0.3毫克/升的二氧化氯。

（3）全池泼洒亚甲基蓝，终浓度为2～3毫克/升，每隔2天泼洒1次。

（4）每千克鱼体用100毫克土霉素制作药饵投喂，连续施用5～7天。

（5）内服抗细菌类药物如恩诺沙星、氟苯尼考等，以预防细菌感染，疗效更好。

水霉病防治药物的选择较为重要，无论是池塘或鱼体外消毒使用药物必须符合食品安全的要求，避免鱼体或养殖水体药物残留现象产生。

第四节

寄生虫病

水生动物寄生虫病是一类严重危害水产养殖业的疾病，由寄生虫感染引起的疾病有小瓜虫病、黏孢子虫病、车轮虫病、斜管虫病、指环虫病、三代虫病、复口吸虫病、锚头鳋病、大中华鳋病和鱼鲺病等50多种。虽然有些水生动物寄生虫病较容易控制，但是有些寄生虫病如黏孢子虫病、小瓜虫病、吉陶单极虫病等的防治至今仍是世界难题。本节对危害斑点叉尾鮰较为严重的几类寄生虫疾病进行介绍。

一、小瓜虫病

小瓜虫病是一种最常见、危害极其严重的寄生虫病，由其病原小瓜虫侵入鱼体皮肤或鳃部而引发，发病特点是传染快、流行广、危害大，给渔业生产造成巨大的损失。小瓜虫属原生动物中纤毛虫的一种，虫体柔而可塑，形态多变，主要寄生在鱼类体表和鳃等部位，形成胞囊，呈肉眼可见的白色小点状，所以又被称作"白点病"。小瓜虫能感染大多数淡水鱼或海水鱼，引起相似的症状、病理变化和很高的死亡率。其中淡水鱼类小瓜虫病的病原是多子小瓜虫，而海水鱼类小瓜虫病的病原是刺激隐核虫。

1. 病原

斑点叉尾鮰小瓜虫病的病原即为多子小瓜虫，属于纤毛门、寡膜纲、膜口目、凹口科、小瓜虫属。多子小瓜虫靠胞囊和幼虫传播，无需中间宿主，生活史可分为成虫期、幼虫期和胞囊期三个阶段。成虫期的小瓜虫虫体较大，肉眼可见，体长为0.35～1.0毫米，体宽为0.3～0.4毫米；一般呈椭圆形或球形，柔软可随意变形，周身密布短而均匀的纤毛；镜下活体观察，可见胞质略呈淡黄色或灰色，虫体有两核，大核位于身体前部呈马蹄形，小核呈圆形，紧贴在大核的上面。幼虫期的小瓜虫虫体呈现卵形或椭圆形，前端尖，后端圆钝；全身除密布短而均匀的纤毛外，在虫体后端还有一根长而粗的鞭毛。小瓜虫胞囊期指离开鱼体的虫体或越出囊泡的虫体，停在池底或水中一些附着物上，分泌一层透明胶质膜将虫体封闭起来形成胞囊。

胞囊一般呈椭圆形或圆形，白色透明，囊壁厚。小瓜虫以二分裂方式繁殖，一般一次能孵化500～1000个幼虫（彩图58）。

2. 症状与病理变化

小瓜虫病的临床症状主要表现为鱼体表形成小白点，当发病严重时，躯干、头、鳍、鳃和口腔等处都布满小白点，并伴有大量黏液分泌，形成一层白色的薄膜覆盖于病灶表面；表皮糜烂、脱落，甚至蛀鳍、瞎眼；病鱼消瘦、体色发黑、活动异常，反应迟钝，不时与固体物摩擦，最后病鱼因呼吸困难而死亡。小瓜虫寄生在鱼的皮肤、鳍、鳃等部位可引起鱼体局部淋巴细胞浸润、黏液增多、细胞坏死和不同程度的细胞增生。小瓜虫可引起病鱼皮肤组织糜烂、充血、色素层部分缺失；鳃上皮组织增生、肿胀、坏死，鳃丝结构消失，毛细血管充血。当小瓜虫破囊泡而出时，可在病灶部位形成伤口，往往造成继发感染，充血溃烂。

3. 流行情况

小瓜虫病的发生具有明显的季节性，高发季节一般在12月至翌年6月，因为此时水温在14～25℃，为小瓜虫繁殖的最佳温度。当水温在10℃以下或28℃以上时，则小瓜虫幼虫发育停止或逐渐死亡。小瓜虫病在全国各地均有流行，对宿主无选择性，从斑点叉尾鮰幼苗至大规格鱼种均可造成较为严重的危害，死亡率可达60%～70%，严重时达80%～90%。

4. 诊断方法

根据病鱼的症状及流行情况作出初步诊断，但是除小瓜虫病外，还有黏孢子虫病、卵涡鞭虫病、淀粉卵涡鞭虫病等多种疾病均可在鱼体表形成小白点，因此不能仅凭肉眼看到鱼体表有很多小白点就诊断为小瓜虫病，最好使用显微镜进行镜检后确诊。如没有显微镜，则可将有小白点的病灶部位剪下，放在盛有淡水的平皿中，用两枚针轻轻将白点的膜挑破，如看到有小虫在水中游动，即可作出诊断。

5. **防治措施**

（1）预防措施　目前对于小瓜虫病的防治尚无特效药，加强饲养管理，保持良好环境，增强鱼体抵抗力，是预防小瓜虫病的关键措施之一。

① 清除池底过多淤泥，水泥池壁要进行洗刷，并用生石灰或漂白粉对养殖池塘进行消毒，以杀死小瓜虫的胞囊和幼虫。

② 合理控制放养密度，流水池幼苗放养密度为5000～6000尾/米^2，池塘培育大规格鱼种放养密度为75000～120000尾/公顷，网箱养殖大规格鱼种放养密度控制在260尾/米^{2}以内。

③ 加强饲养管理，保持良好环境，增强鱼体抵抗力。

（2）治疗措施

① 养殖池塘出现病鱼后应及时捞出，使用15～25毫克/升福尔马林溶液全池泼洒，隔天泼洒1次，泼洒2～3次，并用生石灰对水体进行彻底消毒。

② 用200～250毫克/升的冰醋酸浸泡病鱼15分钟，3天后重复1次；或用1%的食盐水溶液浸洗病鱼1小时。

③ 池塘或网箱养殖过程中发现小瓜虫病，及时用络合铜类1.6～2.0克/米^{3}进行全池泼洒。

④ 提高水温到28℃以上，以达到虫体自动脱落而死亡的目的。

二、车轮虫病

车轮虫病是由于车轮虫大量寄生于鱼体的皮肤、鳍部或鳃部而引发的疾病，是养殖鱼类中比较流行且危害较大的一种寄生虫病，虽然用药可以治愈但也会严重影响鱼后期的生长，往往造成较大的经济损失。引发鱼类车轮虫病的病原大约有十几种，主要有显著车轮虫、粗棘杜氏车轮虫、中华杜氏车轮虫、微小车轮虫、球形车轮虫及眉溪小车轮虫等。在斑点叉尾鮰养殖过程中，车轮虫病是较为常见的疾病之一，在全国范围内都普遍发生。

1. 病原

引起斑点叉尾鮰车轮虫病的病原主要是显著车轮虫和微小车轮虫。均属缘毛目、游动亚目、车轮虫科、车轮虫属，为寄生或共栖的纤毛类原生动物，分布极为广泛。车轮虫大小约0.07毫米，肉眼不能看见，必须借助显微镜观察。虫体隆起的一面为前面，或叫口面，和口面相对凹入的一面为反口面，或叫后面，从反口面观察，可以看到其体内有一个由18～30个齿体排列成轮状的齿环，样子很像车轮，游泳时像车轮一样转动，所以称为"车轮虫"［图5-6（a）］。侧面观察车轮虫很像毡帽，体内存在一个马蹄形的大核，在大核的近旁还有一个小核，小核虽小却具有繁育仔虫的作用［图5-6（b）］。车轮虫繁殖方式为二分裂和接合生殖，虫体进行二分裂时细胞核先分裂，然后细胞质也一分为二，形成两个完全一样的虫体；接合生殖则是由两个虫体相互紧贴，随后细胞质相融合，此时大核溶解，小核发生分裂、移动、融合、再分裂和增殖等过程，最后形成许多正常的个体［图5-6（c）］。新生个体可以通过水流或其他水生动物及养殖工具等传播。

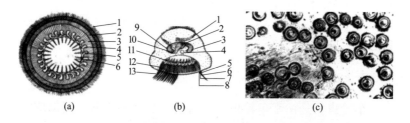

图5-6　车轮虫结构示意图和实物图（孟庆显，1996；江育林，2003）

（a）反口面观：1—纤毛；2—缘膜；3—辐射线；4—齿钩；5—齿体；6—齿棘；（b）侧面观：1—口沟；2—胞口；3—小核；4—伸缩泡；5—上缘纤毛；6—后纤毛带；7—下缘纤毛；8—缘膜；9—大核；10—胞嗜；11—齿环，12　辐线；13—后纤毛带；（c）病鱼鳃上寄生的车轮虫

2. 症状与病理变化

寄生于斑点叉尾鮰鱼种的部位为体表、鳍条及鳃等处，寄生于成鱼的部位常为鳃部。感染车轮虫的鱼体消瘦，体色暗黑，鱼体常成群结队围绕池塘狂游呈"跑马"症状。鳃部检查时，可见鳃丝泛白，黏液较多，光镜下可见鳃丝末端缺失症状，鳃丝边缘和间隙中有车轮虫寄生，少量寄生时，寄主鱼体不会出现明显症状；但当车轮虫大量寄生时，由于虫体在鳃丝上附着和滑行，致使部分鳃丝膨大肿胀，鳃部毛细血管充血、渗出，严重感染时可见大量上皮细胞坏死，被寄生部位上皮细胞及黏液细胞增生，刺激鱼体鳃丝大量分泌黏液，形成一层黏液层，严重影响鱼的呼吸。车轮虫可引起鱼体体表、鳃部红肿及机械损伤，常引起细菌性烂鳃和烂尾并发症。

3. 流行情况

斑点叉尾鮰车轮虫病在全国范围内一年四季均可发生，引起病鱼大规模死亡的季节主要集中在每年4～7月。对鱼苗和鱼种的危害较大，致死率较高。生活在优良环境的健康鱼体上的车轮虫数量往往很少，但当水体小、放养密度过大等导致环境恶化，或鱼体受伤并伴有其他疾病发生、身体抵抗力下降时，则造成车轮虫大量繁殖，引发车轮虫病害。车轮虫的生长繁殖适宜水温为20～28℃，严重危害孵化中的鱼卵和受伤的苗种、成鱼，尤其是饲养夏花鱼种的池塘，车轮虫往往大量寄生，引起鱼苗消瘦或大批死亡。斑点叉尾鮰鱼苗在全年均可不同程度地感染车轮虫，在越冬和繁殖季节最为多发，水温25℃以上较少发病。

4. 诊断方法

首先可根据病鱼的症状及流行情况进行初步诊断。在有显微镜的条件下可用显微镜做检查进行确诊，从病鱼体表、鳃上刮取少量黏液，或者剪取少许鳃丝，放置于载玻片上，封片后在显微镜下观察到数量较多的虫体时可诊断为车轮虫病，如仅见少量虫体，仍需进一步观察。车轮虫种类鉴定主要依靠银染方法，包括干银法、银浸法和蛋白银染色法，目前最广泛使用的方法是干银法染色，这种染色方法主要揭示虫体的齿体、缘膜、幅线等辅着盘结构和大略的口围绕体（围口纤毛器在口面的外在性结构）。银浸法染色过程较为复杂，操作相比于干银法更加耗时，并且对标本数量要求较多，因此银浸法染色一般作为干银法的补充。蛋白银法可显示详细的口纤毛器结构，同时也可显示虫体的细胞核结构。

5. 防治措施

（1）水温22～28℃时，车轮虫每天分裂1次，呈几何级数增长。因养鱼业的发展，目前在湖沼、河流、水库、海水中也都有车轮虫，鱼池虽已进行过清塘消毒，但在鱼苗饲养数天后加注清水时，往往车轮虫又随水被带入池中，所以鱼苗在饲养20天左右时，要及时分塘，以免暴发车轮虫病。同时，夏花在分塘时必须用高锰酸钾或食盐水进行药浴，以杀灭鱼体外的车轮虫。

（2）用2.5%～3.5%的盐水浸浴5～10分钟，或用淡水浸洗5～10分钟。

（3）25～30毫克/升福尔马林全池泼洒。

（4）可在养殖水体中放樟树或枫杨树新鲜枝叶（每100平方米水面放置2.5～5千克），枝叶煎煮后全池遍撒。

（5）每亩养殖水体用20～30千克苦楝枝叶水煎液全池泼洒，连续使用3天。

（6）每千克鱼用6克苦楝树皮煎液拌饲投喂，连用6天。每千克鱼用铁苋菜、苦楝、金锦香各25克混合煎液拌饵投喂，每天1次，连用3天。

三、指环虫病

指环虫病是由指环虫属中许多种类引起的一种寄生虫性鳃病。指环虫的种类众多，目前我国已发现有200多种，但致病的主要有小鞘指环虫、鳃片指环虫、鲢指环虫、鳙指环虫和环鳃指环虫等。指环虫寄生对宿主有明显的选择和特异性，如寄生在花鲢上的是鳙指环虫，寄生于白鲢的则是小鞘指环虫。斑点叉尾鮰指环虫病是一种危害较大的疾病，主要危害鱼苗和鱼种，感染率和传播速度较快，可引起批量死亡，给养殖户造成经济损失。

1. 病原

指环虫，属于单殖吸虫纲、指环虫目、指环虫科，虫体呈扁平状，长0.2～0.6毫米，具有头器和固着器，分别位于身体前端和后端。位于头部的头器在活动时能够伸出4叶，并且能够分泌出具有固着力的黏液；有4颗黑色的眼点位于头部的背面，具有感光功能，呈矩形排列。固着器的中央有一对大锚钩，有1～2根连接棒连于锚钩之间，锚钩的周围有7对边缘小钩。指环虫为卵生，在温暖季节能不断产卵和孵化，但虫卵的发育与水体温度有着密切的关联。卵大而少，呈卵圆形，具有柄状极丝，柄末端呈球状。幼虫具有5簇纤毛，4个小钩和眼点。幼虫在水体中游动，遇到合适的宿主时就会附着在寄主上，脱去纤毛，之后发育成为成虫（彩图59）。

2. 症状与病理变化

鱼鳃是指环虫寄生的主要部位，大量寄生时，病鱼鳃丝肿胀、贫血呈苍白色，并且分泌大量黏液。病鱼呼吸困难，游动缓慢、鳃盖难以闭合。指环虫可以在鳃丝的任何地方寄生，它们利用中央大钩、边缘小钩紧紧地钩住鳃丝，并且依靠前固着器黏附于鳃上，在鳃上爬动、觅食，引起鳃组织损伤。鳃丝受到后固着器的刺激和破坏，有的发生变性、坏死、萎缩或增生，有的整个鳃部没有一点血色，使鱼体贫血，血中单核白细胞和多核白细胞增多。除鳃组织外，指环虫也可寄生于斑点叉尾鮰的皮肤、鳍条、口腔等处。

3. 流行情况

斑点叉尾鮰指环虫病主要危害鱼苗和苗种，感染率和传播速度较快，大量寄生可使苗种大批死亡，主要靠虫卵及幼虫传播。流行适宜温度为20～25℃，每年春季至夏初为主要流行季节。

4. 诊断方法

在诊断鱼类是否患指环虫病时，应注意鳃上寄生虫的数量。剪取病鱼少量鳃丝，压片后在显微镜下检查，每片鳃上有50个以上的虫体或低倍显微镜下一个视野能见到5～10个虫体，就可确定为指环虫病。

5. 防治措施

（1）预防措施

① 选择优良的鱼苗，加强引进鱼苗的鉴别和检疫，杜绝带病苗种下塘。

② 养殖密度太大容易使鱼体长期处于拥挤状态，导致鱼体自身的免疫力和抵抗力明显下降，容易受到病原体的侵袭与感染。因此需要合理控制养殖密度，减缓和降低指环虫病的蔓延速度和发病强度。

③ 改善养殖环境，定期泼洒生石灰，也可采用洁尔灭石灰浆（石灰粉与洁尔灭活性剂复合物），或新洁尔灭石灰浆，也可用福尔马林石灰浆，其清塘效果较单一使用石灰要强得多。在养殖水域水流较缓，且水质较肥、透明度低时，要增加增氧机数量，这样既可增加水中的溶解氧，又可加强水的流动，达到改善水环境的目的。

④ 选择优质饵料进行投喂，少量多餐，减少浪费和水质污

染。定期选别分养，减少个体之间的差异，对个体较小的苗种进行强化培养。饲料中可定期添加复合维生素，增强鱼体体质和抗病力。

⑤ 病死鱼不能随意丢弃，要集中收集后统一处理，减少病原的传播和传染。

（2）治疗措施

① 鱼种下塘前，用20～30毫克/升高锰酸钾浸泡鱼体15～30分钟，以杀死鱼种上寄生的指环虫；或用3%～5%食盐水浸泡3～5分钟。

② 0.1～0.24毫克/升敌百虫面碱合剂进行全池泼洒，或2.5%敌百虫粉剂1～2毫克/升全池泼洒。

四、三代虫病

三代虫病是由三代虫寄生在鱼皮肤和鳃引起的一种单殖吸虫病，该病是一类传播广、危害大的寄生虫病。目前养殖鱼类中常见的三代虫种类有鲩三代虫、鲢三代虫、鲩三代虫、单联三代虫、秀丽三代虫等。

1. 病原

三代虫隶属于单殖吸虫纲、三代虫目、三代虫科。三代虫虫体扁平纵长，体长为0.1～1毫米，由于虫体微小，通常难以用肉眼观察。三代虫前端有成对的头器，后端有一固着器，固着器包括8对边缘小钩、1对锚钩及其背腹联结棒。三代虫具有1个精巢和2个卵巢，均位于身体后部。三代虫为卵胎生，在卵巢的前方有未分裂的受精卵及发育的胚胎，在大胚胎内又有小胚胎，所以称为三代虫。三代虫为雌雄同体寄生虫，与大多数寄生虫繁殖方式不同的是其独特的超胎生现象。三代虫胚胎的发育主要有两种途径：①由位于子宫内胚胎中心的细胞族发育形成子一代；②由卵母细胞发育形成子二代和子三代等。通过形态上的观察难以将以上两种不同的后代区分开来（彩图60）。三代虫的繁殖速度非常快，一旦在环境适宜的情况下，三代虫种群数量可以迅速提高。三代虫虫体通过头腺分泌的黏液将虫体的前端粘着在寄主体表上，同时用固着器的锚钩和边缘小钩固着在寄主的身体上，通过两者的相互配合协作可使三代虫在寄主体表上运动。

2. 症状与病理变化

三代虫主要寄生在鱼的体表、鳍和鳃部，体表和鳍条上被三代虫大量寄生，会出现体表分泌大量黏液，甚至出现鳍条糜烂的现象。当寄生部位为鳃时，可以观察到鳃丝出现苍白色，鳃组织有增生、损坏甚至末端缺失的现象出现，同时可以观察到大量黏液。取鳃丝于显微镜下观察，在近鳃弓的鳃丝之间可看到若干三代虫在蠕动。由于三代虫的摄食行为会破坏鳃组织，导致鳃组织不能够正常进行气体交换，严重时会使寄主窒息死亡。

3. 流行情况

三代虫病是一种全球性养殖鱼类病害，我国南北沿海均有发现。种苗阶段最易感染，且感染强度大，极易造成种苗的大量死亡。每年春季、夏季和越冬之后是该病大规模流行的季节。

4. 诊断方法

取病鱼鳃瓣组织置于含有少许清水的培养器内在解剖镜下观察，或刮取患病鱼体表黏液制成水封片，置于低倍镜下观察，发现虫体即可诊断。此外，可采用具有先进性和实用性的分子标记法来对三代虫的种属进行鉴定。目前ITS序列（内转录间隔区）是最常用的分子分类学与系统发育学研究的序列。ITS-1和ITS-2是组成ITS序列的两部分，ITS序列两部分均位于核糖体DNA上，每个核糖体DNA基因则包括：ETS（外转录间隔区）、18S基因序列、ITS-1序列、5.8S基因序列、ITS-2序列、28S基因序列和IGS（基因间隔区）。ITS区域的序列在种间表现种间序列的多态性，而种内则表现出高度的保守性。利用这一特性，通过对ITS区域的序列进行体外扩增和序列结果比对分析，可作为物种种属的鉴定依据之一。因此，目前三代虫种类鉴定及系统分类学分析中，ITS序列分析成为所使用的首选分子标记法。

5. 防治措施

（1）10毫克/升的高锰酸钾溶液浸泡鱼体30分钟左右。

（2）使用100毫升/米³的福尔马林溶液浸泡30分钟左右；或25～30毫克/升福尔马林全池泼洒。

（3）浓度为0.1～0.2毫克/升的精制敌百虫粉加面碱合剂（1∶0.6）全池泼洒。

五、斜管虫病

斜管虫病是由纤毛虫门种类寄生在鱼体表、鳃、感官或运动器官引起的一种鱼类纤毛虫病。纤毛虫门是原虫中构造最复杂、种类最多的一个门，包括约4700种自由生活和2500种营固着生活或寄生的种类，广泛分布于海水和淡水中。目前常见的致病纤毛虫有小瓜虫、石斑瓣体虫、鲤斜管虫、车轮虫、盾纤毛虫、固着类纤毛虫（杯体虫、累枝虫）等。

1. 病原

引起斑点叉尾鮰斜管虫病的病原为鲤斜管虫，隶属于纤毛虫门、动基片纲、管口目、斜管科。虫体腹面平坦，背面隆起，活体大小为（40毫米×25毫米）～（60毫米×47毫米）。腹面观一般呈卵圆形，将死的个体呈圆形，侧面观呈"D"形。身体背部前端左侧有1行刚毛，腹面左右两边各有7～9根纤毛线。身体的腹面有一胞口，胞口由16～20根刺杆作圆形围绕成漏斗状的口管。虫体后部有一个椭圆形大核，一般在大核的旁边或后面有一球形小核。在虫体的后部偏右和前部偏左分别有1个伸缩泡。该虫以横二分裂及接合生殖进行繁殖，繁殖的适宜水温为12～18℃，最适繁殖水温为12～16℃，当水体水温下降至2℃时仍然能够繁殖。此外，当出现水体水质恶化、鱼体免疫力低下时，在水温达到38℃时斜管虫依旧能够大量繁殖（彩图61）。

2. 症状与病理变化

斜管虫主要寄生在鱼的鳃和体表部位，大量寄生时，刺激寄主分泌大量黏液，使寄主皮肤表面形成苍白色或淡蓝色的黏液层，鳃组织被破坏，病鱼的呼吸困难，出现类似于"浮头"的现象。如果水温及其他条件合适，引起斜管虫大量繁殖，一般2～3天即出现大批病鱼死亡现象。患病鱼食欲差，鱼体瘦弱发黑，游动迟钝缓慢，靠近塘边浮在水面作侧卧状，不久即死亡。在鱼种和苗种阶段危害特别严重。此外，产卵池中亲鱼的生殖能力也会因斜管虫的大量寄生而受到影响，甚至导致亲鱼死亡。有时患病的苗种会出现拖泥症状。

3. 流行情况

斜管虫病为一种常见的多发病，主要危害鱼苗和苗种，流行于春、秋季。但当水质恶劣，鱼体抵抗力差时，在夏季及冬季也会发生斜管虫病，导致鱼大量死亡。斜管虫离开鱼体后在自由状态可继续维持生活1～2天，可以直接转移到其他水体或寄主中去。当环境条件恶化时可以形成胞囊，斜管虫靠直接接触或胞囊进行传播。

4. 诊断方法

引起该病的病原体较小，通常难以用肉眼直接观察，必须用显微镜进行检查诊断。从鳃部或其他病灶部位取少量样品放置于载玻片上，制作成涂片，在显微镜下观察到虫体，就可诊断为斜管虫病。

5. 防治措施

（1）用淡水浸洗3～5分钟。

（2）水温10℃以下时，全池泼洒0.3～0.4毫克/升（池水终浓度）硫酸铜与高锰酸钾合剂（5∶2）。

（3）鱼体在越冬前要先杀灭病原体，再进行育肥。鱼体开始进食后，选择优质、营养丰富的饵料进行投喂。

六、黏孢子虫病

黏孢子虫病是由黏孢子虫纲的一些种类寄生引起。黏孢子虫主要寄生在海水、淡水鱼类中，鳃、鳍、皮肤和体内的各器官组织是其寄生的主要部位，少数寄生在两栖类和爬行类动物身上。黏孢子虫的种类很多，现已报道的有近千种，常见的致病种类主要有野鲤碘泡虫、椭圆碘泡虫、鲤单极虫和中华尾孢虫等。

1. 病原

黏孢子虫隶属于黏体门、黏孢子纲，其孢子具有许多共同的特征：每一个孢子由2～7块几丁质壳组成，两个壳的连接处称为线缝，由于线缝粗且厚或突起呈脊状的结构，被叫做缝脊，其中一面称作缝面（有缝脊），另一面称作壳面（没有缝脊）。缝脊的形状大多数是直的，仅少数种类呈弯曲的"S"状。此外，有些种类的壳上有条纹、褶皱或者尾状的突起。第一孢子有不同形状的极囊，比如球形、梨形和瓶形，极囊的数量为1～7个，大多数种类有2个极囊。极囊通常位于孢子的前端，也有的种类的极囊在孢子的两端。有的种类在极囊之间还存在囊间突，即存在于极囊之间的"U"形或者"V"形突起。极囊中含有极丝，呈现螺旋状盘曲，当虫体受到刺激时，极丝能够通过极囊孔射出；极囊以外充满胞质，细胞质内有2个胚核，有些种类在细胞质里还有1个嗜碘泡。

2. 症状与病理变化

发病初期，该寄生虫一般寄生在鱼体的体表和鳃上，形成芝麻大小的白色点状胞囊。当黏孢子虫寄生在鱼体表时，鱼体有不安状，引起鱼体在水中挣扎或在水面急游打转呈抽搐状。寄生在鳃丝上的一般个体较小，呈弥散型分布，形成胞囊，并且病鱼的鳃组织局部充血，呈现紫红色或淡红色或溃烂，整个鳃瓣上布满胞囊，使得鳃盖闭合不全，不仅破坏了寄生组织，还会妨碍鱼呼吸而致其死亡，在养殖水体缺氧时死亡率最高。寄生在内脏器官如肝脏、肾脏、肠黏膜等，会使脏器受到压迫，影响脏器功能，严重时会引起脏器糜烂，出现腹水和鳍条出血现象，进而导致败血症。

3. 流行情况

黏孢子虫病对斑点叉尾鮰幼鱼危害严重，并且本病发生没有明显的季节性，一年四季均可发生，其中每年5～7月和10～12月对鱼种的危害最为严重，常造成大批死亡。

4. 诊断方法

（1）根据流行情况和症状进行初步诊断。

（2）在显微镜下进行检查，观察到白色点状胞囊，可见大量黏孢子虫即可作出诊断。

5. 防治措施

（1）预防措施

① 不从黏孢子虫暴发地购买携带病原的苗种，对引进的鱼苗进行检疫，了解引进鱼塘的详细情况，防止带进病原。

② 用生石灰或石灰氮彻底清池消毒，一般每亩用生石灰

125～150千克，或石灰氮100千克，全池泼洒，可有效杀灭塘内的越冬孢子虫。在网箱养殖过程中，可用生石灰对放养网箱周围泼洒消毒，可以杀灭藏在网箱青苔中的部分黏孢子虫及虫卵，起到预防的效果。此外，应对养殖网箱进行定期清洗，保持箱内外水体的通透性。

③ 苗种下塘前，用500毫克/升高锰酸钾溶液浸泡鱼苗30分钟。

④ 鱼苗下塘稳定后，及时用药物预防。预防药物有地克珠利、盐酸氯苯胍等。

⑤ 对有发病史的养殖水体，全池泼洒0.2～0.3毫克/升敌百虫，每月1～2次。

⑥ 养殖过程中出现的病死鱼不要随意乱扔，要挖坑深埋，以杜绝病原传播。

（2）治疗措施

① 全池遍洒0.2～0.3毫克/升晶体敌百虫，可减轻寄生在病鱼体表和鳃的黏孢子虫的病情。

② 如发现黏孢子虫大量寄生于鱼体的鳃瓣上，可用黄檗、茯苓、百部、苦参、苦楝、贯众、青蒿、槟榔混合煎液制成的复方合剂（浓度5.0毫克/升）对病鱼鱼体进行浸泡，或用2%的食盐水浸泡鱼体30分钟，每天1次，连用2次。

③ 寄生在肠道内的黏孢子虫可用1～2克/千克盐酸左旋咪唑拌饲投喂，4～5天为一个疗程，同时全池泼洒晶体敌百虫。

④ 每亩养殖池塘可用石灰氮100千克全池泼洒消毒，或用硫酸铜与硫酸亚铁合剂（5：2）全池泼洒。

⑤ 可用硫黄粉拌饲投喂，使用剂量为70克/万尾鱼苗，每天投喂1次，连续使用8天。

⑥ 使用3毫克/升盐酸奎宁全池遍洒。

第六章

斑点叉尾鲴

营养需求和饲料配制

斑点叉尾鮰，鲶形目、鮰科，属于底栖类杂食偏肉食性鱼类。本章从斑点叉尾鮰消化生理、营养需求和饲料配制与使用技术三方面进行叙述。

第一节

斑点叉尾鮰消化生理

在描述斑点叉尾鮰营养需求和饲料配制与使用技术之前，很有必要先了解其消化生理特点。鱼类在新陈代谢过程中，不断从外界环境中摄取营养物质，为完成各种生理活动和组织生长提供物质和能量。饲料是营养物质的来源，然而饲料中的蛋白质、脂肪和糖是结构复杂的大分子物质，不能被动物直接利用，必须在消化道被分解成结构简单的小分子物质才能透过消化道黏膜的上皮细胞，进入血液循环，进而被动物组织所利用。这就有如家里的房子需要翻新，为了节约成本，我们先将旧房子拆开，获得砖头，再用这些砖头搭建新房子。在消化道内，饲料被分解为结构简单、可以被动物直接利用的小分子物质的生理过程称为消化。消化分解后的营养成分透过消化道黏膜进入血液或淋巴循环的过程称为吸收。而鱼类的消化和吸收，是通过消化系统进行的。消化系统是高等动物八大系统之一，主要功能就是完成对食物的消化和吸收。消化系统是一系列消化、分泌器官的统称，分泌相关激素、调节消化与吸收活动，主要包括消化器官和分泌器官两部分。脊椎动物靠消化道运动将食物粉碎，称为机械性消化，如齿的咀嚼、胃的研磨等。靠消化腺（如胃酸、胰蛋白酶等）分泌消化酶或消化液将大分子分解成小分子、可被吸收的营养成分，称为化学性消化。而鱼类胃肠道中寄生的微生物也能分解食物中某些鱼类本身不能分解的成分，并利用分解产物合成鱼类需要的大分子，以被鱼类吸收利用。

一、消化道

与高等陆生动物类似，斑点叉尾鮰消化道前端开口于吻部，经口咽腔、食管、胃、中肠和后肠，终止于直肠末端的肛门。

高等陆生动物口腔主要有采食和初步消化两个功能，而鱼类的口咽腔往往仅具备采食的功能，并且鱼类的口和咽没有明显的界线，合称为口咽腔。口咽腔内有齿、舌和鳃耙等构造。斑点叉尾鮰属于底层摄食型鱼类，经常栖息于水底层或接近底层，取食各种底栖生物。口裂较大，能够摄食较大的食物。

鱼类的食管较短，食管壁的黏膜层能分泌黏液，帮助食物吞咽。与胃的交界处有食管括约肌，防止食物倒流。

胃是消化道的膨大部分，靠近食管处为贲门部，靠近肠的一端为幽门部。鱼的胃主要具有储存和消化的功能。胃的储存功能：有胃的鱼类，摄食的饲料可以在胃中储存一段时间，这样就减少了摄食次数，节约了能量。胃的消化功能：鱼的胃除了储存食物，还可以分泌黏液，其中的酸和消化酶可以帮助消化。有胃是鮰鱼与鲤科鱼类消化道最大的差异，鲤科鱼类的消化道没有胃，这就导致了其消化吸收能力较弱。鮰鱼的胃为U形，从胃的发育角度来看，斑点叉尾鮰的胃腺在仔稚鱼摄食由内源性向外源性转变过程中就开始发生，也就是说，鮰鱼对食物的消化能力强于鲤科鱼。

肠的前段与胃相连。肠的形状与食性有密切关系。一般来说，植食性的鱼类肠道长于杂食性和肉食性鱼类，这可能是因为植物较难以消化。斑点叉尾鮰的肠道短于草鳊鱼等鲤科鱼类。肠道是食糜消化和吸收的主要场所，通过分泌各种蛋白酶（如肠蛋白酶、胰蛋白酶等）消化蛋白质；通过分泌脂肪酶消化脂质；通过分泌糖类消化酶消化碳水化合物。鱼类的肠道还是最主要的吸收器官，营养物质和电解质主要在肠道中被吸收。

肠道的后段通常分化为较宽的类似直肠的构造，最终连接于肛门。

二、消化腺

1. 肝胰脏

肝脏是鱼类最大的消化腺。多数鱼类肝脏和胰脏不能分开，胰腺分散在肝脏中，合称为肝胰脏。相较于低等的鲤科鱼类，斑点叉尾鮰的肝胰腺已经具有光滑的边缘，为管状型。因为随着鱼类由低等向高等进化，肝脏组织由实心型转变为管状型，由此可见，斑点叉尾鮰具有较高等的肝脏类型。斑点叉尾鮰的肝胰脏呈暗红色，分左右两叶，左叶发达。其表面覆盖一层疏松结缔组织构成的浆膜，且这层结缔组织深入肝实质，将肝脏分成许多小叶——肝小叶，肝小叶中心有一血管是肝静脉的分支。胰腺细胞分散于肝脏中，肝胰腺没有明显分隔。

2. 胆囊

斑点叉尾鮰的胆囊为墨绿色呈长椭圆状，附在肝右叶下方。胆囊囊壁从内向外由黏膜层、肌层及浆膜层组成。黏膜层内面有许多褶皱，彼此交错，形成网状。

三、消化液

1. 胃液的分泌

斑点叉尾鮰的胃腺细胞既分泌盐酸，又分泌胃蛋白酶，称为泌酸胃酶细胞。在鱼类的胃中属于较高等的一类。因为胃蛋白酶需要在较低的pH环境中才能发挥作用，所以酸性环境尤为重要。鱼类胃液的酸性往往受食物的影响较大，蛋白质含量越高，酸性越强。而这种调节是依靠胃肠道分泌的激素进行的。

2. 胆汁的分泌

胆汁由肝细胞生成并持续分泌，在胆囊中浓缩储存并分泌到肠道。胆汁是具有苦味的有色液体，由水、无机盐、胆汁酸、胆固醇、胆色素、脂肪酸、卵磷脂等组成，主要帮助脂肪的消化和吸收。鱼类的胆汁因食性不同而颜色不同，草食性的动物以胆绿素为主，胆汁呈绿色；肉食性的动物以胆红素为主，胆汁呈深褐色；杂食性动物根据摄食的食物，胆汁颜色介于两者之间。斑点叉尾鮰的胆汁偏深绿色。关于胆汁的功能，一方面，胆汁中的胆盐、卵磷脂和胆固醇是脂肪的乳化剂，能增加脂肪的表明张力，形成脂滴，从而增加脂肪酶的作用面积；另一方面，胆盐是胰脂肪酶的辅酶，并且能中和胃酸，提供肠道消化酶所需的pH值环境。胆汁还可以促进脂溶性维生素的吸收，并且参与胆固醇代谢，使胆固醇的合成、吸收、排泄和降解等过程保持平衡。斑点叉尾鮰属于有胆囊动物，其对脂肪的消化、吸收功能较强。

与哺乳动物一样，鱼类也存在肠肝循环，鱼类分泌的大部分胆汁盐以及其他胆汁成分能被重新吸收进入血液，然后重新返回肝脏。

3. 胰液的分泌

鱼类的胰液很难收集，因此我们对胰液化学成分了解不多。但是，毫无疑问，胰液中含有多种可以消化蛋白质、糖、脂肪和核苷酸等的酶类。并且，与高等陆生动物一样，鱼类胰液中也可能含有碳酸氢盐，以中和进入肠内的酸。

4. 肠液的分泌

鱼类没有特化的多细胞肠腺，肠液中多数是存在于细胞内的消化酶。肠液是一种弱碱性的液体，分泌量很大，为各种消化、吸收酶提供了适宜的酸碱环境。肠液中主要包含以下酶类：①分解肽类的酶，如氨肽酶、肠肽酶；②分解核苷的碱性和酸性核苷酶以及多核苷酶；③酯酶，如脂肪酶、卵磷脂酶等；④糖类消化酶，如淀粉酶、麦芽糖酶、蔗糖酶等。这些酶的活性和种类与鱼类摄食的食物有关。

四、消化酶

1. 蛋白酶类

（1）胃蛋白酶　是一种存在于有胃鱼类胃中的蛋白酶，以酶原的形式分泌，在酸性环境中被激活而成为胃蛋白酶，作用于酸性氨基酸和芳香族氨基酸形成的肽键，从而把蛋白质分解成蛋白胨和肽。

（2）胰蛋白酶类　包括胰蛋白酶、胰凝乳蛋白酶、羧肽酶和弹性蛋白酶，都以酶原的形式存在于胰细胞中，当胰蛋白酶原进入肠道后，被肠黏膜细胞分泌的肠激酶激活成为有活性的胰蛋白酶，胰蛋白酶再激活其他蛋白酶。胰蛋白酶主要作用于精氨酸或赖氨酸；胰凝乳蛋白酶主要作用于芳香族氨基酸；弹性蛋白酶主要作用于弹性蛋白；羧肽酶是一种肽链外切酶，从肽链的羧基末端逐一水解肽键。

2. 淀粉酶类

鱼类的淀粉酶主要由胰腺分泌，少数鱼类胃中也可以分泌淀粉酶。淀粉酶的种类很多，它们的分布和活性与鱼摄食的食物有关。鱼类淀粉酶适宜的温度低于陆生动物，如鲤鱼胰液中的淀粉酶最适温度为23℃。

3. 脂肪酶类

鱼类的脂肪酶主要由胰腺分泌，在肠中发挥作用，少数鱼类胃中也有活性的脂肪酶存在。脂肪酶是能切断酯键的酯酶，它们可以水解甘油酯、磷脂和蜡脂。

第二节

斑点叉尾鮰营养需求

斑点叉尾鮰自1984年引入我国，1987年在我国人工繁殖和养殖成功后，经过二十余年的推广养殖，至2015年我国斑点叉尾鮰年产量达26.5万吨，具有明显的经济优势及产业发展优势，农业农村部已将斑点叉尾鮰列为3个淡水鱼类品种（斑点叉尾鮰、罗非鱼、鳗鲡）产业化开发对象之一，且为中国主要出口创汇水产品种之一。但是国内关于斑点叉尾鮰营养需要量的研究报道较少，缺乏系统的营养素需要量的基础数据，而可供参考的国外研究也没有系统的总结和归纳，所以目前国内常使用鲤、鲫鱼或其他鲶科鱼类饲料饲喂斑点叉尾鮰。关于鱼类的营养需求，我们从蛋白质、脂类、糖类、维生素、矿物质几个方面分别描述。

一、对蛋白质的营养需求

1. 蛋白质的营养

蛋白质是鱼体内组织器官的重要成分，也是体内各种酶和激素的组成成分，鱼体干重的60%～70%都是由蛋白质构成，而且蛋白质是饲料中使用成本最高的原料。从经济学角度讲，鱼类摄取的蛋白质应该用于生长而不是用于能量代谢，蛋白质的不足和过量都会对养殖鱼类造成不良影响，因此，国内外学者往往将蛋白质需求作为首选的重要课题进行研究。一般认为，蛋白质由氨基酸通过肽键连接，并在氢键等作用后进行折叠，最终形成空间构象。无论空间构象怎样改变，作为营养物质，蛋白质都通过提供氨基酸和小肽（寡肽）提供营养素。早先的研究认为，蛋白质的营养就是氨基酸的营养；现代营养学已经认识到小肽对于动物的重要性，所以我们可以说，氨基酸和小肽供给动物对蛋白质的营养需求。

（1）氨基酸的营养　早期研究认为，动物将蛋白质分解成氨基酸后再吸收进入体内，而氨基酸作为原料分子被机体利用进行分解或合成新的蛋白质。这种理论认为蛋白质的营养就是氨基酸的营养。自然界中共有20种常见氨基酸，分别是丙氨酸、缬氨酸、亮氨酸、异亮氨酸、脯氨酸、苯丙氨酸、色氨酸、蛋氨酸、甘氨酸、丝氨酸、苏氨酸、半胱氨酸、酪氨酸、天冬酰胺、谷氨酰胺、赖氨酸、精氨酸、组氨酸、天冬氨酸、谷氨酸，这20种氨基酸构成了动物体内所有的蛋白质。对于鱼体来说，大部分氨基酸可以通过其他氨基酸转化，但仍有部分氨基酸是鱼体必需的，这部分氨基酸不能在鱼体内合成，或者合成量不足以供给需要，我们把这些氨基酸称为鱼类的必需氨基酸。水产动物所必需的氨基酸一般认为有10种，分别是赖氨酸、蛋氨酸、精氨酸、组氨酸、亮氨酸、异亮氨酸、苯丙氨酸、苏氨酸、缬氨酸和色氨酸。

鱼类对氨基酸的需求满足木桶效应（短板效应），也就是说，当一种氨基酸不足时，其他氨基酸即使过量供应，也不能满足鱼类对营养物质的需要。鱼类需要均衡的氨基酸供给，饲料中的氨基酸含量越接近鱼类的需要，配制饲料的效益越高。这就是在配方饲料中往往添加某一种或几种氨基酸来满足鱼类需要的原因。比如，鱼类对赖氨酸的需要超过了一般蛋白质饲料中赖氨酸的含量，很多配方饲料中都需要额外添加赖氨酸，所以我们往往把赖氨酸称为鱼的第一限制性氨基酸。

（2）肽的营养　近年来，随着研究的深入，研究者们发现仅仅供给氨基酸不能满足鱼类的营养需要。比如，有研究者根据鱼类对各种氨基酸的需要，使用20种单体氨基酸配制饲料，摄食这种饲料的鱼的生长情况不如摄食正常蛋白质饲料的鱼。这说明，鱼类不仅仅需要氨基酸，还需要小肽。原因如下：
①根据本章第一节的内容，鱼体内的蛋白质酶并不能把所有种
类蛋白质都分解成氨基酸，所以有些蛋白质仅仅分解到小肽的
水平；②人们发现鱼的消化道可以直接吸收小肽/寡肽类物质；
③氨基酸的吸收需要消耗能量，而小肽/寡肽直接吸收，可以节
约大量能量；④使用吸收来的小肽可以快速合成蛋白质，效率
高于使用氨基酸；⑤有些小肽具有特殊功能，如抗菌、提高免
疫力、促进肠道功能等。所以，现代营养学认为，鱼类也需要
小肽。但是鱼类对肽类的需要，目前仍不清楚，在配制配方饲
料时，往往使用多种原料，以此满足鱼类对不同肽类的需要。

2. 对蛋白质的需求

与其他鱼类一样，蛋白质也是构成斑点叉尾鮰鱼体的主要
成分，斑点叉尾鮰蛋白质需要量也是其配合饲料研究的重要内
容。斑点叉尾鮰对蛋白质的需要量一般认为在24%～55%，仔
稚鱼由于相对生长速度远远高于成鱼，为满足仔稚鱼生产需
要，其饲料中的蛋白质含量往往大于成鱼。斑点叉尾鮰鱼苗阶
段对蛋白质的需求量为40%左右，鱼种阶段为32%～35%，
成鱼阶段为28%～30%，亲鱼阶段为36%。美国学者则提出
了更细的划分：0.02～0.25克的鱼对蛋白质的需求量为52%，
0.25～1.5克的鱼对蛋白质的需求量为48%，1.5～5克的鱼对
蛋白质的需求量为44%，而5～20克的鱼对蛋白质的需求量为
40%。

斑点叉尾鮰对蛋白质的需要主要由蛋白质的品质决定，同时
也受到非生物因素的影响。对其蛋白质需要量的研究也取得了
一些成果，有试验表明，采用正交试验设计法，确定满足斑点
叉尾鮰最大生长速度所需蛋白质最低为32%～36%。而小规格
的斑点叉尾鮰（体重14克）蛋白质需要量为350克/千克干饲料，
大规格的斑点叉尾鮰（体重114克）蛋白质需要量为250克/
千克干饲料。国内有研究者依次用饲料蛋白质水平为31.5%、

29%、28%和26%的四种饲料投喂斑点叉尾鮰幼鱼，饲料蛋白质水平为31.5%的明显优于其他组，说明饲料蛋白质含量在某一水平内，蛋白质含量高则生长速度快。也有报道饲料蛋白质水平为40%时，斑点叉尾鮰的增重率及饲料系数均优于其他组，基本上与国外的研究结果一致。对30克的斑点叉尾鮰研究显示，当饲料充足时，26%的蛋白质水平也可以满足斑点叉尾鮰对蛋白质的需要量，而当摄食量为87.5%时，则需要28%的饲料蛋白质水平；对斑点叉尾鮰（20～500克）来说，24%的蛋白质水平可以满足其生长的需要。显然，斑点叉尾鮰对生长所需蛋白质的量并非是主要的限制因子，在养殖过程中，其生长速度还要受到鱼体的大小、水温、养殖密度、池塘中天然饵料的种类与数量、投饵量、日粮中非蛋白氮的含量以及饲料本身蛋白质质量的影响。而对于国内的斑点叉尾鮰养殖来说，并没有专为斑点叉尾鮰设计生产的饲料，由于国内斑点叉尾鮰主要出口欧美等国，价格波动大。当养殖效益高时，养殖者往往采用特种水产饲料，这种饲料多使用进口白鱼粉等为蛋白源，蛋白质水平在34%以上，价格高，长期使用增加了生产成本；而当价格低、养殖效益差时，养殖者往往使用鲤、鲫鱼饲料饲喂斑点叉尾鮰，而鲤、鲫鱼的营养需要与斑点叉尾鮰相差较大，长期使用造成养殖鱼生长缓慢、抵抗力下降、肉质品质下降、出口受阻，进而形成恶性循环。近年来，斑点叉尾鮰内销逐年增加，国内市场打开。确定斑点叉尾鮰适宜国内养殖的蛋白质营养水平，制订饲料标准，进而生产专用饲料，是斑点叉尾鮰养殖所必需的。

3. 氨基酸的需求

鱼类摄取的蛋白质大部分需要在体内转化为氨基酸后才能被机体吸收和利用，因此鱼类对蛋白质的需求，某种意义上来说也是对氨基酸的需求。国外研究者的实验已经证明斑点叉尾鮰需要在日粮中供给赖氨酸、组氨酸、异亮氨酸、亮氨酸、精氨酸、蛋氨酸、苯丙氨酸、苏氨酸、色氨酸、缬氨酸10种氨基酸，否则就会引起斑点叉尾鮰食欲减退，生长缓慢或停止。国内研究者也认为赖氨酸可以作为斑点叉尾鮰饲料中的第一限制性氨基酸，饲料中赖氨酸的不足就会限制其他氨基酸的利用，降低其他氨基酸的利用率。在某些动物中，氨基酸添加剂能改善增重和低蛋白氨基酸充足的日粮的饲料转化率，但对斑点叉尾鮰来说，似乎不是这样。将赖氨赖、蛋氨酸或两者都添加到斑点叉尾鮰的低蛋白而含足够氨基酸的日粮中并不能提高体增重和饲料转化率。一般认为，鱼类不能很好地利用单体氨基酸是因为鱼类的消化道较短，而单体氨基酸很容易被吸收，先于其他营养物质吸收进入血液的单体氨基酸由于缺乏其他氨基酸或者营养组分以合成大分子物质，使得其迅速排出体外。也就是说，单体氨基酸的利用率不佳是由于吸收速度的差异造成的。近年来，随着包被、微囊等缓释技术在饲料学上的应用，单体氨基酸可能被重新评价。

饲料的蛋白质消化率对计算日粮配方来说是很有用的。但如果利用氨基酸可利用率来计算日粮，则可以得到更精确的日粮配方。例如，棉籽饼的蛋白质消化率对斑点叉尾鮰来说约为82%，而其中赖氨酸可利用率约为66%。如果日粮以棉籽饼的蛋白质消化率为基础来计算，可能导致赖氨酸的缺乏。斑点叉尾鮰需要较高的蛋氨酸含量，蛋氨酸的日需求量为11.3克/千克。胱氨酸和酪氨酸被视为非必需氨基酸，然而日粮中添加它们能分别降低日粮蛋氨酸和苯丙氨酸的需要。对斑点叉尾鮰来说，胱氨酸能替代60%蛋氨酸需要，而酪氨酸能替代50%苯丙氨酸的用量。国外有实验研究了斑点叉尾鮰饲料中氨基酸需要量与鱼体肌肉必需氨基酸组成之间的关系，结果表明，不同大小鱼之间全鱼的氨基酸组成没有明显的差异，但是全鱼氨基酸模式与必需氨基酸需要量模式之间有密切的相关性（$r=0.96$），并认为用这种方法来初步估计斑点叉尾鮰的氨基酸需要量有一定的可靠性。表6-1是斑点叉尾鮰对必需氨基酸的参考需要量。

表6-1　斑点叉尾鮰对必需氨基酸的参考需要量

必需氨基酸	实验鱼大小/克	需要量（占日粮/占蛋白质）	参考文献
精氨酸	200	1.0%/4.3%	Robinson, et al. 1981
组氨酸	200	0.4%/1.5%	Wilson, et al. 1980
异亮氨酸	200	0.6%/2.6%	Wilson, et al. 1980
亮氨酸	200	0.8%/3.5%	Wilson, et al. 1980
赖氨酸	200	1.2%/5.1%	Wilson, et al. 1977
	200	1.5%/5.0%	Robinson, et al. 1980
蛋氨酸	200	0.6%/2.3%	Harding, et al. 1977
苯丙氨酸	195～205	5.0%/2.1%	Robinson, et al. 1980
苏氨酸	195～205	0.5%/2.2%	Wilson, et al. 1978
色氨酸	195～205	0.1%/0.5%	Wilson, et al. 1978
缬氨酸	200	0.7%/3.0%	Wilson, et al. 1980

4. 蛋白源

　　一般来讲，鱼类对蛋白质的需要量还受动植物蛋白比的影响。通常认为，鱼类的饲料中必须含有一定量的动物性蛋白质，否则会影响鱼类的生长。鱼粉是水产动物饲料中的优质蛋白源，在饲料中占的比例很大。近年来，随着养殖量的增加，鱼粉的需求量剧增，而由于鱼粉产量有限，价格昂贵，致使饲料成本过高。因此，寻找新的替代鱼粉的蛋白源，特别是利用廉价的植物性蛋白源来替代鱼粉，已引起国内外广大水产科技工作者的广泛关注。有报道指出，用豆粕全部替代鱼粉会导致鲤鱼、罗非鱼和斑点叉尾鮰等生长速度下降。这可能与植物性蛋白质较动物性蛋白质难以消化，并且与植物性蛋白质中含有抗胰蛋白酶、血液凝集素等抗营养因子有关。一些草食性和杂食性鱼类饲料中动植物蛋白源的比例：鲤鱼为1：（2.0～3.5），草鱼为1：2.89。肉食性养殖动物对蛋白质的需求量和饲料中动物性蛋白质含量要求较高，饲料中动植物蛋白源比例为（1：0.83）～（1：1.57）。有研究认为，在斑点叉尾鮰饲料中全部使用植物性蛋白质作为蛋白源会影响其生长；但也有研究表明，在斑点叉尾鮰饲料中全部使用植物性蛋白质，其瞬时生长率和饲料系数优于动物性蛋白质占总蛋白20%、40%和60%的试验组。与80%和100%试验组相比，其瞬时生长率没有差异，但饲料系数显著上升，该研究人员认为，斑点叉尾鮰可以全部使用不含鱼粉的饲料。此外，其他植物性蛋白源也可以作为斑点叉尾鮰饲料中蛋白质来源。有研究认为，斑点叉尾鮰饲料中可以含有15%的棉籽粕而对其生长没有影响。斑点叉尾鮰低成本配合饲料中可用酵母糟代替豆粕和玉米粉，酵母糟的用量可占30%；油菜籽粉也可代替部分大豆粉，饲料中油菜籽粕含量为30%对斑点叉尾鮰的生长和身体没有任何副作用。

二、对脂类的营养需求

1. 脂类的营养

脂类是一个大类的名称，包括所有不能溶于水，但能溶于乙醚、氯仿等非极性的有机溶剂，涵盖的范围很广，主要分为两大类：甘油三酯和类脂。在营养学上，就像氨基酸也放在蛋白质中一样，一般把脂肪酸也归入脂类。所以从甘油三酯、脂肪酸和类脂三个方面介绍脂类的营养。

（1）甘油三酯　甘油三酯是由甘油和3个脂肪酸通过酯键连接所形成的脂质，组成复杂，是鱼体能量的主要来源，也是能值最高的营养物质（单位质量储存的能量最多）。一般认为，糖类与蛋白质的能值相似，每克蛋白质给鱼提供的能量大约为17千焦，而每克甘油三酯则能提供39千焦，也就是说，相同质量甘油三酯提供的能量是蛋白质和糖类的两倍以上。所以，甘油三酯是最佳的能量储存形式。哺乳动物包括人，一般将甘油三酯储存在腹部（肠系膜和大网膜）、皮下等部位。鱼类因为通常没有皮下脂肪组织，一般将脂肪储存在腹腔和肝脏中，腹腔和肝脏是斑点叉尾鮰主要的脂肪沉积部位。一般来说，饲料中的甘油三酯在鱼的前肠（无胃鱼）或幽门部和肠道前段（有胃鱼）与胆汁酸盐结合，然后经过脂肪酶水解成甘油和脂肪酸，并在肠道前段被吸收。经淋巴和血液运输进入肝脏参与代谢，多余的甘油三酯被运输到脂肪组织储存起来。

甘油三酯在鱼体内的分解代谢也称为脂肪的动员。早期研究认为这一过程受激素调节，并由激素敏感脂肪酶开启。近年来，随着越来越多的研究，甘油三酯的分解逐渐清晰。甘油三酯在鱼体内经甘油三酯脂肪酶水解第一个脂肪酸酯键，生成一个脂肪酸分子和甘油二酯；经激素敏感脂肪酶水解第二个脂肪酸酯键，生成一个脂肪酸分子和单酰甘油；再由单甘油酯脂肪酶水解成甘油和一个脂肪酸分子。一个甘油三酯分子经水解后产生一个分子甘油和三个分子脂肪酸，甘油三酯的分解主要发生在脂肪粒中。分解产生的甘油被运输到肝脏进一步利用，脂肪酸则可在肝脏、肌肉等组织中被利用。

鱼体内可以进行甘油三酯的合成代谢。一般以甘油、糖、脂肪酸和甘油一酯为原料，经过磷脂酸途径或甘油一酯途径合成甘油三酯。

鱼体内甘油三酯的转运主要是指在各器官之间的运输。鱼类从食物获得的脂类一般在肠道中先分解为甘油和脂肪酸，再在小肠细胞合成甘油三酯，然后经过淋巴和血液中的脂蛋白运输到各器官。在鱼类中已经发现的脂蛋白有5种：乳糜颗粒、中间密度脂蛋白、低密度脂蛋白、极低密度脂蛋白和高密度脂蛋白。它们分别在不同组织器官之间运输脂类，如极低密度脂蛋白主要将肝脏中的脂肪运出。

（2）脂肪酸　脂肪酸一般以其含有双键的数目划分成三种：饱和脂肪酸，不含双键；单不饱和脂肪酸，含有一个双键；多不饱和脂肪酸，含有两个或两个以上双键。根据双键出现的位置，不饱和脂肪酸又可以分为四类：①第一个双键出现在第3个碳原子上，符号为 ω-3，常见种类有亚麻酸、DHA、EPA；

②第一个双键出现在第6个碳原子上，符号为 ω-6，常见种类有亚油酸；③第一个双键出现在第7个碳原子上，符号为 ω-7，常见种类有棕榈油酸；④第一个双键出现在第9个碳原子上，符号为 ω-9，常见种类有油酸。通常采用碳原子数、双键数的方式来标示脂肪酸，如常见的多不饱和脂肪酸EPA（二十碳五烯酸）、DHA（二十二碳六烯酸）。

这种分类方式能够很好地说明各种脂肪酸在鱼体内的需要和作用，因为鱼类脂肪将双键在同一个系列内变化，而不能跨越。比如，ω-6系列脂肪酸不能在鱼体内合成 ω-3系列脂肪酸。一般来说，ω-3系列和 ω-6系列脂肪酸鱼体不能合成，是鱼类的必需脂肪酸，ω-3系列和 ω-6系列也是斑点叉尾鲴的必需脂肪酸。

脂肪酸的代谢一般认为可以分成脂肪酸的合成、脂肪酸的分解和脂肪酸的转运。

① 脂肪酸的合成：鱼类可以利用短链脂肪酸，从羧基末端延长分子链，合成脂肪酸。合成的组织一般认为是肝脏、脂肪组织和肠道，以肝脏合成能力最强；合成的部位位于细胞质。合成时，使用乙酰辅酶A作为碳的供体，因为乙酰辅酶A是两个碳形成的单链结构，所以鱼类合成脂肪酸时每次延长两个碳链。

② 脂肪酸的分解：鱼类可以利用脂肪酸氧化供能，这一过程发生在细胞内，通常把这一过程称为脂肪酸的β氧化。脂肪酸的β氧化与糖类的三羧酸循环类似，都是鱼类获得能量的重要形式。相对来说，鱼类更倾向于利用糖类供给能量，利用脂类储存能量。近年来，关于鱼类脂肪酸氧化功能的研究很多，证实了鱼类对脂肪酸氧化供能与哺乳动物具有相似的途径。这一过程也受到饲料营养水平和饲料组成的影响。

③ 脂肪酸的转运：脂肪酸的转运指的是细胞将脂肪酸从细胞外转运到细胞内以及在细胞内转运的过程。因为甘油三酯是疏水性基团，所以它们不能直接在组织液中流动，需要运输载

体。甘油三酯在血液中的运输就需要载脂蛋白。相似地，脂肪酸的转运也需要相应的载体。鱼类脂肪酸跨膜转运的载体是脂肪酸移位酶和脂肪酸转运蛋白1，而脂肪酸在体内转运的载体是胞质型脂肪酸结合蛋白。

（3）类脂　类脂是指除甘油三酯和脂肪酸以外，可溶于乙醚、氯仿、石油醚等非极性溶剂，不溶于水，具有很长碳链的一类有机物的总称，包括蜡、磷脂、萜类、甾族化合物等。一般认为类脂可以分成五类：磷脂、鞘脂类、糖脂、类固醇、固醇和脂蛋白类。在营养方面，类脂往往具有特殊功能，比如脂蛋白参与动物体内脂类的运输。

磷脂是含有磷脂根的类脂化合物，是生命基础物质。而细胞膜就由40%左右蛋白质和50%左右的脂质（磷脂为主）构成。磷脂是由卵磷脂、肌醇磷脂、脑磷脂等组成。这些磷脂分别对人体的各部位和各器官起着相应作用。磷脂对活化细胞，维持新陈代谢，基础代谢及荷尔蒙的均衡分泌，增强人体免疫力和再生力，都能发挥重大作用。另外，磷脂还具有促进脂肪代谢，防止脂肪肝，降低血清胆固醇、改善血液循环、预防心血管疾病的作用。近年来，随着研究的深入，研究者们发现磷脂作为类脂的一种，对鱼类的生产、存活、发育及抗应激能力等具有重要作用。尽管甘油三酯通常被认为是能源型脂肪酸的主要来源，但磷脂也可作为仔稚鱼早期发育及内源性摄食的能量来源。不同种类的鱼均能够代谢卵黄中的卵磷脂以产生能量。大量实验证实，磷脂能够促进仔稚鱼的生产及存活率。而随着鱼的生长发育，磷脂的促生长作用逐渐减小，到成鱼阶段作用微小甚至基本没有作用。一般认为，卵磷脂是作用效果最好的磷脂。艾庆辉等比较了鱼类磷脂需要量差异，指出仔稚鱼对磷脂的需要量一般为2%～12%，其中淡水鱼较海水鱼对磷脂的需要量低；随着仔稚鱼的生长，其对磷脂的需要量逐渐降低。关于饲料中极性脂时间依赖性的作用机制有很多观点，一般假设认为，饲料中磷脂能通过短暂乳化剂作用提高所摄食脂肪的吸收效率。磷脂能够被胰腺中磷脂酶所消化，从而形成1-酰基-磷脂，这种酰基化磷脂具有乳化功能，促进鱼类发育过程中其他脂类的消化。饲料中添加卵磷脂能够通过提高脂蛋白合成，从而促进脂类吸收。同时，饲料磷脂不仅提高肠道上皮细胞固有层脂蛋白的合成与释放，而且通过促进极低密度脂蛋白的合成而非乳糜微滴的形成显著减少脂蛋白大小。对于摄食磷脂缺乏饲料的仔稚鱼来说，磷脂的不足会增加肠道上皮细胞脂滴数量。如果这些脂滴存在于肠道上皮细胞核的上方，它们就会以中性脂的形式沉积，而这与乳糜微滴的沉积具有一定关联性，极低密度脂蛋白比乳糜微滴更能有效地被鱼类运输。上述情况表明，磷脂的功能取决于它的类型、数量及中性脂含量，磷脂含量不足会影响脂蛋白合成。特种水产饲料中往往会添加大豆磷脂等促进脂肪代谢。斑点叉尾鮰饲料中大豆磷脂的添加量一般不超过2%。

2. 对脂类的需求

多数研究认为，斑点叉尾鮰对脂类的需求量一般不超过饲料的5%～6%，但也有试验表明，给斑点叉尾鮰分别投喂含6%、8%、10%、12%、14%脂肪的饲料时，对其生长并没有显著影响。Wilson和Moreau等的研究发现，斑点叉尾鮰对脂肪的需要量在6%～8%，当饲料中脂肪水平高于这一值时，多余的脂肪会在内脏和胴体中沉积；Gatlin和Bai等也有相似观点，认为斑点叉尾鮰饲料脂肪水平从5%升高到7.5%～10%时，饲料系数和蛋白质效率增加，但脂肪沉积也显著升高。基于以上试验结果，很多研究认为6%的脂肪就可以满足其生长需求，且对鱼体脂肪沉积没有影响。但是Twibell和Wilson给斑点叉尾鮰投喂含脂类7.5%和10.0%的饲料，其饲料转化率、蛋白质和能量的保持性要比脂类含量为5.0%的饲料高。所以，提高饲料中脂肪的添加量，能够节省蛋白质、提高饲料蛋白质利用率，但鱼体脂肪沉积量明显增加。虽然较高的脂肪水平可以促进斑点叉尾鮰生长，但考虑到其体组成，饲料中脂肪含量不宜超过10%。

不同的脂肪源主要指脂肪酸组成的不同，因而鱼类对饲料不同脂肪源的利用能力其实就是对饲料中脂肪酸的利用能力，而饲料脂肪源又反过来影响鱼类体内的生理生化反应。一般来说，鱼类更趋向于利用饱和脂肪酸与单不饱和脂肪酸作为能量，而多不饱和脂肪酸作为功能性物质保留在体内。大多数淡水鱼类的必需脂肪酸是亚麻酸和亚油酸。除了其他正常的脂肪酸外，大多数水产动物对饲料中含有0.8%～2.0%的EPA和DHA有良好的生长反应。Saton等在含5%的硬脂酸三酯的饲料中添加1%的 ω-3系列多不饱和脂肪酸，能显著促进斑点叉尾鲴的生长。斑点叉尾鲴对不同来源的脂肪（如鳕鱼肝油、牛油、玉米油、猪油、大豆油、菜籽油、葵花籽油等）都能有效利用。但刘斌等研究证明，摄食含动物脂肪的饲料生长快于含植物脂肪的饲料。Klinger等曾以大豆油、鲱鱼油和牛油作为饲料中的脂肪源投喂斑点叉尾鲴，结果表明，饲料中不同脂肪源会对几种血液因子产生影响，以牛油作为脂肪源，斑点叉尾鲴体中 ω-3多不饱和脂肪酸含量低，前肾组织中红细胞对渗透溶胞作用最为敏感；而以鲱鱼油作为脂肪源时，其含量最高，前肾组织中红细胞对渗透溶胞作用最不敏感。Fracalossi和Lovell报道，在28℃和17℃时，在幼鱼饲料中添加鲱鱼油或鲱鱼油与牛油、豆油等的混合物要比单独添加牛油获得的体重增加率更高。国外研究报道，在精制饲料中添加含 ω-3系列不饱和脂肪酸的鳕鱼肝油时可促进斑点叉尾鲴生长，但投喂以牛油为唯一脂肪源的饲料时，其生长慢于添加 ω-3系列不饱和脂肪酸。Satoh等还发现斑点叉尾鲴能将十八碳三烯酸 [18：（3n-3）] 转化为二十二碳六烯酸 [22：（6n-3）]，因此，ω-3系列脂肪酸是斑点叉尾鲴的必需脂肪酸，饲料中含1%～2%的亚麻酸或者含有0.5%～0.75%的 ω-3系列脂肪酸会更好。方春林给斑点叉尾鲴鱼苗投喂含有7.6%鱼粉的饲料时，添加约3%的鲱鱼油能使鱼生长速度加快，说明斑点叉尾鲴鱼苗对于饲料中 ω-3系列脂肪酸的需要量占饲料总量的1%，这个数值与投喂纯化饲料的斑点叉尾鲴的需要量相似。还有学者认为，ω-6系列脂肪酸也是斑点叉尾鲴的必需脂肪酸，Watanabe研究显示，单独使用 ω-3系列脂肪酸或 ω-6系列脂肪酸时，生长效果不理想，两者混合使用效果较为明显。

三、对糖类的营养需求

1. 糖类的营养

糖类即碳水化合物，糖类根据分子量大小可分为单糖、低聚糖或寡糖、多聚糖和其他化合物。

（1）单糖　单糖根据其分子中碳原子的个数，可以分为丙糖（3个碳原子）、丁糖（4个碳原子）、戊糖（5个碳原子）、己糖（6个碳原子）以及衍生糖。其中，葡萄糖和果糖是最常见的糖类。鱼类对葡萄糖的利用能力远远低于哺乳类动物，这可能是因为鱼体内分解葡萄糖的酶活性较低。在很多鱼类中可测到己糖激酶的活性，但鱼类肝脏中己糖激酶的活性比鼠类低10倍左右。此外，与哺乳类相似，鱼类红肌中己糖激酶的活性比白肌高，而鱼体红肌和白肌的比例低于哺乳类，因此，肌肉中总的己糖激酶活性低于哺乳类。而己糖激酶是葡萄糖氧化分解过程中的关键酶之一，其活性低，限制了葡萄糖的代谢能力。

在几种鱼的肝脏和肾脏中都发现磷酸戊糖循环中的酶活性，从而说明这些组织可能存在磷酸戊糖途径，这一循环能为脂肪酸合成提供大量的还原型辅酶2。在鲑科鱼的肝脏中分离出葡萄糖脱氢酶，这种酶需要镁离子和辅酶2作为辅助因子，在pH为10时被激活。肉食性鱼类肝脏中葡萄糖脱氢酶的活性比哺乳类动物高4～7倍，而植食性鱼类则与哺乳类动物相似。

采用放射性标志的葡萄糖可以测定鱼类对葡萄糖的氧化速率以及饲料组成对葡萄糖氧化速率的影响。例如，投喂含有50%蛋白质饲料的鲤鱼，其葡萄糖氧化速率要比投喂含有10%

蛋白质与高淀粉含量饲料的鲤鱼低得多；投喂这两种饲料后进一步比较鲤鱼对葡萄糖和谷氨酸的氧化速率，结果表明鲤鱼对谷氨酸的氧化明显快于葡萄糖。这说明与葡萄糖相比，谷氨酸是鲤鱼比较优良的能量来源。不过，事实上大多数动物（如鼠类）对谷氨酸的氧化都相当快，不管饲料中蛋白质含量为多少，谷氨酸的氧化速率都很快。所以，鱼类和杂食性哺乳动物对氧化非必需氨基酸的能力很相似，而对氧化葡萄糖的能力则不同。

（2）多糖　鱼类利用淀粉的能力随种类不同而异，与食性有关。一般来说，植食性和杂食性鱼类对淀粉的利用能力强，而肉食性鱼类则弱。如杂食性的鲤鱼，当食物中含有19%～48%的淀粉时，能消化其中的85%。但肉食性的五条鰤，当食物中含有10%～20%的淀粉时，其生长率比投喂不含糖饲料稍差，而蛋白质利用率仍有所提高；但如果饲料中的含糖量高达40%时，则食物消化率和生长率明显下降。哺乳类在饥饿时能很快动员体内的肝糖原分解为葡萄糖。但鱼类利用肝糖原的能力很差，曾发现饥饿22天的鲤鱼，其血液中糖原和葡萄糖的含量与正常投喂的鲤鱼没有显著性差别；甚至饥饿100天后，鲤鱼肝脏仍可测到糖原的存在（1.5%）。这种情况在欧洲鳗鲡和日本鳗鲡中也存在。催化糖原转变为葡萄糖-1-磷酸的酶是磷酸化酶。鱼类对糖原的利用能力低，可能是这种酶的量少或者它的活性受到某种代谢因子或激素的限制。

（3）纤维素的利用　关于鱼类利用纤维素的问题至今还有异议，但比较一致的看法是：植食性和草食性鱼类能够利用食物中少量的纤维素。例如，利用同位素^{14}C标记植物中纤维素的试验结果表明：草鱼对粗纤维具有一定的消化能力，其幼鱼的粗纤维消化率为3%～6%；而草鱼对粗纤维的需要量，经研究认为以占饲料成分的15%左右为宜。至于分解纤维素所需要的酶，可能来自消化道中的微生物，很多实验结果支持这一看法。例如，在美国东南沿海16种河口鱼类的消化道中检测到纤维素酶活性，这些酶活性与消化道中的微生物群落有关。摄取天然饵料的斑点叉尾鮰其消化道中存在纤维素酶活性，但投喂人工饲料的则没有；饥饿的斑点叉尾鮰用链霉素处理后失去纤维素酶活性，而不经链霉素处理的鱼饥饿时仍然可以检测到此酶活性。此外，取食无脊椎动物的鱼其肠道纤维素酶的活性都较高，因而推想肠道中纤维素酶的活性可能来自食物中的无脊椎动物。

2. 对糖类的需求

一般来说，鱼类对单糖的利用比不上哺乳类。糖类是陆生高等动物的主要能量来源，但是对于水产动物来说，其对糖类的利用能力较低。一般认为，鱼类对碳水化合物的利用能力较低，而且又因鱼的食性和种类不同呈现出较大差异。一般来说，草食性鱼类利用碳水化合物的能力大于肉食性鱼类，温水性鱼类大于冷水性鱼类。大多数鱼类对碳水化合物的利用能力较差，因此对碳水化合物的需要量很少或者说耐受能力较弱。但是如果饲料中不添加碳水化合物，鱼类只能利用饲料中其他的能量物质（如蛋白质和脂肪）来提供能量和合成来源于碳水化合物的某些具有重要生物学意义的物质，这样就会降低饲料利用率。而如果饲料中添加高水平的碳水化合物，则会导致鱼类肝脏肿大和肝糖原含量升高。因此，必须根据不同鱼类的需要在饲料中添加适量的碳水化合物。鱼类对碳水化合物的利用率低，除了因为其对碳水化合物的代谢功能低之外，还因为其体内胰岛素分泌不足（也有报道称为胰岛素受体量不足），导致糖分解酶活性偏低。虽然目前已经了解碳水化合物的代谢途径和参与酶的种类，但对每一种酶在代谢中所起的作用尚不完全清楚。Wilson发现，投喂高糖饲料可显著提高斑点叉尾鮰肝脏和肠系膜脂肪酸组织中几种脂肪合成酶的活性，说明该鱼能有效利用饲料中的碳水化合物，并把较多的碳水化合物转化为鱼体的脂肪，因此，斑点叉尾鮰饲料中适当提高碳水化合物含量，可节约脂肪和蛋白质的添加量。目前，关于斑点叉尾鮰的糖代谢机制仍不清楚，需要进一步研究。一般来说，斑点叉尾鮰因食性为杂食偏肉食，饲料中糖不宜过高，以不超过35%为宜，纤维素含量不宜超过12%。

四、对维生素的营养需求

维生素和蛋白质、脂肪、糖不同，是一类在饲料中添加量少，但是需要外源添加，对鱼类生长、沉积和健康所必需的化合物。与大量营养素不同的是，鱼类饲料中维生素的添加量一般不是该物种的需要量，而是大于其需要量。一般把维生素的添加量称作维生素保证值。这主要有三个原因：①鱼类对维生素的需要量数据并不全面，有些只能根据其他鱼类的数据来推测；②维生素在饲料制作过程中由于温度、湿度等原因，往往导致损失，这就要求在饲料配方中的添加量大于需要量；③鱼类饲料因为要投放在水中，饲料中的维生素会有少部分溶于水体，造成浪费。以上三点都要求鱼类饲料维生素添加量大于需求量，所以一般饲料配方中维生素的添加量为保证值。一般来说，维生素可以分成水溶性维生素和脂溶性维生素两大类。而水产动物的必需维生素有15种，包括4种脂溶性维生素和11种水溶性维生素。

1. 脂溶性维生素

脂溶性维生素主要包括维生素A、维生素D、维生素E、维生素K。

（1）维生素A 维生素A是一个统称，用来说明所有具有视黄醇生物活性的化合物，通常包括维生素A_1和维生素A_2两种。每一个国际单位（IU）的维生素A规定为0.3微克的全反式视黄醇。维生素A_1存在于动物肝脏、血液和眼球的视网膜中，而维生素A_2只存在于淡水鱼中。维生素A_2比维生素A_1在化学结构上多一个双键，所以也称脱氢视黄醇。一分子的β-胡萝卜素可以生成两分子的维生素A。维生素A与视觉有关，是维持正常视力所必需的，同时它也参与黏多糖形成而保持黏膜和骨骼的构造。鱼体缺乏维生素A会出现生长不正常等症状。由于脂溶性维生素难以排泄，因此在体内过度积累也会引起中毒。在鱼类中发现，维生素A过多时（表现在肝脏中维生素含量高，血清碱性磷酸酶含量升高），鱼体出现异常生长、皮肤损伤、上皮角化、骨骼不正常等症状；适当减少食物中的维生素A可使这些症状消失，使鱼恢复正常。

对斑点叉尾鮰的研究发现，当食物中的维生素A含量高于3000国际单位/千克时，肝脏才开始积累维生素A；而且如果在缺乏维生素A的斑点叉尾鮰食物中增加3000国际单位/千克的维生素A，鱼体的恢复很慢，所以鱼体对食物中维生素A的需要量在3000国际单位/千克以上，通常认为每千克斑点叉尾鮰饲料需要添加3000～6000国际单位/千克维生素A。

（2）维生素D　维生素D是由维生素D原经紫外光激活后形成的。维生素D原如果是动物皮下的7-脱氢胆固醇，经紫外光激活后转化为维生素D_3（胆钙化醇）；维生素D原如果是植物油和酵母中的麦角固醇，经紫外光激活后则成为维生素D_2（麦角钙化醇）。维生素D_3的生物活性比维生素D_2强3～27倍，能满足鱼类对维生素的需求。维生素D的国际单位的定义是0.025微克胆钙化醇所含的生物活性。维生素D最重要的功能是促进钙吸收和调节钙、磷代谢。哺乳类动物缺乏维生素D会引起骨骼异常生长，但是在鱼类中没有观察到明显的维生素D缺乏症；相反，维生素D过多则引起鱼类生长缓慢、食物转化率低、肝脏脂质增加、肝毒症、体内钙平衡失调等症状。

斑点叉尾鮰的每千克饲料中仅需添加维生素D_3约500国际单位。很多动物只要受到阳光照射，就能获得维生素D。鱼肝油中含有丰富的维生素D。

（3）维生素E　维生素E是抗氧化剂，能抑制不饱和脂肪酸的氧化作用，在氢转移系统中作为供氢体，也起辅酶作用；此外，维生素E还参与维持正常的生殖活动。鱼体缺乏维生素E出现肌肉营养不良、生长缓慢、眼干燥、皮下组织水肿、红细胞断裂、贫血、脂肪肝，以及脾脏、肾脏和胰脏蜡脂沉积等症状。维生素E过多时，引起鱼类生长缓慢、肝毒症并可导致死亡。

斑点叉尾鮰对维生素E的需要量一般认为是$25 \sim 50$毫克/千克。此外，有研究维生素E需要量与食物中不饱和脂肪酸的关系，饲料中亚油酸的含量增加，维生素E的需要量也要增加，才能防止鱼肌肉营养不良。如果饲料中含有5%的亚油酸，则鱼对维生素E的需要量增加$3 \sim 5$倍。维生素E存在于植物组织中，麦胚油含量最多，大豆油以及玉米、蔬菜中的含量也很丰富。

（4）维生素K　维生素K是一组具有α-甲基-1，4-萘醌结构的化合物，与凝血蛋白质合成中mRNA的形成有关，因此它能维持较快的凝血率，这对生活在水环境中的鱼类来说尤其重要。此外，维生素K还参与体内氢化还原过程，在黄素蛋白和细胞色素之间起电子传递作用。缺乏维生素K的鱼凝血时间长，组织出血，损伤后恢复缓慢，病情严重者可导致死亡；出血范围多见于鳃、眼睛和血管等。维生素K过多会引起鱼类生长缓慢和贫血。

维生素K在绿叶蔬菜中含量丰富，动物肝脏中也有不少维生素K，大豆中也有少量存在。

2. 水溶性维生素

水溶性维生素包括8种B族维生素、胆碱、肌醇和维生素C。

（1）维生素B_1　维生素B_1是焦磷酸硫胺素辅酶的组成部分，是糖类和脂类在中间代谢阶段丙酮酸和α氧化戊二酸的脱羧作用所必需的成分，亦有助于激活组织的转羟乙醛酶，而这种酶是葡萄糖直接氧化的细胞代谢所需要的。

维生素B_1还可抑制胆碱酯酶的活性。维生素B_1有助于保持良好食欲、正常消化功能和生长等，也为维持神经组织的正常功能所必需。斑点叉尾鮰对维生素B_1的需要量在1毫克/千克饲料。此外，食物中糖的含量能影响硫胺素的需要，这是因为羧化辅酶通过丙酮酸而影响糖和脂肪代谢。高脂肪而低糖的饲料可以降低鱼对维生素B_1的需要量并延缓缺乏症的出现。

维生素B_1分布于谷物的胚、酵母、动物肝脏和卵黄中，<u>鱼类饲料中的维生素B_1一般需要额外添加以满足需求量</u>。

（2）维生素B_2　维生素B_2在组织中以黄素单核苷酸（FMN）和黄素腺嘌呤二核苷酸（FAD）的形式起作用。FMN和FAD是黄素蛋白的辅基，在生物氧化过程中起氢离子传递作用。鱼类缺乏核黄素可引起白内障、皮肤充血、畏光、食欲不振、饲料转化率低、生长缓慢等症状，严重者可导致死亡。

鲑鳟类对核黄素的需要量大多为20～30毫克/千克饲料。鲤鱼在每千克饲料中含有4毫克核黄素时，生长率和饲料转换率最好；当核黄素在每千克饲料中的含量为6.2毫克时，肝胰脏的核黄素积累达到最大，因为它的需要量为每千克饲料4～6.2毫克。斑点叉尾鮰对核黄素的需要量为6～9毫克。

核黄素多存在于酵母、谷物、动物的肝脏和乳汁中。

（3）维生素B_6　维生素B_6包括吡哆醇和吡哆醛，在体内经磷酸化作用后变成磷酸吡哆醛，是氨基酸转氨酶和脱羧酶的辅酶，对肠道吸收氨基酸也起重要作用。磷酸吡哆醛也是生物合成许多神经内分泌物质所必需的成分，如由色氨酸衍生的5-羟色胺。鱼体缺乏维生素B_6后，缺乏食欲、食物转换率低、生长缓慢，并出现一系列神经紊乱症状，如身体失去平衡、癫痫症发作、游泳异常等。

斑点叉尾鮰对吡哆醛的需要量为3毫克/千克饲料。

维生素B_6广泛分布于各种谷物、酵母、肝脏、乳汁和蛋黄中。

（4）泛酸　泛酸是辅酶A和磷酸泛酰巯基乙胺的成分，参与通过三羧酸循环从碳水化合物、脂类和蛋白质代谢和能量释放的酶解过程中转移乙酰基的代谢作用；它有助于体内合成脂肪酸和脂肪酸氧化；同时也作为醋酸盐基团的受体和供体，是各种需要能量的生化过程所必需的因素。

饲料中缺乏泛酸可能使鱼类出现富含线粒体细胞的代谢功能受损，导致细胞有丝分裂加快和能量消耗增加。斑点叉尾鮰对泛酸的需要量为10～15毫克/千克。

肝脏、卵黄、花生、豆类、酵母、谷类和糖浆等都含有泛酸。

（5）叶酸　叶酸又称碟酰麸氨酸，有三个组成部分：喋啶、对氨基苯甲酸和麸氨酸。叶酸是生物合成各种核酸、脱氧核糖核酸和核糖核酸的必需成分。因此，正常的红细胞形成就需要叶酸。缺乏叶酸会引起营养性贫血、厌食、饲料转化率低、生长缓慢和鳍脆弱等。

斑点叉尾鮰对叶酸的需要量为1～1.5毫克/千克饲料。

酵母、绿叶、肝脏、肾脏、鱼的内脏和组织都是叶酸丰富的来源。

（6）尼克酸　尼克酸（烟酸）是辅酶1和辅酶2的主要成分，起传递氢的作用，是各种活细胞是必不可少的。鱼体缺乏尼克酸会出现食欲不振、饲料转化率低、生长缓慢、肌肉痉挛、水肿、贫血以及皮肤出血等症状，而且死亡率很高。

斑点叉尾鮰对尼克酸的需要量为7.4～14毫克/千克饲料。

大多数动植物组织中都含有尼克酸，酵母、肝、肾、心脏、绿色蔬菜等都是尼克酸丰富的来源。

（7）维生素H　维生素H（生物素）是一些催化CO_2固定到有机链上的酶类，如乙酰辅酶A羧化酶、丙酰辅酶A羧化酶等的辅酶，参与CO_2固定和羧化过程；对脂肪酸的合成也是必需的。与泛酸相似，生物素对碳水化合物、脂类和蛋白质三种产生能量的营养物质具有促进代谢和能量释放的功能。缺乏维生素H的鱼大多显示出食欲不振、生长缓慢、肌肉萎缩、痉挛、贫血以及鳃、皮肤和直肠损伤。

斑点叉尾鮰对维生素H的需要量不明。

肝脏、肾脏、酵母、牛奶制品、蛋黄等含有丰富的生物素。

（8）维生素B_{12}　维生素B_{12}（氰钴胺素）参与鱼类和其他动

物的代谢功能，动物的生长、红细胞成熟、脱氧核糖核酸生物合成、健康的神经阻滞都需要维生素B_{12}。维生素B_{12}连同叶酸，是红细胞生成组织中生物合成DNA提供甲基基团等单碳单元所必需的组分；它还参与蛋氨酸、胆碱、铁、维生素C和泛酸的代谢功能。缺乏维生素B_{12}引起食欲不振、血红蛋白含量下降、红细胞断裂、贫血、饲料转化率下降和生长缓慢等症状。

通常，鱼体能通过食物链从微生物中获得充足的维生素B_{12}。

（9）胆碱　胆碱分子中的三个甲基基团是重要的甲基供体。胆碱与乙酰辅酶A发生反应而形成神经递质乙酰胆碱，参与机体代谢活动的调节。此外，胆碱也是卵磷脂和神经鞘磷脂的组成部分。

缺乏胆碱使饲料转化率降低，脂肪代谢减弱，鱼体生长缓慢。斑点叉尾鲴对胆碱的需要量为400毫克/千克饲料。

小麦、各种豆粉、脑和心脏中都含有丰富的胆碱。

（10）肌醇　肌醇是一种有生物活性的化合物，是磷脂的主要结构成分之一，还是肌肉紧急状态下的糖来源。肌醇能防止胆固醇的过度积累，也参与维持正常的脂肪代谢。斑点叉尾鲴不需要肌醇。

在大多数生物组织中都发现有肌醇的存在，小麦和各种豆类、脑和心脏等都是肌醇丰富的来源。

（11）维生素C　维生素C（抗坏血酸）在细胞的氧化还原过程中起重要作用，参与羟化反应，还与硫酸软骨素和胞间基质的形成有关，因而对胶原和正常软骨的形成、骨骼修补和伤口愈合是必需的。长期缺乏维生素C的鱼通常出现与胶原形成受损害有关的症状，如脊柱侧弯、脊柱前弯、内出血，以及鳃、鳍、颌部等支撑软骨不正常。

在正常情况下，饲料中含有约100毫克/千克的抗坏血酸就能满足需要；在应急情况下，其需要量能增长1～2倍；当鱼体受损伤时，则需要至少500毫克/千克饲料的抗坏血酸。最近研究表明，在饲料中添加高剂量的抗坏血酸，能明显提高鱼类抗病的能力，降低死亡率。由于抗坏血酸容易被氧化分解，因此可用同样具有维生素作用的抗坏血酸硫酸酯来代替抗坏血酸，从而可以降低它的需要量。斑点叉尾鮰对维生素C的需要量为25～60毫克/千克饲料。

维生素C主要存在于果实、蔬菜以及肝、肾等组织中。

斑点叉尾鮰对15种维生素的需要量见表6-2。

表6-2　斑点叉尾鮰的维生素需要量

维生素	需要量
维生素A	3000～6000国际单位/千克
维生素D	12.5微克
	25微克
	6.25微克
维生素E	25毫克
	50毫克
维生素K	需要但未测定
	不需要
硫胺素（维生素B$_1$）	1毫克
核黄素（维生素B$_2$）	9毫克
	6毫克
维生素B$_6$	3毫克
泛酸	10毫克
	15毫克
烟酸	14毫克
	7.4毫克
生物素	需要但未测定
维生素B$_{12}$	需要但未测定
叶酸	1.5毫克
	1毫克

维生素	需要量
胆碱	400 毫克
肌醇	不需要
维生素C	50 毫克
	60 毫克
	45 毫克
	25 毫克
	30 毫克

五、对矿物质的营养需求

与高等陆生动物不同，各种矿物质既可以通过消化系统也可以通过鳃和皮肤进入鱼体，从而使矿物质需要量的研究复杂化。可以说，这种复杂性是由于鱼类和水环境的密切关系所造成的。

淡水鱼类由于体液的高渗性，不断有离子渗出到水环境中。因此，食物中足够的矿物质供应对淡水鱼来说更为重要。矿物质既包括其元素形式，也包括它们的化合物形式。

1. 常量矿物质元素

（1）钙和磷　钙和磷在代谢过程中特别是骨骼形成和维持酸碱平衡中起重要作用。此外，钙还参与肌肉收缩、血液凝固、神经传递、渗透压调节和多种酶反应等过程，也与保持生物膜的完整性有关。磷在糖和脂肪代谢中起重要作用，还参与能量转化，维持细胞的通透性，调控遗传密码和生殖活动。

鱼类除了从食物中得到钙以外，还可以从水中获得。淡水鱼可以通过鳃和鳍吸收钙，而海水鱼通过吞饮海水获得钙。各种鱼类对钙和磷的需要量有所不同。斑点叉尾鮰在饲料含有1.5%的钙时，生长率最高，钙高于1.5%时则导致生长率下降；

当饲料中磷的含量为0.8%～1.0%时生长最好，磷低于0.5%时鱼体出现缺乏症，高于1.2%时则导致生长率下降。鱼体缺钙时饲料转化率低，生长缓慢、死亡率高；而缺磷时则导致骨骼发育不正常，特别是头部畸形，血细胞含量减少，饲料转化率低以及生长缓慢。

由于钙和磷的代谢关系密切，因此，这两种元素的需要量常一起考虑。饲料中钙和磷的比例能影响鱼体的生长。斑点叉尾鮰最适钙磷比为1.5∶0.8。

（2）镁　镁除了参与骨骼形成外，还是很多酶（如磷酸转移酶、脱羧酶和酰基转移酶等）的激活剂。镁主要来源于饲料。饲料中缺少镁会使鱼类食欲不振、生长缓慢、全身痉挛、活动呆滞并可导致死亡率增加。斑点叉尾鮰对镁的需要量是在饲料中含有0.04%。镁的需要量与食物中钙和磷的含量关系很大。当食物中钙含量很高时，镁缺乏症加重；而减少钙和磷含量，同时增加镁的摄取量，就不会出现镁缺乏症。相反，如果钙和磷过多，则鱼对镁的需要量增加。这主要是钙和磷能降低对镁吸收的缘故。

（3）钠、钾和氯　钠、钾、氯三种元素在维持鱼体细胞内外液的渗透压平衡、维持体液的酸碱平衡和神经刺激传导中起重要作用。钠和钾还参与维持神经肌肉的应激反应。

2. 微量矿物质元素

（1）硫　硫在体内主要以有机物的形式存在，如胱氨酸、蛋氨酸、生长激素和硫胺素等，因此其作用也就是这些化合物的作用。硫很少出现缺乏情况。

（2）铜　铜为红细胞生成和保持活力所必需，也是细胞色素氧化酶和皮肤色素的成分。缺乏铜会引起贫血、体表褪色、生长缓慢、脑和脊髓损伤等症状。

（3）锰　锰是磷酸转移酶和脱羧酶等的活化剂，也为维持鱼体正常生殖能力所必需。锰欠缺时会引起鱼体生长缓慢、体

173

质下降、生殖能力降低等症状。

（4）铁 铁是血红蛋白和肌红蛋白的组分，参与O_2和CO_2的运输；铁还是细胞色素系统和过氧化物酶及过氧化氢酶的组成成分，在呼吸和生物氧化过程中起重要作用。饲料缺铁引起鱼类缺铁性贫血。

（5）钴 钴是维生素B_{12}的组成部分，因此其功能与维生素B_{12}有密切关系，在饲料或水中加入钴化合物能促进鲤鱼生长与血红蛋白形成。钴的最低需要量尚未确定。微量的钴分布于各种动植物的饲料中。

（6）锌 锌参与核酸的合成，也是很多酶的组成成分，或为酶活性的表现所必需，如碳酸酶和谷氨酸脱氢酶等。饲料中锌的含量对鱼的食欲、生长率和死亡率都有影响，而且还影响组织中锌、铁、铜的含量。斑点叉尾鮰对锌的需要量为20毫克/升。

（7）碘 碘是合成甲状腺素的原料，缺乏碘时引起甲状腺肿大。植物性蛋白质中含有丰富的碘。

斑点叉尾鮰对各种矿物质需要量的研究较多，且较全面，在此不再一一分述，将斑点叉尾鮰对各种矿物质的需要量整理如下（表6-3）。

表6-3 斑点叉尾鮰的矿物质需要量

矿物质	需要量
钙	1.5%
	非必需
	0.45%
磷	0.8%
	0.45%
	0.33%(有效磷)
钙磷比	1.5:0.8
	没有关系

矿物质	需要量
钾	0.26%
镁	0.04 %
铜	1.5 毫克/千克
	5 毫克/千克
铁	30 毫克/千克
锌	20 毫克/千克
	150 毫克/千克
锰	2.4 毫克/千克
硒	0.25 毫克/千克

第三节

斑点叉尾鮰饲料配制与使用技术

　　斑点叉尾鮰作为杂食偏肉食性的有胃鱼类，对人工配合饲料具有很好的适应性。根据斑点叉尾鮰的习性和生理特点，本节主要描述斑点叉尾鮰饲料配制技术和使用技术。

一、斑点叉尾鮰人工配合饲料配制技术

　　斑点叉尾鮰是我国于20世纪80年代从美洲引进的特种水产鱼品种。因引进后很长一段时间内，出口价格高、效益好，其饲料往往采用高蛋白、高能量的特种水产饲料。后来，随着鮰鱼出口受阻，斑点叉尾鮰养殖效益下降，饲料配制逐渐采用低蛋白、低成本的普通水产饲料。近年来，由于该品种出口回暖，内销增加，饲料配制水平有所恢复。在这种形势下，研究斑点

叉尾鮰饲料营养需求，根据其营养需求配制适宜的饲料，有助于保证品质，稳定市场，加快产业发展。

1. 配方设计

斑点叉尾鮰配合饲料配方设计可采用手动计算法（试差法）和计算机计算法（线性规划法）。为提高计算速度，同时考虑尽可能多的营养指标以满足养殖需要，本章介绍线性规划法配制斑点叉尾鮰的饲料配方。使用Excel软件设计配方（彩图62），方法是：①启动Excel程序，进入Excel界面，在电子表格中录入营养标准、营养上限、营养指标和所选原料（绿色区域）；②录入所选原料各相应营养指标的理论值或实测值（黄色区域）；③设定实际配方列及配方中原料使用范围（上限和下限）（蓝色区域）；④在相应的单元格中输入适宜的函数公式，如表6-4；⑤使用规划求解函数设计配方，设定实际配方中各原料使用比例为可变单元格，各原料使用和为目标单元格，设定"目标值"为"100"；⑥添加4个约束条件，实际配方各原料使用量小于上限，大于下限，实际配方中各营养指标大于营养标准，小于上限；⑦启动规划求解设计配方（图6-1）。

表6-4　公式设置

单元格	公式	公式名称
I24	=SUM(I7:I22)	求和公式
B24	=SUMPRODUCT(B7:B22,I7:I22)/100	乘积和公式
C24	=SUMPRODUCT(C7:C22,I7:I22)/100	乘积和公式
D24	=SUMPRODUCT(D7:D22,I7:I22)/100	乘积和公式
...		

2. 原料选择

斑点叉尾鮰性贪食，有胃，属杂食偏肉食性鱼类。对常见饲料原料均有较好的消化利用率，下面将其适用的原料做一

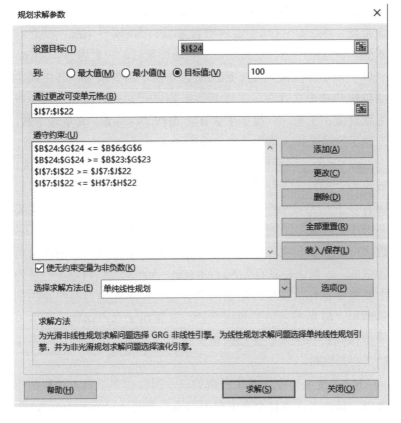

図6-1　规划求解设置方法

分述。

（1）能量饲料　常规能量饲料分为谷实类和油脂类。谷实类以淀粉为能量供给成分，包括玉米、小麦、麸皮、次粉、米糠等。油脂是水产动物配合饲料中最常用的原料，利用率高、必需脂肪酸丰富，并能节约部分蛋白质，成本低、稳定性好。包括植物油和动物油，其中尤以鱼油、大豆油、猪油为常用油脂。

① 谷实类：谷实类原料的营养价值特点：无氮浸出物含量

高，占干物质的70%～80%，主要为淀粉，消化率高；粗纤维含量低，为2%～6%；蛋白质含量低，为8%～10%，缺乏赖氨酸、蛋氨酸，蛋白质品质差；脂肪含量低，一般为1%～6%，且以不饱和脂肪酸为主；矿物质含量低，钙少磷多，其中磷主要以植酸磷形式存在，干扰其他矿物质元素的吸收和利用；维生素含量不平衡，一般维生素B_1、烟酸和维生素E含量较丰富，但缺乏维生素B_2、维生素D和维生素A。

a. 玉米：因种植面积广、产量大，在畜禽饲料中用量大，被称为"饲料之王"，但是玉米在水产动物上的用量小，主要原因有以下几点：水产动物对玉米淀粉的消化利用率低，这主要是由于水产动物对糖的利用率低导致的；玉米带有黄色素，多数水产动物饲料中不需要或者不能添加色素；玉米的粗蛋白质含量低，一般来说只有7.6%～8.0%，水产动物饲料以蛋白质为主要考察指标，玉米因粗蛋白质含量低，不宜作为水产动物饲料原料。但是玉米加工的副产物，常常用于水产动物，其中玉米蛋白饲料和玉米胚芽粕因粗蛋白质含量高，价格低，是不错的蛋白源饲料。

b. 小麦：小麦较玉米质地柔软，因含有非淀粉多糖和黏性蛋白，黏性大，并且小麦中粗蛋白质含量高（14%～16%），是水产动物优质的能量饲料和饲料黏结剂来源。在斑点叉尾鮰饲料中添加小麦或其副产物（如面粉、次粉等），可以满足制粒需要，不需要额外添加黏结剂。小麦还可以提供一部分蛋白质，因为一直以来，普遍认为鱼类对糖的利用率低，鱼类的能量主要由饲料中的蛋白质提供，所以小麦中较高的蛋白质水平，也是其成为鱼类优质饲料原料的原因之一。小麦及其副产物中糖的组成以非淀粉多糖为主，因为鱼类不能利用或对淀粉的利用率低，饲料中过多的淀粉往往对鱼类的生长产生副作用，小麦及其副产物中的非淀粉多糖含量高，相应的淀粉含量低，恰恰满足了鱼类的需要。

c．麸皮与次粉：麸皮与次粉是小麦加工面粉的副产物。小麦麸是在小麦制粉过程中粗磨阶段分离的产品，包括小麦的种皮、珠心层和糊粉层等；颜色为淡褐色至红褐色不等，依小麦品种、等级、品质和加工工艺而有差异；具有特殊的甜香味；具有轻泄作用，饲料中不宜添加过多。次粉为小麦制粉过程中粗磨阶段所得的细麸与细磨阶段所得的粉头及少量面粉的混合物，呈淡白色直至淡褐色，受小麦品种、处理方法及其他因素影响；具有香甜味及面粉味，粉末状。具有很好的黏结性，是水产动物理想的黏结剂。

② 油脂类：斑点叉尾鲴为淡水无鳞鱼，对饲料脂肪的需要量一般认为在6%～8%，饲料粗脂肪不超过10%时，随着饲料脂肪水平的上升，生长性能增加。但是超过需要量的脂肪主要沉积于斑点叉尾鲴肝脏、腹部和皮下。因其对脂肪的需要较一般淡水鱼类高，饲料油脂的添加就显得尤为重要。一般来说，斑点叉尾鲴饲料中的油脂以鱼油、大豆油和猪油为主，根据情况进行选择。

a．鱼油：鱼油是海洋捕捞的鳀科、鲱科鱼类以生产鱼粉的副产物，具有优质的多不饱和脂肪酸和强烈的诱食性，是部分水产养殖品种不可替代的原料。一般来说，鱼粉中含有5%～10%的鱼油，当斑点叉尾鲴饲料中鱼粉的添加量超过5%时，多不饱和脂肪酸含量已经可以满足大多数鱼类的需要，不需要额外添加鱼油。

b．大豆油：作为一种优质、低价的植物油，不饱和脂肪酸的含量高，质量稳定，在淡水鱼饲料中是首选的脂肪源。大豆油可以满足多数鱼类对必需脂肪酸的需要，水产饲料厂用量很大。斑点叉尾鲴饲料中使用大豆油可以很好地满足需要。

c．猪油：猪油来源广，产量大，价格低廉。质量变化大，其中不饱和脂肪酸含量不一，产品质量难以控制。但由于价格低，在鱼类饲料中也会使用，一般会按照一定比例和豆油混合使用。

（2）蛋白质饲料　蛋白质饲料指原料中蛋白质含量超过20%的饲料原料，主要包括豆科籽实、油料饼粕、糟渣、动物性蛋白源和单细胞蛋白。

① 豆科籽实：主要是大豆，也称黄豆，含有较高的蛋白和较高的油脂。但是由于含有较高的抗营养因子，一般水产动物不会直接使用大豆；也有少数使用，使用时要注意添加量不宜过多，以免抗营养因子影响鱼类健康。

② 油料饼粕：油料饼粕主要指四大饼粕，分别是大豆饼粕、棉籽（仁）饼粕、菜籽饼粕和花生饼粕。饼是压榨油脂后的产物，残油量高（10%左右），能值高；粕是浸提油脂后的产物，残油量低（2%左右），对蛋白质的破坏程度小。根据油脂产业的特点，一般饲料原料为大豆粕、棉籽（仁）粕、菜籽饼和花生饼。

a．大豆粕：是草食和杂食性鱼类良好的蛋白质原料，消化率85%以上，甚至可达到90%，可以替代部分鱼粉。但是也存在两点问题：豆粕中的抗营养因子种类多，应用时应当注意抗营养因子的含量；豆粕中存在球蛋白，对幼鱼可能引发过敏反应，斑点叉尾鮰幼鱼饲料中应注意添加量。

b．棉籽（仁）粕：鱼类对棉籽（仁）粕的消化率在80%以上，棉籽（仁）粕的粗蛋白质也是植物性蛋白源饲料中最高的，好的棉籽（仁）粕粗蛋白质可达50%左右。但棉籽（仁）粕中含有棉酚，尤其是游离棉酚，国家卫生标准要求水生动物配合饲料游离棉酚的最高含量为150毫克/千克饲料，所以棉籽（仁）粕的添加量不宜超过15%。

c．菜籽饼：主要在长江中下游地区和两广地区产量多，具有地域优势。消化率80%以上，价格低廉，是较廉价的蛋白源饲料。但因含有硫葡萄糖苷、芥子碱等抗营养因子，在斑点叉尾鮰饲料中添加量也不宜超过15%。

d. 花生饼：具有特殊香味，有一定的诱食性，消化率85%以上，是优质的蛋白质原料。但具有地域性，价格较高，并且易氧化酸败，使用应注意保持新鲜。

③ 糟渣类：这一类均为加工副产品，包括玉米蛋白粉、玉米酒精糟等。

a. 玉米蛋白粉和玉米蛋白饲料：玉米蛋白粉主要指玉米胚芽粕，是玉米胚芽榨油后的副产物，蛋白质含量高，生产中也称为"白粉"。玉米蛋白饲料主要指玉米生产淀粉后的玉米黄浆粉和玉米蛋白粉的混合物，生产中也称"黄粉"，蛋白质含量低于玉米蛋白粉。这两种原料因"玉米遗传"的影响，导致赖氨酸含量低，使用时应注意。

b. 玉米酒精糟：此处的玉米酒精糟与酒糟不同，是生产酒精的副产物，因为较高的消化率和未知生长因子含量，而属于优质的蛋白质原料。有以下两种：一种是酒精糟干燥粉碎后的产物，也称为DDG；另一种是酒精糟和上层滤液一起干燥粉碎后的产物，称为DDGS。一般来说，DDGS较DDG有更高的粗蛋白质含量和更好的消化率，但价格一般也较高。酒糟是生产白酒或啤酒的副产物，如果饲料厂临近酒厂，可以获得廉价的酒糟。但是酒糟与玉米酒精糟不同，具有两个缺点：一是质量不可控，每一批发酵的产物可能存在较大的不同，使用时应注意；二是水分含量高，因为产量不高，干燥成本大，使用时往往自然风干或晒干，这就很容易导致酸败和氧化。

④ 动物性蛋白源：动物性蛋白质饲料多为食品工业的副产物，主要包括鱼粉、血粉、羽毛粉和肉骨粉。

a. 鱼粉：鱼粉是最优质的蛋白源饲料，也是绝大多数水生动物不可或缺的饲料原料。粗蛋白质含量高，消化率高，含有未知生长因子。但是鱼粉在饲料中的应用也有"一个矛盾""一个问题"。"一个矛盾"指国际鱼粉产量基本不变或整体下降与鱼粉需求逐年增加的矛盾。"一个问题"是指造假问题，因为鱼粉的优势和价格，导致鱼粉造假层出不穷，一些造假厂家甚至根据检测指标造假，令人防不胜防。所以，饲料中鱼粉的使用不仅要考虑价格因素，还要在有可能的条件下尽量减少用量，形成技术储备，以备不时之需。斑点叉尾鮰饲料中鱼粉的用量一般在3%～10%。

b．血粉：是畜禽血液经干燥后得到的固形物，主要成分是红细胞。由于血红细胞膜可以通过消化道，所以血粉是否破膜及其破膜工艺成为血粉质量的重要评价指标。一般来说，血粉的破膜可以通过加盐、发酵等手段，因为发酵工艺的不稳定性，加盐为目前常用手段。血粉的使用应注意其破膜的效率和盐的含量。斑点叉尾鮰饲料中血粉用量一般不超过5%。

c．羽毛粉：是禽类生产的副产物，羽毛粉中含有大量的角蛋白，本身消化利用率低，但可以通过发酵、酶解等手段提高利用率。斑点叉尾鮰饲料中发酵（酶解）羽毛粉的用量一般不超过5%。

d．肉骨粉：是动物性蛋白质饲料的主要代表之一，主要为国外进口。因为"肉"和"骨"的比例不同，营养成分差距大，粗蛋白质含量范围为20%～50%。使用时应注意质量控制和新鲜度控制。斑点叉尾鮰饲料中肉骨粉用量一般不超过5%。

⑤ 单细胞蛋白：随着养殖业和饲料工业的发展，近年来，单细胞蛋白异军突起，在水产饲料产业中逐渐占据一席之地。从应用前景看，微生物发酵因可产生小肽、寡糖等活性物质，是较好的蛋白质来源。从发酵工业来看，微生物发酵将无机物或利用率低的有机物生产成利用率高的蛋白质原料，是很好的提高蛋白质利用率的途径，也是未来的发展方向。其中，以酵母发酵发展最快。目前，生产上酵母发酵有几种形式：酵母发酵产物、酵母本身以及酵母和产物混合使用。

（3）矿物质和维生素饲料

① 常量元素：一般来说，水产动物饲料中以磷为最需要

考虑的矿物质常量元素。考虑到斑点叉尾鮰饲料的价格和利用率，一般选取磷酸二氢钙作为其磷和钙的主要来源。

② 微量元素和维生素：斑点叉尾鮰饲料中微量元素和维生素的添加一般以预混合饲料的形式进行。以其需求量和营养标准预先配制预混合饲料，一般以1% ～ 5%的添加量添加到饲料中。

（4）饲料添加剂　斑点叉尾鮰饲料添加剂的使用应遵循农业部公告第2045号《饲料添加剂品种目录》和农业部公告第2625号《饲料添加剂安全使用规范》选择和使用饲料添加剂。不在目录中的饲料添加剂，不得使用；在目录中添加剂规定使用量的，不得超过最高限量。

二、斑点叉尾鮰配合饲料使用技术

鱼类因其生活在水环境中，饲料的投放与应用需要在水中进行，饲料在水中的持续时间、鱼类摄食节律等就会影响饲料的利用情况。所以，饲料的使用是好饲料发挥好作用的关键。

1. 饲料类型

随着斑点叉尾鮰养殖业的发展，目前生产中主要有两种饲料类型：硬颗粒饲料和膨化饲料。硬颗粒饲料在鱼类养殖中应用较早，因制粒温度低（85℃），营养物质保存性好，生产成本低，一直以来被广泛应用。但是随着饲料工业的发展，后喷涂技术广泛应用，制粒和调质温度逐渐上升，调质时间逐渐延长，近年来，硬颗粒饲料的制粒温度（熟化温度）与膨化饲料已经相差不大。膨化饲料制备技术是近年来逐渐研发和应用的一种新型的饲料制备技术，优点是膨化后养分利用率提高，饲料在水中稳定性好，可以进行浮性和沉性控制，并且饲料表面光滑，粒径统一性好。在特种水产饲料中膨化料使用较多，近年来，随着水产饲料加工工艺整体水平的上升，膨化饲料在鱼类饲料中逐步扩大应用范围。但是膨化饲料也有以下缺点：价格高，一般膨化饲料较颗粒饲料价格每吨增加1000元左右；营养成分损失多，因为制粒温度和调质时间等的影响，膨化饲料的营养成分（主要是维生素）损失更多，配制配方时应增加添加量，以维持需要。

近年来，随着饲料加工机械和工艺水平的上升，各大中型饲料厂制粒水平逐渐上升，与小型饲料厂逐渐拉开差距。其饲料熟化程度稳步上升，营养物质利用率也随之上升。在饲料工业发展快速的今天，在配制饲料配方和选择饲料时，应该考虑饲料加工设备和工艺的影响，综合评价饲料质量，而不能仅仅从营养物质含量和价格上评价饲料好坏。

市场上斑点叉尾鮰饲料主要有四种，分别为：低蛋白硬颗粒饲料、高蛋白硬颗粒饲料、低蛋白膨化饲料、高蛋白膨化饲料。从价格上比较，低蛋白硬颗粒饲料<高蛋白硬颗粒饲料<低蛋白膨化饲料<高蛋白膨化饲料。由于鮰鱼销售价格和养殖模式的影响，在养殖饲料选择时应根据需要，选择合适的饲料类型。高密度养殖、高销售价格时，选择高蛋白饲料；低密度养殖、低销售价格时，选择低蛋白饲料。选择合适的饲料，是斑点叉尾鮰养殖效益提升的关键。

2. 饲料投喂

（1）日投喂次数 一般来说，鱼类的饲料每天投喂次数并不是越多越好。投喂次数少，可能导致鱼的采食量不足，代谢水平低；投喂次数过多，会导致能量和营养物质浪费，生产性能也会下降。斑点叉尾鮰属于有胃鱼，关于其投喂频率有很多研究，目前普遍认为，每天投喂两次最适宜，每天投喂一次和每天投喂三次的生长性能都相对较低。

在鱼类养殖中，一般在春秋两季温度不高时，养殖者习惯投喂两次，而在夏季温度较高时，养殖者往往增加投喂次数。这一点在斑点叉尾鮰的养殖中应该注意。每天投喂两次为佳。

（2）间隔投喂　在鱼类养殖中，会产生间隔投喂和补偿生长的矛盾问题，这种矛盾体现在"一天不吃三天不长"的农谚和"补偿生长"的科学观点之间。这一矛盾在不同种类和不同营养水平环境下，表现是不同的。

对斑点叉尾鮰来说，有研究表明，长期摄食低能量、低蛋白饲料的斑点叉尾鮰，停喂数日或间隔投喂，对生长影响不大；而长期摄食高能量、高蛋白饲料的斑点叉尾鮰，停喂或间隔投喂对生长影响较大。可能的原因是，长期摄食低能量、低蛋白营养水平的饲料，鱼体处于低营养水平、低代谢水平，鱼的生长速度相对较慢，养殖密度相对较小，这种鱼偶尔减少投喂或停喂，对生长的影响就小。而长期摄食高能量、高蛋白饲料的鱼，鱼体处于高营养状态，代谢速度快，一般养殖密度大，生长速度快，这种鱼在偶尔减少投喂量或停喂时，受到的应激大，需要较长的时间才能恢复到原先的代谢水平，停喂对生长的影响就大。

所以，到底是"一天不吃三天不长"还是会产生"补偿生长"，要看养殖密度、养殖水平和营养条件，不能一概而论。

（3）投喂量　养殖鱼类饲料摄入量与其体重、环境水温、饲料营养水平等有关。适量投喂可以减少饲料浪费、提高饲料消化率，减少肠炎、脂肪肝等鱼病的发生，促进鱼的正常生长。生产中投喂量若大于鱼的摄食量，多余的饲料将溶于水中或沉积于水底，既造成饲料浪费、增大养殖成本，又会导致养殖水域环境的污染；投喂量若低于鱼的摄食量，不能满足鱼类快速生长对营养物质的需要，则生长受阻。最理想的情况是投喂量恰好等于鱼的摄食量，然而在实际生产中，要做到这一点是比较困难的。所谓合理的投喂量，就是通过各种技术手段努力接近这一目标的过程。实践证明，制订投喂计划和养殖者的经验相结合是确保投饲量较为适宜的有效手段。通过制订投喂计划，可以从总体上把握一定面积一定阶段内投喂总量，确保投喂量实施过程中不因人为因素的影响而出现大的偏差。养殖者根据经验可以对某个养殖水体、某个时间段甚至某次投喂量进行较准确的判断；根据当日的天气、水温、溶解氧、鱼的健康程度和采食行为等，灵活掌握。总之，要适量投喂，总体稳定，不能忽多忽少，须在固定的时间内吃完，以免鱼类时饥时饱，影响鱼类消化、吸收和生长。

（4）投饵设备　目前，斑点叉尾鮰养殖中，饲料主要采用投饵机投喂和人工投喂两种。

人工投喂主要针对浮性膨化饲料，这一饲料的特点是漂浮在水面上，养殖者只需要将一定量的饲料倒入池塘，观察饲料在一定时间内的剩余情况即可。这种饲料的优点是操作简单，观察方便，但是也存在贴边的饲料无法完全被采食的缺点。

投饵机投喂是目前斑点叉尾鮰养殖的主要投喂方式。投饵机又分为传统的自动投饵机和气动式投饵机两种。传统的自动投饵机使用方便，价格低廉，适用范围广。而新型的气动式投饵机将投喂点从岸边延伸到养殖池塘中间，增大了投饵覆盖范围，从扇状扩大为圆形，这种变化增加了鱼类采食的范围。有两大好处：①减少投饵机数量，一台气动式投饵机可以代替1.5～2.5台传统自动投饵机；②养殖鱼摄食区域增加，有利于鱼分散摄食，增加摄食区域的溶解氧，提高饲料利用率。但是气动式投饵机较传统投饵机价格高，在选择时应该根据自己的养殖情况，选择合适的投饵设备。

第七章

斑点叉尾鮰
加工技术与工艺

我国是斑点叉尾鮰养殖大国，2016年鮰鱼产量28.58万吨，加工量5.68万吨，但是加工比率仅占19.9%，远低于水产发达国家70%以上的水平。目前，我国鮰鱼加工以冷冻鮰鱼片为主，形式单一，且以出口为主。近年来，由于受美国鮰鱼法案的影响，我国冷冻鮰鱼片出口难度加大，出口量呈波动下降趋势，价格大幅下跌，严重影响了鮰鱼养殖业和加工业从业人员的积极性。从2009年开始，中国出口到美国的鮰鱼产品数量减少了15%～52%。另外，越南巴沙鱼的价格冲击对鮰鱼养殖加工企业有很大影响，一些重点养殖地区在起捕季节普遍存在鱼价低、卖鱼难等问题，给鮰鱼产业的发展带来了严重影响。过度依赖出口贸易及产品品种单一是我国鮰鱼产业易受市场冲击、价格大幅波动的原因之一。因此开展鮰鱼精深加工，开发适合国内消费市场需求的鮰鱼产品，扩大内需，是目前鮰鱼加工产业首先需要解决的问题。

食品的加工通常可以按照加工工艺、原料来源、产品特点和食用对象等进行分类。按照加工工艺可以分成罐藏食品（或罐头食品）、冷冻食品、干制食品、腌渍食品、烟熏食品、辐照食品、发酵食品、烘焙食品、挤压食品等；按照原料来源可以分为肉制品、乳制品、水产制品、谷物制品、果蔬制品等；按照产品特点可分为健康食品、功能食品、休闲食品、旅游食品等；按照食用对象可分为老年食品、儿童食品、婴幼儿食品、妇女食品、运动食品、军工食品等。各种分类方法各有优缺点，从工厂实际生产、教学过程对加工原理的了解等角度考虑，通常按照加工工艺进行分类。另外，食品加工过程中为了达到不同的目的，除了主要的工艺步骤外，往往会结合其他加工工艺手段。因此，一个完美的食品加工工艺往往是几种加工（工艺）技术集成应用的结果，如为了增加鱼肉罐头食品的口味、风味和质感等感官特性，往往需要进行腌制、干燥等操作；为了减少杀菌对产品品质的破坏，可以采取较低的杀菌强度结合冷藏的方式；等等。

目前国内关于鮰鱼的加工生产主要以冷冻产品为主，典型的冷冻产品包括速冻鮰鱼片、鮰鱼尾等，市场上也有部分冷冻调理的产品销售。另外以斑点叉尾鮰为原料，将其干制、腌制、烧烤、发酵、烟熏制成产品以及副产物加工与综合利用等方面已有相关的文献报道。本章将按照加工工艺的不同对不同鮰鱼产品的加工与利用分别进行介绍。

第一节

斑点叉尾鮰低温保鲜及加工

一、低温保鲜技术

鱼类被捕获或宰杀后，在存放或加工过程中，其体内所含酶类和体表或肠道等所带微生物会引发一系列生物化学反应，导致鱼体鲜度下降，品质变差，甚至腐败变质。低温保鲜是水产品中最有效、应用最广泛的方法。

1. 鱼类低温保鲜的技术原理

环境温度影响鱼体肌肉组织中酶的活性和微生物生长繁殖速度，环境温度越低，则酶反应速度和微生物的生长繁殖速度越慢。当环境温度足够低时，不仅可完全抑制微生物的生长繁殖，也能极显著地抑制鱼体内酶的活性，延长货架期。

（1）低温对微生物的影响　每种微生物都有其适宜的生长温度，根据微生物生长对温度的依赖程度，可将微生物分为嗜热菌、嗜温菌、适冷菌和嗜冷菌四类，其最低生长温度、最适生长温度和最高生长温度见表7-1。在低温储藏应用中，嗜温菌、嗜冷菌是最主要的有害菌种。

表7-1　微生物生长对温度的适应性

单位：℃

微生物类群	最低生长温度	最适生长温度	最高生长温度
嗜热菌	35～45	45～65	60～90
嗜温菌	5～25	25～40	40～50
适冷菌	−5～5	25～30	30～40
嗜冷菌	−15～5	10～30	20～40

资料来源：Geroge J. Banwart.Basic Food Microbiology.AVI Publishing Company，Inc.1979。

　　鱼体含水率高、酶活性高、组织软嫩，比其他农产品更难保鲜，鲜鱼及其制品的储运温度不能超过8℃。在鱼类的保鲜作业中，可选0～5℃进行短期冷藏保鲜，也可选择−18℃以下进行长时间冻藏保鲜。

　　除环境温度外，降温速率、水分存在状态、介质、交替冻结和解冻等也会影响微生物在低温条件下的活性。温度在冰点左右或冰点以上，适冷菌会缓慢生长繁殖，逐渐导致鱼体变质，这就是冷藏保鲜期较短的原因。冻结温度对微生物的细胞结构影响较大，尤其是在−3～5℃温度冻结时，会导致细菌细胞损伤；但当冻结速率快、温度迅速下降到−25～−20℃时，水分冻结所形成的冰晶体细小，对细菌细胞损伤会减弱。所以快速冻结可以保持冻藏温度稳定，能够更好地保持冻藏鱼及其制品的外观、质地和风味。

　　（2）低温对酶活性的影响　温度对酶活性影响较大，高温加热可导致酶活性的丧失，而低温处理尽管可以降低酶活性，但不能完全使酶失活。一般来说，温度降低到−18℃，特别是−30～−20℃才能有效抑制酶的活性，但温度回升后，酶活性会重新恢复，甚至较降温处理之前有所提高，从而加速水产品变质。因此，一些水产品在低温加工前需要进行灭酶处理，以防产品质量下降，如冻煮淡水小龙虾、冻煮龙虾仁的加工。

2. 常见的淡水鱼低温保鲜技术和方法

低温保鲜是水产品加工与储运中常用的方法，通常根据储藏温度由高到低依次分为三类，即冷却保鲜、微冻保鲜和冻藏保鲜。

（1）冷却保鲜　冷却保鲜是指将鱼体置于$0 \sim 5℃$范围内进行储藏的一种保鲜方法。根据降温或保持低温的方式，比较适合淡水鱼冷却的保鲜方法主要有冰冷却保鲜法和空气冷却保鲜法，即冰藏保鲜和冷藏保鲜。

① 冰藏保鲜是水产品保鲜储运中使用最早、最普遍的一种保鲜方法，就是将一定比例的冰或冰水混合物与鱼体混合，放入可密封的泡沫箱或船舱中，利用冰或冰水降温的一种保鲜方法。由于冰易携带、使用方便，冷却时不需要动力，将冰与鲜鱼直接混合，能快速降低鱼体温度，在短时期内能较好地保持鱼体及其制品的鲜度。但冰藏保鲜受外界环境温度影响较大，且冰融化成水后，会导致鱼体在冰水中浸泡时间过长而变软。因此，冰藏保鲜较为适合对水产品进行短距离、短时间的储藏。

冰藏保鲜中所用的冰可以用淡水或海水制得。淡水冰点接近$0℃$，而海水（盐水）由于含有一定量的盐分，其冰点低于$0℃$，大约为$-1℃$。海水冰融化时的潜热较高，降温保温效果优于淡水冰。但由于制冰厂大多建设在陆地上，所以淡水冰比较常用。在实际保鲜作业中，淡水鱼一般用淡水冰，海水鱼最好用海水冰。为了提高水产品保鲜效果，可以将臭氧溶于低温水中再冻结制成臭氧冰，融化的水中含有一定浓度的臭氧，能非常有效地抑制体表微生物的生长，延长保鲜期。常见的冰藏方法有干冰法和水冰法。干冰法分为层冰层鱼法和拌冰法两种：层冰层鱼法适用于大鱼冷却，鱼层厚度为$50 \sim 100$毫米，冰鱼整体堆放高度约75厘米，上用冰封顶，下用冰铺垫；拌冰法适用于中、小型鱼类，其特点是冷却速度快。干冰法操作简单，冰水可防止鱼体表面氧化和干燥。水冰法是指先用冰将淡水降温（0℃），然后把鱼类浸泡在冰水（冰与水的混合物）中进行冷却保鲜的一种方法。其优点是冷却速度快，适用于死后僵直或捕获量大的鱼。

近年来，随着网络线上销售的火爆和物流运输业的逐渐发展，冷鲜产品的销售需求越来越大，冰鲜产品的销售半径也在逐渐扩大，这为冰藏保鲜提供了更大的发展空间。为了克服直接用冰保鲜的缺陷，在一些冰藏产品的销售中高冷容量的冰袋正在逐渐代替传统的冰。

② 冷藏保鲜是将宰杀并洗净的鱼体或经分割的鱼体置于洁净的冷却间，采用冷空气冷却鱼体，并在 $0 \sim 4℃$ 高温冷库中进行储藏的一种保鲜方法。在实际冷藏作业中，一般需要预先将冷却间环境温度降低并保持在 $-1 \sim 0℃$，将样品放入冷却间后需要继续用冷风冷却样品，将样品中心温度迅速降低至0℃，再放入高温冷库储藏或者直接在冷却间存放。由于空气的对流传热系数小、冷却速度慢，不能大批量处理鱼货，而且长时间用冷风冷却鱼体，容易引起鱼体的干耗和氧化。因此，冷藏保鲜可用于水产品加工原料的短时间储运与销售，也可用于分割加工的生鲜水产品或调理水产品的短时间储藏保鲜。

（2）微冻保鲜　是将水产品储藏在冰点以下（$-3℃$左右）的一种轻度冷冻或部分冷冻的保鲜方法，也称为过冷却或部分冷冻保鲜。微冻保鲜对微生物的抑制能力是冷藏的4倍，保鲜期因鱼类品种的不同存在差异，一般为20～27天，比冷藏保鲜延长1.5～2倍。

目前，各国所采用的微冻温度一般在 $-3 \sim -2℃$，而该温度范围正好处于最大冰晶生成温度带（$-5 \sim -1℃$）。因此采用冻结方式快速通过该温度带，是微冻保鲜需要采取的措施。近年来，我国学者对鲫鱼、沙丁鱼、罗非鱼等做了一些研究，结果表明，微冻可有效抑制细菌总数增长，维持较低的TVB-N值和K值，延长鲜鱼的保鲜期。鱼类的微冻技术主要有冰盐混合微冻法、鼓风冷却微冻法和低温盐水微冻法三种类型，前两种方式适用于淡水鱼及其制品的微冻保鲜。

① 冰盐混合微冻保鲜。是目前较为常用的一种微冻保鲜方法，具有鱼体含盐量低、鱼体不变形、价格低、使用安全和操作简单等特点。当将盐渗在碎冰中时，盐在冰中溶解而发生吸热作用，使冰盐混合物的温度迅速下降，再用低温的冰盐混合物淋洗或浸泡鱼体，以迅速降低鱼体温度，保持新鲜度。

冰盐混合物可达到的温度与冰水中的加盐量有关，加盐量越大，则冰盐混合物的温度越低。但加盐量过大，不仅会导致盐分渗透到鱼体中而影响鱼的口味，还会导致鱼体脱水。当食盐浓度达到30%时，冰盐混合物的温度可降到−21℃左右；而微冻保鲜时，需要将鱼体温度降低至−3℃，因此在冰中加入5%的食盐即可。在冰盐微冻保鲜作业中，还要注意适当补充冰和盐，以维持冰水温度。

② 鼓风冷却微冻保鲜。是采用制冷机先将空气冷却至较低温度后再吹向鱼体，使鱼体表面温度降到−3℃并进行储藏的一种保鲜方法。鼓风冷却时间与冷空气温度、鱼体大小和品种有关，当鱼体表面微冻层厚度达5～10毫米、鱼体内层温度达−2～−1℃时，即可停止鼓风冷却，然后将微冻鱼装箱，置于−3℃船舱或冷库中储藏，储藏时间最长可达20天。采用鼓风冷却法对鱼及其加工制品进行微冻保鲜时，可以先将产品在微冻液（冰、盐等混合物）中浸泡一定时间，捞出沥水后进入速冻机，利用速冻机中的低温冷风快速冷却鱼体，并使鱼体降到−3℃，再在−3℃冷库进行储藏。其优点是：能准确控制冷冻工艺条件；产品降温迅速；终温控制准确；还可防止鱼肉蛋白质变性和肌肉质构改变，克服常规鼓风冷却微冻保鲜所引起的干耗。

③ 低温盐水微冻保鲜。是先利用制冷机将10%盐水冷却到−5℃，再将鱼浸泡在低温盐水中，使鱼体内温度降至−3～−2℃并进行储藏的一种保鲜方法。低温盐水微冻保鲜一般由盐水微冻舱、保温鱼舱和制冷系统三部分组成，因占用空间较大，该法

在渔船上应用较多，对海上渔获物的保鲜具有良好的效果。

合理控制盐水浓度、浸泡时间和盐水冷却温度，是低温盐水微冻保鲜技术的关键。盐水浓度高、温度低，贮冷量就大，有利于鱼体快速降温；但盐水浓度过高、盐水渗透压大，就会导致鱼体咸味加重和肌肉中肌原纤维盐水蛋白的溶出。因此，需要适当控制盐水浓度和浸泡时间。综合大多数实验结果看，鱼体在温度为-5℃、浓度为10%的低温盐水中浸泡3～4小时，然后置于-3℃左右保温舱储藏，能获得最佳的微冻保鲜效果。

（3）冻藏保鲜　冻藏是指将食品冻结后，再在能保持食品冻结状态的温度下储藏的方法。常用的冻藏温度是-23～-12℃，而以-18℃最为常用。通常根据冻结速度可以分为缓冻和速冻两大类。目前通用的冻结速度快慢的划分方法主要有两种，即按时间划分和按距离划分。按时间划分，食品中心从-1℃降到-5℃所需时间在30分钟内为快速冻结，超过即为慢速冻结。按距离划分，冻结速度表示单位时间内-5℃的冻结层从食品表面伸向内部的距离，冻结速度 $v>5～20$ 厘米/时为快速冻结，$v=1～5$ 厘米/时为中速冻结，$v=0.1～1$ 厘米/时则为缓慢冻结。目前常用的速冻方法主要有三类：鼓风冻结、平板或接触冻结、喷雾和浸渍冷冻。

① 鼓风冻结。实际上就是空气冻结法，它主要是利用低温和空气高速流动，促使食品快速散热，以达到快速冻结的目的。

速冻设备内所用的空气温度为-46～-29℃，强制的空气流速为5～15米/秒或600～900米/分钟，这是速冻设备和缓冻室的不同之处。一般风速设置在5米/秒左右比较经济，但是在采用连续带式冷冻时，会将风速调整到更高（10～15米/秒），忽略噪声带来的问题，高风速也被用于船上工厂，风速可达15～25米/秒。

鼓风冻结设备有多种选择，可以是供分批冻结用的房间，也可以是输送带或者小推车进行连续冻结的隧道。鼓风冻结机的主要优点是用途的多面性，然而，正是由于这样，这种冻结机也常常会被不正确或者低效使用。鼓风冻结机适用于具有不规则形状、不同大小和不易变形的食品物料。因此，对于生产单体速冻制品非常有利，包括各种蔬菜、水果、不同的甲壳类制品、鱼片及附加值高一点的制品（如鱼棒）。

② 平板或接触冻结。用制冷剂或低温介质（如各类盐水）冷却的金属板和食品密切接触下使食品冻结的方法称为间接接触冻结法。设备如彩图63和彩图64所示。按照平板的放置方式，可分为垂直型和水平型两类。目前，平板采用挤压过的铝制作，这种平板的截面上有通道可供液态制冷剂在其中流动，热传递在平板的上下表面发生，通过冷却界面与产品直接接触完成冷冻。在接触制品的各个平板上加压有助于接触紧密，从而提高平板与产品间的热传递系数。所使用的压力在1～10兆帕间采用液压，可使平板紧密。

平板冻结机不像鼓风冻结机那样通用，可用于冻结未包装的和用塑料袋、玻璃纸或纸盒包装的食品。金属板有静止的，也有可上下移动的。常用的有平板、浅盘、输送带等。食盐水、氯化钙溶液等为常用的低温介质，或静止，或流动。

这种方法常用于生产机制冰块。装满水后的方形深底金属罐浸入盐水中，经一定时间冻结后即可制成大型冰块。冰棒同样是用金属模盒装满配料液后浸在盐水中，并在不断向前推进中冻制而成。冻制鱼类时也可采用此法，不过有的用浅盘装盛冻制，有的则用薄壁深底金属盒冻制。

③ 喷雾和浸渍冷冻。散状或包装食品与低温介质或超低温制冷剂直接接触进行冷冻的方法，称为直接接触冻结法。直接接触冻结法有浸渍冷冻和喷雾冷冻两种，通常用于单体速冻制品，但仅用于一些特殊的、高价值的产品上，如虾以及高附加值或调味制品（如双壳软体动物的肉）等。

a. 浸渍冷冻：浸渍冷冻机可以保证制品表面与冷冻介质之间紧密接触，保证良好的传热。冷冻介质有盐水、糖液和甘油溶液。

冷冻介质通常采用氯化钠溶液，其低共熔点为−21.2℃，因此，在冷冻过程中通常采用−15℃左右盐水温度。67%甘油水溶液的温度可降低到−46.7℃，但这种介质对不宜变甜的食品并不适用。60%的丙二醇水溶液在温度降低到−51℃也不会冻结。丙二醇无毒但有辛辣味，一般只能用于冻结包装食品。

b. 喷雾冷冻：也可称之为深冷冻结，在深冷冻结时，通过将未包装或仅薄层包装的制品暴露在具有低沸点、温度极低的制冷剂中，取得极快的冷冻速率。在这种方法中，制冷剂被喷射到产品表面，在制冷剂相态变化时将热带走。通常采用的制冷剂是液氮或CO_2。

目前液氮速冻已在国内外有较多的应用，主要用于金枪鱼、三文鱼、对虾、龙虾等价值较高产品的冻结。但近年来，随着我国人们生活水平的不断提高，对高品质冷冻水产品的需求逐步增多，已有一些将液氮冻结应用于除金枪鱼以外的其他常规水产品（如鮰鱼、罗氏沼虾等）的速冻研究。另外，已有一些线上销售的速冻清蒸鮰鱼、香烤鮰鱼等产品宣称是采用液氮速冻工艺加工的。工业上对食品的液氮速冻主要有隧道式、螺旋式、箱体式和浸渍式四种方式，其中箱体式和浸渍式属于断续式作业。从冷量的利用率来看螺旋式有优势，而隧道式的加工量较大。

在任何商用条件下，用于生产冷冻制品的冻结机类型必须能满足客户对制品质量的要求。各种冷冻设备的冻结速度和冻结时间见表7-2和表7-3。某些类型的冻结机与终产品的生产不匹配。比如，用于鱼片和鱼棒生产的冷冻鱼块必须采用平板冻结机冻结，而采用其他类型冻结机会导致鱼块侧面不平行，使进一步加工时的产率显著下降。然而在大多数情况下，鼓风冻结机就能得到满意效果。液态制冷剂（如CO_2）主要用于高价值的产品（如对虾、龙虾等），或一些采用液体冷冻隧道而品质下降损失的费用超过这些制冷机的高额运行费用的季节性产品。在渔船甲板上或船上工厂里的冻结机通常只用平板冻结机或鼓风冻结机，浸渍式冷冻则用于金枪鱼渔业中。

表7-2　各类冻结设备冻结食品时物料冰晶体前沿的运动速度

单位：厘米/时

冷冻设备类型	冰晶体前沿的运动速度
缓冻	0.2 ～ 0.4
平板冻结机或鼓风冻结机	0.5 ～ 3.0
鼓风冻结机和流化床冻结机	5.0 ～ 10.0
液氮和干冰冻结机	10.0 ～ 100.0

资料来源：G.M.Hall，Fish Processing Technology，Plenum Publishers，1997。

表7-3　冻结方式对小型水果和蔬菜的冻结时间和速度的影响

冻结方式		冻结时间	冻结速度/（厘米/时）
包装产品（280克的容器）	吹风冻结	3.0 ～ 5.0 小时	0.3 ～ 0.5
	平板冻结	0.5 ～ 1.0 小时	1.5 ～ 3.0
散装冻结无包装产品（普通的传送带吹风冻结器）		0.3 ～ 0.5 小时	—
单体冻结产品	流体化的传送带或盘子	5.0 ～ 10.0 分钟	3.7 ～ 7.5
	低温冻结或氟利昂-12	0.5 ～ 1.0 分钟	37.0 ～ 75.0

资料来源：方便食品，陈洁。

二、低温保鲜加工工艺

目前国内关于鮰鱼低温保鲜的加工主要集中在冷冻储藏的速冻鱼片、速冻鱼尾和冷冻调理类的鮰鱼产品，相关的研究主要集中在不同冷冻方法（如液氮冻结、鼓风冻结等）、冻结温度（如-20℃、-40℃、-60℃）和添加持水剂等对速冻鮰鱼片品质的影响。近年来也有一些关于微冻和冰藏保鲜的研究。

1. 速冻鲴鱼片

速冻鲴鱼制品（如速冻鲴鱼片、速冻鲴鱼尾、速冻鲴鱼唇等）是目前我国鲴鱼加工的主导产品，也是我国鲴鱼出口的主要产品。速冻鲴鱼尾、速冻鲴鱼唇经常作为速冻鲴鱼片加工过程的副产物，其加工过程与速冻鲴鱼片基本相同，下面以速冻鲴鱼片为例介绍相关产品的加工过程。

（1）工艺流程

原料鱼验收→暂养→放血、回游→切片→去皮→修整、摸刺→分级→消毒→摆盘→单冻→金属探测→镀冰衣→称重、装袋、装箱→冻藏。

（2）操作要点

① 原料鱼验收。斑点叉尾鲴来自 CIQ 备案的养殖场。收购前，对来自 CIQ 备案的养殖场的斑点叉尾鲴鱼进行抽样，送化验室检验，合格后方可接收。

② 暂养。将验收合格的鲴鱼用净化水暂养 24 小时以上，暂养时必须随时剔除死鱼及畸形鱼，防止水质恶化。

③ 放血、回游。清洗后的鲴鱼由人工宰杀，先从鱼的鳃部入刀，将鱼鳃内动脉切断，从另一侧对穿而出，停留 3～5 秒，直到鱼鳃部有明显血液流出，然后将鱼投入放血池中自由游动，用水龙头对宰杀的鱼进行冲洗。整个过程需要 30 分钟左右，水温控制在 15～18℃。

④ 切片。经过放血的鱼清洗后搬上工作台进行切片处理，切片时先切下腹鳍、鱼肚，然后沿脊柱骨切下两片完整的鱼片。

⑤ 去皮。切好的鱼片有一面带有鱼皮，送入去皮机中去皮。

⑥ 修整、摸刺。去皮后的鱼片带有脂肪，用刷子刷掉鱼片两面的脂肪，并用刀修整鱼片两侧多余的脂肪、鱼皮，去掉血点及瑕疵，去掉鱼肉内的鱼骨、鱼刺。

⑦ 分级。大小不一的鱼片按规格分级：2～3 盎司、3～5

盎司、5 ～ 7盎司、7 ～ 9盎司（1盎司=28.35克）。

⑧ 消毒。分级、修整后清洗，然后按级别分别放入含冰水混合物的池中浸泡。浸泡温度为0 ～ 4℃，浸泡时间为60 ～ 90分钟。浸泡冰水中通入臭氧，控制臭氧水浓度为0.4毫克/千克。

⑨ 摆盘。先将消毒过的鱼片里面朝下放置于冻盘上，用手压平，然后翻过来（去皮面朝下，头前尾后）拉直按平。

⑩ 单冻。鱼片进入单冻机速冻，单冻机设置温度−35℃以下。单冻机的传送带速度可参考以下数据：2 ～ 3盎司和3 ～ 5盎司的鱼片转速12转以下；5 ～ 7盎司和7 ～ 9盎司的鱼片转速11转以下；9 ～ 11盎司及11盎司以上的鱼片转速10转以下。

⑪ 金属探测。单冻后的鱼片由传输带传送，经金属探测仪检测。

⑫ 镀冰衣。速冻后的鱼片放入4℃以下的冰水中镀冰衣，冰衣比重为6% ～ 8%。

⑬ 称重、装袋、装箱。按照客户需求装袋、装箱，装箱后注明规格，透明胶带密封。

⑭ 冻藏。将包装好的鱼片送入冷库冻藏，每80箱码放成一堆，冻藏温度−18℃，维持库温稳定。

（3）质量标准及卫生要求

① 质量标准。各种质量指标见表7-4 ～表7-6。

② 卫生要求。

a. 人员卫生：加工人员上岗前必须进行健康检查，体检合格并取得健康证后，方可从事食品加工工作。进车间加工之前，需对新员工进行岗前培训，严格按照公司制定的卫生标准操作规程进行消毒控制。

b. 车间卫生：车间布局合理，排水畅通，通风良好，清洁卫生。地面光洁，有一定坡度，便于清洗，地面无积水。排水有防鼠网，排风有防虫纱网，车间进口处设有灭蝇灯。车间设有臭氧发生器，在每个工作日结束后对车间杀菌消毒。车间天花板使用无毒、浅色、防水、防霉、不脱落、适于清洗的材料修建。车间器具定时消毒，每次班前、班中、班后对与产品直接接触的器具彻底消毒，防止出现二次污染。

表7-4 感官指标

项目	要求
冻块	冻块外表平整，无结霜，冰衣均匀，无粘连，无碎冰
完整度	鱼片表面平整，无刀沟，鱼片边缘整齐
色泽	颜色洁白，具有本品固有色泽和光泽
气味	轻微鱼腥味，无泥腥味
组织形态	体态匀称、平直、有弹性，无畸形、无红斑
杂质	无肉眼可见杂质、无鱼皮、无脂肪，无血疤，无鱼刺，无软骨

表7-5 理化指标

项目	要求
三聚氰胺	≤1.0毫克/千克
恩诺沙星	≤1.0微克/千克
环丙沙星	≤1.0微克/千克
孔雀石绿	≤1.0微克/千克
隐色孔雀石绿	≤1.0微克/千克
呋喃唑酮及其代谢物	≤0.5微克/千克
呋喃它酮及其代谢物	≤0.5微克/千克
呋喃西林及其代谢物	≤0.5微克/千克
呋喃妥因及其代谢物	≤0.5微克/千克
氯霉素	≤0.3微克/千克

表7-6 微生物指标

项目	要求
菌落总数	≤$1.0×10^5$cfu/克
大肠菌群	≤3个/100克

项目	要求
沙门菌	不得检出
金黄色葡萄球菌	不得检出
单核细胞增生李斯特氏菌	不得检出
副溶血性弧菌	不得检出
霍乱弧菌	不得检出

2. 鮰鱼冷冻调理制品

冷冻调理水产制品是指在工厂中对原料进行挑拣、洗净、去除不可食部分、整形等前期处理，再进行调味、成型或加热等处理，经包装和速冻并在低温下储存和流通的一类水产冷冻制品。冷冻调理水产品的种类繁多，通常可分为三类：其一，未经熟制、食用前需要加热熟制的产品，如经过浸渍调味的生鲜鱼片；其二，经过加热熟制或未经熟制但在其外部裹上粉料或者面包屑，食用前需要油炸等熟制加工的产品，如速冻裹粉鱼肉饼或鱼片；其三，完全熟化产品，可微波加热后直接食用，如方便水产中式菜肴。

近年来，随着我国的经济发展和人们生活水平的提高，特别是年轻人消费习惯的改变，消费者对冷冻调理制品的需求量迅速增加。冷冻调理鮰鱼类食品具有方便、快捷、营养丰富的优点，广受消费者欢迎。冷冻调理鮰鱼产品也成为国内鮰鱼加工消费的主要品种之一。目前已有冷冻烤鮰鱼、冷冻清蒸鮰鱼、冷冻酸菜鮰鱼片等产品的研究报道或销售。下面将选择代表性的几种产品进行介绍。

（1）冷冻烤鮰鱼片加工工艺

① 工艺流程。原料鱼预处理→腌制、去腥→干燥→白烤→蒲烤→酱料的配制→预冷、修整、包装→速冻→检验。

② 操作要点。

a．原料鱼预处理：将原料鱼进行暂养、冰晕、放血、剖杀、去皮、修剪处理成鱼片，每片70～80克，中心厚度约1.5厘米。

b．腌制、去腥：腌制液配方为料酒30%、食盐3%。鱼块与腌制液质量比为1∶3，腌制时间为2.5小时。配制腌制液的料酒和加工用水温度保持在10℃以下。

c．干燥：由于鱼肌纤维短且无间刺，直接烤制会使得鱼肉散开，适度的脱水能使鱼片在烤制过程中保持形态完整。因此将腌制好的鱼块干燥至含水率约为75%，干燥条件为50℃鼓风干燥，干燥时间约为3小时。

d．白烤：将干燥好的鱼块进行白烤，即200℃红外烤制8分钟，此时鱼块中心温度上升至约75℃，达到了蛋白质的变性温度。高温短时烤制能减少鱼肉的汁液流失，形成多汁口感。鱼片白烤后肉质变软，颜色由半透明变成白色，并且出现淡黄色焦斑。

e．蒲烤：将白烤后的鱼块浸酱料约6秒，在200℃条件下烤制4分钟，然后重复浸酱料、烤制的步骤，进行第二、三次蒲烤，使鱼块色泽金黄、口感外焦里嫩、香味浓郁。

f．酱料的配制：配料的添加量按照蔗糖∶料酒∶老抽酱油为15∶4∶3的比例进行配制，先在蔗糖中加入少量水，加热使蔗糖溶解，再加入料酒和酱油搅拌均匀，最后加适量水调至可溶性固形物含量为35%。

g．预冷、修整、包装：将烤制的鱼块预冷至室温，将鱼块尾部和边缘处烤焦部分剪去，控制鱼块与酱料质量比约为10∶1，装入包装袋中，在真空度≥0.09兆帕的真空条件下进行真空封口。

h．速冻：将包装好的产品在-35℃下速冻30分钟，然后置于-18℃的冷库中进行冻藏。在包装完整、未经启封的情况下，本产品的保质期为1年。

③ 质量标准及参考标准。

a. 感官指标：将产品拆封，用微波炉解冻，中火加热2分钟后进行感官评定。鱼片呈金黄色，有光泽感，具有烤鱼特有的香味，鲜美多汁，咸甜适口。

b. 理化指标：水分含量约为70%。

c. 操作规范参考标准：《食品安全管理体系　水产品加工企业要求》（GB/T 27304—2008），《食品安全国家标准　水产制品生产卫生规范》（GB 20941—2016），《出口水产品质量安全控制规范》（GB/Z 21702—2008）和《水产品加工质量管理规范》（SC/T 3009—1999）。

d. 产品质量参考标准：《速冻调制食品》（SB/T 10379—2012）。

（2）冷冻清蒸鮰鱼加工工艺

① 工艺流程。原料鱼验收→暂养→宰杀、开半→清洗、消毒→脱腥、腌制→包装→速冻→检验。

② 操作要点。

a. 原料鱼验收：斑点叉尾鮰来自可追溯的养殖场。收购前先采样检验，合格后，方可接收。

b. 暂养：将验收合格的鮰鱼用净化水暂养24小时以上，暂养时必须随时剔除死鱼及畸形鱼。

c. 宰杀、开半：采用击昏宰杀，放血，沿背部用电锯开半，去除内脏和鱼鳃。

d. 清洗、消毒：宰杀好的鱼置于清洗池中清洗，洗去血污，然后置于1～2毫克/千克的臭氧水中消毒5分钟。

e. 脱腥、腌制：将鱼置于由料酒、食盐和复合磷酸盐等配成的腌制液中进行腌制。腌制环境及腌制液温度保持在10℃以下。

f. 包装：将腌制好的鱼平放入真空袋中，真空封口。

g．速冻：将真空包装好的鱼置于螺旋速冻机中速冻，温度-35℃以下，时间30分钟；或者置于液氮速冻机中速冻。

③ 质量标准及参考标准。

a．感官指标：将产品置于室温自然解冻，置于蒸笼中，添加适量生姜、小葱，隔水蒸15分钟。鱼片有光泽感，具有清蒸鮰鱼特有的香味，鲜美多汁，咸甜适口。

b．理化指标：含水率≤86%。

c．操作规范参考标准：《食品安全管理体系　水产品加工企业要求》（GB/T 27304—2008），《食品安全国家标准　水产制品生产卫生规范》（GB 20941—2016），《出口水产品质量安全控制规范》（GB/Z 21702—2008）和《水产品加工质量管理规范》（SC/T 3009—1999）。

d．产品质量参考标准：《速冻调制食品》（SB/T 10379—2012）。

（3）冷冻调理鮰鱼片加工工艺

① 工艺流程。原料鱼验收→暂养→宰杀→清洗→切片→浸浆→包装→速冻→冻藏。

② 操作要点。

a．原料鱼验收：斑点叉尾鮰来自可追溯的养殖场。收购前先采样检验，合格后方可接收。

b．暂养：将验收合格的鮰鱼用净化水暂养24小时以上，暂养时必须随时剔除死鱼以及畸形鱼。

c．宰杀：采用击昏宰杀，放血，去除内脏和鱼鳃。

d．清洗：宰杀好的鱼置于清洗池中清洗，洗去血污。

e．切片：将斑点叉尾鮰去头、去尾、去内脏，清洗，均匀分割成4厘米×3厘米×1.5厘米大小的鱼块。

f．浸浆：将鱼片置于腌制容器中，按照配方加入预调好的浆液浸渍，浆液包括水、料酒、食盐、碳酸氢钠或复合磷酸盐、鸡精、马铃薯淀粉等，拌匀，于10℃以下腌制1.5小时。

g. 包装：将腌制好的鱼片装入包装袋中，真空封口，压扁。

h. 速冻：将包装好的产品在−35℃下速冻30分钟。

i. 冻藏：将冻好的调理鱼片置于−18℃的冷库中进行冻藏。

③ 质量标准及参考标准。

a. 感官指标：将产品拆封，自然解冻，根据喜好配青椒片等蔬菜，热锅冷油，将本品倒入进行炒制3～5分钟。鱼片呈现光泽感，具有鮰鱼特有的香味，鲜美多汁，咸甜适口。

b. 理化指标：含水率≤86%。

c. 操作规范参考标准：《食品安全管理体系　水产品加工企业要求》（GB/T 27304—2008），《食品安全国家标准　水产制品生产卫生规范》（GB 20941—2016），《出口水产品质量安全控制规范》（GB/Z 21702—2008）和《水产品加工质量管理规范》（SC/T 3009—1999）。

d. 产品质量参考标准：《速冻调制食品》（SB/T 10379—2012）。

（4）速冻熟制风味鮰鱼片

① 工艺流程。原料验收→暂养→宰杀→清洗→切片→腌制→漂洗、干燥→油炸→煮制调味→分装→速冻→冻藏。

② 操作要点。

a. 原料验收、暂养、宰杀、清洗、切片同前述冷冻调理鮰鱼片。

b. 腌制：将鱼块与料酒、食盐拌匀，在10℃以下低温腌制3小时，其中鱼块、料酒和食盐的质量比为100∶6∶2。

c. 漂洗、干燥：将腌制好的鱼块在清水中漂洗5秒，然后在45℃条件下烘3小时。

d. 油炸：将干燥后的鱼块油炸，油炸条件为温度160～180℃、时间15～30秒。

e. 煮制调味：调味汤汁按100份水，2～3份料酒，2～3

份老抽，1～2份食用盐，1份白砂糖，3份蒜泥，3份姜片的比例配制。调味液烧开后加入鱼块，并保持微沸入味5～8分钟。

f. 分装：将鱼片装入复合塑料袋中，按固液比2∶1加入汤汁，然后真空封口。

g. 速冻：在－35℃以下速冻30分钟或液氮速冻。

h. 冻藏：经检验合格后送入－18℃冷库冻藏。

（5）速冻涮鮰鱼片

① 工艺流程。原料鱼预处理→浸泡→制备冻鱼肉→切片。

② 操作要点。

a. 原料鱼预处理：将鮰鱼肉切成长10厘米左右的片，切成的鮰鱼片根据成型模具的大小进行修剪，并洗清血水。

b. 浸泡：将鮰鱼片置于复合浸泡液中浸泡并搅拌25～40分钟。复合浸泡液是将磷酸盐、白糖和糖醇按重量以（1～2）∶（6～10）∶（6～10）配制而成，加水调整重量百分比浓度为2%～5%。将浸泡后的鮰鱼片用水清洗并沥干备用。

c. 制备冻鱼肉：按照谷氨酰胺转氨酶与水的重量比为3∶1加水制备TG溶液，将制备好的TG溶液加到浸泡后的鱼肉中搅拌均匀，控制谷氨酰胺转氨酶用量占鱼肉重量的0.6%～1%；将鱼肉摆入成型模具并压实整平；再将含有鱼肉的成型模具放置在温度为8～16℃的环境中，60～120分钟后完成反应；将完成反应后的鱼肉连同成型模具在－35℃下速冻；将速冻后的鱼肉出模后转入－20～－18℃的环境中冻藏。

d. 切片：将冻鱼肉放入刨片机，根据涮片厚度进行刨片，即得涮鱼片。

3. 微冻与冰藏保鲜鮰鱼

目前国内关于斑点叉尾鮰微冻和冰藏保鲜方面的研究还比较少，江南大学开展了相关的研究工作，下面就相关工艺作简单介绍。

（1）工艺流程　原料鱼验收→暂养→预处理→腌制、脱腥→装袋→微冻（冰藏）。

（2）操作要点。

① 原料鱼验收　根据相关原料验收标准检验，合格后方可接收。

② 暂养　将验收合格的鮰鱼用净化水暂养24小时以上，暂养时必须随时剔除死鱼以及畸形鱼，防止水质恶化。

③ 预处理　将原料鱼经宰杀、放血、开片、去皮、修剪处理成鱼片。

④ 腌制、脱腥　根据需要配制调味脱腥液，对鱼片进行腌制调味和脱腥处理。

⑤ 装袋　根据要求，将鱼片装在塑料袋中，密封。

⑥ 微冻或冰藏　在泡沫保温盒中加入一层碎冰，将装袋后的鱼片置于盒中冰藏，层冰层鱼，然后将保温盒置于4℃冰箱中储藏，在储藏过程中定时更换碎冰，储藏期7～10天；或将包装好的鱼片置于冰盐水（−3±0.5）℃中微冻储藏，在储藏过程中注意控制冰盐水温度，储藏期14天左右。

第二节

斑点叉尾鮰罐头制品加工

罐藏是一种能够常温下长期储藏水产类的方法，也是目前实现常温储藏、提高食品安全性的主要手段之一。水产罐头制品的加工原理是，将经初加工的水产品置于经排气密封的容器内，经过高温加热处理，杀灭水产品中的大部分微生物，并破坏酶的活性。同时隔绝空气，防止外界的再污染和空气氧化，使水产品得以长期储藏。水产罐头制品具有较长的保质期、较好的口味，按工艺可将其分为清蒸类、烟熏油浸类、调味类水产罐头制品。

水产罐头制品大都采用传统热杀菌工艺制得，也有少数水产罐头采用辐照杀菌技术。水产罐头制品要满足商业无菌的要求必须严格达到规定的F值，若加热强度过大，产品易出现质地软烂、风味劣变等现象，所以水产罐头制品加工的技术含量较高，其安全质量控制也尤为重要。我国水产品养殖产量高，但罐藏加工比例低，水产罐头制品加工具有很大前景。

近年来，随着我国鮰鱼养殖规模的扩大及各地对鮰鱼的重视，鮰鱼罐头制品因其能够长期储藏，便于销售运输而备受关注，目前市场上已有豆豉鮰鱼、鮰鱼辣子酱等鮰鱼罐头类产品销售，也有一些调味鮰鱼软罐头等产品的研究报道。本节将从罐头制品加工技术、鮰鱼罐头加工工艺等几个方面进行介绍。

一、罐头制品加工技术概述

1. 罐藏的基本工序

罐藏的生产过程由预处理、装罐、排气、密封、杀菌、冷却和后处理（包括保温、擦罐、贴标、装箱、仓储、运输）等工序组成。任何一道工序都会影响终产品的质量，各道工序之间也互相影响、共同决定产品的质量。下面将对罐藏加工的主要工序进行简单介绍。

（1）预处理　对于鮰鱼等水产原料，主要是对原料进行宰杀、清洗、去头、去内脏等工艺步骤。有时根据不同的产品类型还可能包括腌制、干燥和油炸等步骤。

（2）装罐（袋）　根据产品的特色需求可以选择不同的包装容器，目前常见的鱼类罐头制品通常是马口铁罐和复合蒸煮袋包装。采用马口铁罐时上车前通常需要用热水浸泡加沸水或蒸汽热烫。装罐时应符合以下工艺要求：装罐迅速，不积压；保证净重和固形物含量；原料需合理搭配；保留适当顶隙。根据原料的性质以及自动化程度要求不同，目前常用的装罐（袋）方法主要有人工法和机械自动装罐（袋）法。马口铁罐通常装罐、加盖后，若采用热力排气则通常需进行预封。

（3）排气　为了降低杀菌时的罐内压力，防止变形、裂罐、胀袋等现象，防止好氧性微生物生长繁殖，减轻罐内壁的氧化腐蚀，以及防止和减轻营养素的破坏及色、香、味成分的不良变化，通常密封包装前需进行排气处理。排气的方法有热灌装法、加热排气法、喷蒸汽排气法和真空排气法，其中前三种方法又合称为热力排气法。这些方法各有优缺点，应根据物料特性、工艺与实际生产的需求合理选择。软罐头常采用真空排气法，即直接用真空封口机实现抽真空和密封。

（4）密封

① 金属罐密封。在封口机械的作用下，罐盖和罐身的边沿分别形成罐盖钩和罐身钩，并相互钩合贴紧，形成的卷边结构称为"二重卷边"（图7-1）。二重卷边和附着于罐盖钩中的密封胶共同保证了罐体的密封。从罐密封性的角度考虑，叠接率、紧密度一般要求大于50%。

② 复合薄膜袋密封。复合薄膜袋分为带有铝箔的不透明蒸煮袋和不带铝箔的透明蒸煮袋，可根据需要选用。复合薄膜袋的封口采用热熔密封原理，通过电加热、加压和冷却，使塑料薄膜之间熔融粘接而密封，加热方式有电热式和脉冲式。复合薄膜袋的密封设备主要有台式、单室、双室、带式真空封口机和自动充填式真空封袋机等形式。

（5）杀菌

① 杀菌公式。杀菌公式是杀菌过程中针对具体产品确定的操作参数，规定了杀菌的时间、温度和压力。每个品种和包装规格的食品都有对应的杀菌公式，同一品种的产品净重、罐型发生变化，其杀菌公式也会随之变化。杀菌公式如下：

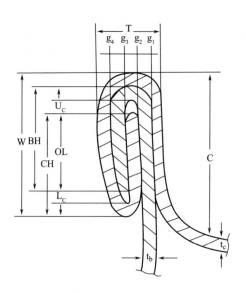

图7-1　二重卷边结构

T—卷边厚度；$g_1 \sim g_4$—卷边厚度空隙；W—卷边宽度；C—埋头度；BH—身钩宽度；
CH—盖钩宽度；t_c—罐盖板材厚度；t_b—罐身板材厚度；U_C—上部空隙；
L_C—下部空隙；OL—叠接长度

$$\frac{t_1 - t_2 - t_3}{T}P$$

式中　t_1——升温时间，即杀菌锅内加热介质由环境温度升到规
定的杀菌温度T所需的时间；

t_2——恒温时间，即杀菌锅内加热介质温度达到T后维持
的时间；

t_3——冷却时间，即杀菌加热介质温度由T降到出罐温度
所需时间；

T——杀菌操作温度，即规定的杀菌锅温度；

P——反压，即加热杀菌或冷却过程中杀菌锅内需要施加
的压力。

②杀菌方式。根据食品原料的性质以及预期的储藏条件不同，
通常可以将罐头食品的杀菌方式分为常压杀菌和高压杀菌两种。

a.常压杀菌：通常选用间歇式的常压水浴杀菌设备或连续

式的常压连续杀菌机，杀菌温度不超过100℃，适用于酸性食品的杀菌。另外，对于采用低温冷藏方式储藏的低酸性食品也可以采用该方法杀菌，以延长产品的货架期。

b. 高压杀菌：在密闭的杀菌锅（卧式或立式）或连续化高压杀菌设备里用高压的蒸汽或过热水对低酸性食品进行杀菌，杀菌温度一般为108 ～ 121℃。

c. 其他杀菌方式：有辐照杀菌、微波杀菌、电阻杀菌等。

（6）冷却　达到杀菌时间后，罐头应迅速冷却。常用的冷却方法有：水池冷却、杀菌锅（机）内常压冷却、锅内加压冷却和空气冷却。通常为了避免嗜热菌的生长繁殖，防止高温环境中食品品质的下降，首先考虑利用余热使罐表面水分蒸发，防止生锈。冷却终点控制在罐温为38 ～ 40℃。高压蒸汽杀菌一般都采用反压冷却。冷却用水必须经过消毒处理，一般采用氯消毒。要求排水口处的水中游离氯含量在1 ～ 3毫克/千克，则正常条件下的加氯量为5 ～ 8毫克/千克。

（7）检查　经冷却后的罐头只有在经过一系列的检查（如外观检查、保温检查、敲检、真空度检查、开罐检查）后，才能成为合格的产品，进入贴标、装箱、入成品库工序，并进入运输、销售环节。

① 外观检查。目测检查外观是否正常，保证封口完好；检查两端是否内凹，保证罐内真空度。外观检查常在进、出保温库时进行。

② 保温检查。将罐头在微生物的最适生长环境下放置足够的时间，观察罐头有无胀罐和真空度下降等现象，借以判别杀菌是否充分，确保食品安全，具体操作步骤参见《食品安全国家标准　食品微生物学检验　商业无菌检验》（GB 4789.26—2013）。

③ 敲检。用小棒敲击罐头，根据声音的清与浊来判断罐头是否发生质变。清（声音正常）：罐头真空度高，质量一般无变化。浊（声音异常）：罐头真空度下降，有腐败菌生长、产气，

或因卷边不好，容器漏气。对于平盖酸败，该法无效果。需要经开罐抽检来确定质量。敲检一般安排在出保温库时进行。

④ 真空度检查。用真空计抽检罐头的真空度，看是否处于正常范围。

⑤ 开罐检查。主要检查净重、固形物、色、香、味、形、质构、微生物指标和化学指标等。

2. 罐藏食品发生腐败变质的现象及原因

（1）腐败变质现象

① 胀罐（胖听） 有假胀、氢胀、细菌性胀罐。假胀，可能是食品装太满，或真空度太低。氢胀，可能是罐内食品酸度高，罐内壁严重腐蚀并产生氢气，因此需要经过一段时间才会出现胀罐现象。细菌性胀罐，可能是微生物在罐内生长使内容物腐败，产酸产气，出现胀罐现象，这是实际生产中最常见的胀罐现象，也是最危险的一种。导致细菌性胀罐常见的菌种有嗜热脂肪芽孢杆菌、肉毒梭状芽孢杆菌、生芽孢梭状芽孢杆菌、巴氏固氮梭状芽孢杆菌和酪酸梭状芽孢杆菌等。

② 平盖酸败 罐内残存的微生物在生长过程中只产酸不产气，因此内容物的酸度增加，但罐的外观并无变化。

③ 硫化变黑 在微生物的作用下，含硫蛋白质分解产生硫化氢，并与罐内壁的铁反应，生成硫化亚铁黑色物质沉积在食品上。主要有致黑梭状芽孢杆菌。

④ 霉变 因正常情况下罐头是密封的，霉菌不可能生长，只有当容器有损坏时才可能长霉。但实际生产中可能因为原料不新鲜或没有及时加工，食品物料在密封杀菌前即已长霉，此时可镜检发现残存的霉菌菌丝体。

（2）腐败变质的原因

① 初期腐败 封口后由于等待杀菌的时间过长，罐内微生物的生长繁殖使得内容物腐败变质，杀菌后可呈轻胀状，经过取样培养不能检出活菌，但镜检可见大量的残菌体。初期腐败

可因罐内真空度下降而使容器在杀菌过程中变形甚至裂漏。所以，要科学地安排生产，避免长时间推迟杀菌时间。

② 杀菌不足　如果热杀菌没能杀灭在正常储运条件下可以生长的微生物，则会出现腐败变质。在这种情况下检测分离得到的腐败菌种较为单一，也较耐热。造成杀菌不足的原因，一是未正确地制定该产品该容器的杀菌公式，二是因机械设备或操作人员的问题未能严格执行这个杀菌公式。杀菌不足可能使有害微生物（如肉毒杆菌）生长，对消费者的身体健康非常危险。

③ 杀菌后污染　俗称裂漏，在冷却过程中及以后从外界再侵入的微生物会很快地在容器内繁殖与生长，并造成胀罐（有时无胀罐现象）。对由裂漏引发腐败的罐头进行微生物检验，就会发现生长的微生物种类很杂，尤其是有不耐热微生物的存在或需氧微生物（如霉菌）的存在。这与卷边的质量、杀菌时罐内外的压差以及冷却用水的卫生质量有关。

④ 嗜热菌生长　土壤中的某些芽孢杆菌可以在很高的温度范围内生长，甚至有的经过121℃、60分钟的杀菌还能存活。因此，若罐内污染有嗜热菌，则一般的杀菌处理很难将它们全部杀灭。嗜热菌虽然可使内容物腐败变质而失去食用价值，但不会产生对人体有害的毒素。解决的方法，一是注意控制原料的污染，如青豆、玉米等主要原料和砂糖、淀粉、香辛料等辅料，应分别仔细地加以处理；二是罐头杀菌后应立即冷却到40℃以下，并在不超过35℃的条件中储运，因为嗜热菌的适宜生长温度范围在50～66℃（有些是在38～50℃），较低的温度可以有效抑制它们的生长。

3. 主要的水产罐头类别

常见的水产罐头种类主要有清蒸、调味、茄汁、油浸等。

（1）清蒸类水产罐头　将处理好的水产原料经预煮脱水（或在柠檬水中浸渍）后装罐，加入精盐、味精而制成的罐头产品称为清蒸类水产罐头，又称原汁水产罐头。此类罐头保持了原料特有的风味和色泽。

（2）调味类水产罐头　调味类水产罐头是将处理好的原料盐渍脱水（或油炸）后装罐并加入调味料制成的罐头。其按烹调方法不同，可分为红烧、茄汁、葱烧、油炸、五香、豆豉、酱油等类别，产品具有独特的风味。

（3）茄汁类水产罐头　茄汁类水产罐头实际上是一种风味独特的调味罐头，其调味品主要是番茄酱。因此类罐头产量大，故单独列为一大类。

（4）油浸类水产罐头　采用油浸调味是鱼类罐头所特有的加工方法，注入罐内的调味汁是精制植物油及其他简单的调味料（如糖、盐等）。可以将生鱼肉装罐后直接加注精制植物油，或将生鱼肉装罐经蒸煮脱水后加注精制植物油，也可以将生鱼肉经预煮后装罐再加注精制植物油或是将生鱼肉经油炸后再装罐加注精制植物油。这种方法制成的鱼类罐头称为油浸鱼类罐头。

二、鮰鱼罐头加工工艺

1. 香辣豆豉鮰鱼罐头

（1）工艺流程

配制调味料→鮰鱼预处理→脱腥、腌制→清洗→干燥→油炸→装袋→真空封口→杀菌、冷却→成品。

（2）操作要点

①配制调味料　称取70克豆豉、35克辣椒、5克植物油混匀，待用。

②鮰鱼预处理　将斑点叉尾鮰去头、去尾、去内脏，清洗，均匀分割成4厘米×3厘米×1.5厘米大小的鱼块，共约500克。

③脱腥、腌制　配制混合脱腥剂1500克：称取30克红茶，在室温下用1050克沸水泡制0.5小时，待冷却后加入75克食盐、

30克碳酸氢钠、30克料酒，用冷水补足至1500克。将500克分割好的鱼块放入1500克混合脱腥剂中，4～10℃下脱腥2小时。

④ 清洗　流水冲鱼块表面盐分3～5分钟。

⑤ 干燥　清洗后沥干，鼓风干燥，干燥温度为50～60℃，干燥2～3小时，至鱼块含水率为65%～70%。

⑥ 油炸　采用二次油炸工艺，先将预干燥的鱼块放入120～140℃油中炸3～5分钟，然后再放入180～200℃油中炸2～3分钟，油炸至鱼块表面为金黄色，鱼块含水率为45%～55%，捞起沥干油，冷却。

⑦ 装袋　油炸鱼块与配制好的调味料按照质量比5∶1的比例混合装入复合蒸煮袋中，每袋装150克左右。

⑧ 真空封口　将装好料的复合蒸煮袋置于真空封口机中封口，真空度≥0.09兆帕。

⑨ 杀菌、冷却　对真空封口后的产品进行杀菌，杀菌条件为15分钟-20分钟-20分钟/121℃，反压冷却，反压0.12兆帕，冷却至40℃以下。

2. 茄汁鮰鱼罐头

（1）工艺流程

调味料的配制→鮰鱼预处理→脱腥、腌制→清洗→干燥→油炸→装罐→排气及密封→杀菌、冷却→成品。

（2）操作要点

① 茄汁调味料　称取80克番茄酱、8克白糖、0.4克味精、18克水混匀，待用。

② 鮰鱼预处理　将斑点叉尾鮰去头、去尾、去内脏，清洗，均匀分割成4厘米×3厘米×1.5厘米大小的鱼块，共约500克。

③ 脱腥、腌制　配制混合脱腥剂1500克：称取30克红茶，在室温下用1050克沸水泡制0.5小时，待冷却后加入75克食盐、30克碳酸氢钠、30克料酒，用冷水补足至1500克。将500克分割好的鱼块放入1500克混合脱腥剂中脱腥，温度4～10℃，脱

215

腥2小时。

④ 清洗　流水冲鱼块表面盐分3～5分钟。

⑤ 干燥　清洗后沥干，鼓风干燥，干燥温度为50～60℃，时间2～3小时，至含水率为65%～70%。

⑥ 油炸　将预干燥的鱼块放入4500克温度为120～140℃油中油炸3～5分钟，立即捞出放入温度为180～200℃油中油炸2～3分钟，油炸至鱼块表面为金黄色，含水率为45%～55%，捞起沥干，冷却。

⑦ 装罐　鱼块排列整齐，添加茄汁时要经常搅拌茄汁，防止汁油分离，每罐加入汤汁量以密封后稍高于规定净重为宜，鱼块和汤汁质量比约为3.5∶1。

⑧ 排气及密封　排气密封时中心温度70℃以上。抽气密封时真空度0.05兆帕左右。

⑨ 杀菌、冷却　物料净重256～397克灭菌采用15分钟-80分钟/115℃；物料净重198克灭菌采用15分钟-65分钟/115℃，反压冷却，反压0.12兆帕。

3. 油浸鲴鱼罐头

（1）工艺流程

鲴鱼预处理→蒸煮→冷却→修整切断→装罐→杀菌、冷却→清洗、擦罐→贴标、喷码→成品。

（2）操作要点

① 鲴鱼预处理　鲜鱼切除头部和内脏，冻鱼先解冻后去头和内脏，然后清洗，切成2千克左右大小。

② 蒸煮　将鱼块排列于铺有竹帘的铁篮，送入蒸煮器，100℃加热30分钟。

③ 冷却　蒸煮后的鱼块放冷至室温，使肉体紧密而易修整，放冷时间一般为7小时，放冷时场所须注意清洁。

④ 修整切断　将鱼体沿着背中线纵切成两半，去除中骨，同时去除皮鳞，将背部肉及腹部肉分开，再精修，去除血、肉、

皮、小骨、伤痕等，切成3厘米左右见方的鱼块。

⑤ 装罐　装鱼肉块150克加优质油35克、精制盐2克，真空封口，真空度0.05兆帕。

⑥ 杀菌、冷却　将罐头放入杀菌锅杀菌，杀菌条件15分钟-60分钟-20分钟/116℃，反压冷却，反压0.12兆帕。

⑦ 清洗、擦罐　由实罐清洗机组完成实罐的清洗与擦罐。

⑧ 贴标、喷码　经贴标、打码、装箱，即得成品。

4. 即食麻辣鲴鱼条

（1）工艺流程

鲴鱼预处理→切条→腌制→干燥→调味→烘烤→真空包装→杀菌、冷却→成品。

（2）操作要点

① 鲴鱼预处理　斑点叉尾鲴经清洗、放血、开片和去皮后得到鱼肉，清洗后沥去浮水备用。

② 切条　将鱼肉切成大小为5厘米×1厘米×1厘米的条状备用。

③ 腌制　在鱼条中加入食盐、白酒、白胡椒、生姜，充分混合均匀。

④ 干燥　将腌制好的鱼条沥去腌料水后均匀平摊在不锈钢筛网上，在60℃烘箱中烘2小时。

⑤ 调味　鱼条从烘箱中取出时要趁热加入调味料并充分拌匀。

⑥ 烘烤　将调味好的鱼条均匀平摊在不锈钢筛网上，160℃条件下烘烤10分钟。

⑦ 真空包装　将烘烤结束的鱼条定量装入包装袋中，真空包装。

⑧ 杀菌、冷却　将包装好的鱼条放入杀菌锅杀菌，115～121℃下杀菌，反压冷却，使产品达到商业无菌，具体杀菌工艺根据包装的大小而定。杀菌后立即冷却，除去外包装表

面上的浮水，经打码、装箱，即得成品。

5. 即食风味鮰鱼片

（1）工艺流程

配制漂洗液、调味料液→原料鱼预处理→干燥→调味→真空包装→杀菌、冷却→成品。

（2）操作要点

① 配制漂洗液　水100千克、食盐5千克、白酒1千克和白醋1千克溶解搅匀，待用。

调味料液：水100千克、食盐10千克、大葱8千克、八角茴香3千克、桂皮4千克、花椒2千克、丁香2千克、肉豆蔻2千克和月桂叶2千克共同煮沸，4小时后冷却过滤，待用。

② 原料鱼预处理　选取鲜活斑点叉尾鮰去皮骨切成片，在10～15℃的漂洗液中漂洗20～45分钟，鱼片经漂洗液漂洗后能较好地脱腥，再用流动的清水漂洗5～10分钟，沥去水分后放入40～65℃的调味料液中浸泡1.5～3.0小时，以使调味料液渗透到鱼片内层，再沥去水分得备用鱼料。

③ 干燥　将备用鱼料放入真空干燥机中，在40～45℃下干燥至鱼片含水率为25%～45%，自然冷却，得到备用鱼片。

④ 调味　将菜籽调和油10千克加热至120～140℃，加入1.2千克辣椒粉、0.25千克姜粉、1千克孜然粉、0.6千克小茴香籽炒制5～10秒，加入100千克备用鱼片、4千克酱油、2千克料酒，翻炒30～45秒，再加入1.0千克味精和已经炒熟的白芝麻4千克，继续翻炒使鱼片和配料混合均匀得鮰鱼片熟品。

⑤ 真空包装　将烘烤结束的鱼条定量装入包装袋，真空包装。

⑥ 杀菌、冷却　将真空包装好的产品115～121℃下杀菌，反压冷却，使产品达到商业无菌。具体杀菌工艺根据包装的大小而定。

6. 即食鮰鱼头

（1）工艺流程

鮰鱼头预处理→腌制→干燥→油炸→真空包装→灭菌、冷却→成品。

（2）操作要点

① 鮰鱼头预处理　将鮰鱼头进行清洗，除去鱼鳃、鱼血等杂质，沥干水分备用。

② 腌制　将处理过的鱼头按鱼头和腌制料100∶8的质量比混匀，置于4℃冷库中腌制5小时，每30分钟翻动一次以入味均匀。

腌制料组成：以质量份计，食盐6份、白砂糖4份、花椒粉1份、辣椒粉1.5份、孜然粉0.2份、生姜粉0.2份、蒜粉0.2份、丁香粉0.1份、香菜籽粉0.05份、麻辣香精0.02份、味精0.4份、白酒0.5份、蚝汁0.3份、蜂蜜0.3份，混匀。

③ 干燥　将腌制好的鱼头沥去多余腌制料液，置于55～60℃的热风干燥机中，干燥35分钟。

④ 油炸　将干燥好的鱼头置油锅中150℃下油炸50秒，捞起，沥去表面浮油。

⑤ 真空包装　将油炸后的鱼头装入铝箔袋中，真空包装。

⑥ 杀菌、冷却　将包装好的鱼头置于杀菌锅中，于115～121℃下杀菌，达到商业无菌，杀菌结束后冷却到35℃以下。

7. 调味鮰鱼唇罐头

（1）工艺流程

鮰鱼唇预处理→腌制→干燥→真空包装→杀菌、冷却→成品。

（2）操作要点

① 预处理　将鮰鱼唇进行清洗，除去鱼血等杂质，沥干水

分备用。

②腌制 按鱼唇和腌料100∶8的质量比称重，拌匀，在4℃冷库中腌制6小时。其中，腌料按质量份数配比，为食盐5份、白砂糖2份、辣椒粉2份、花椒粉1份、生姜粉0.4份、香菜籽粉0.1份、黑胡椒粉0.05份、葱粉0.1份、酵母提取物0.4份、郫县豆瓣酱0.4份、维生素C 0.05份、白酒0.5份、香醋0.2份。

③干燥 采用低温真空干燥，将鱼唇沥去多余腌料液，置于低温真空干燥机中，45℃保持40分钟。

④真空包装 将干燥处理后的鱼唇装入铝箔袋中，真空包装。

⑤杀菌、冷却 将包装好的鱼唇产品置于杀菌锅中，于115～121℃下杀菌，达到商业无菌，杀菌结束后冷却到35℃以下。

8. 斑点叉尾鮰鱼子棒

（1）工艺流程

原料处理→调味→蒸熟→成型→包装→杀菌→成品。

（2）操作要点

①原料处理 将冷冻鱼子放入2.5%的盐水中解冻，鱼子与盐水比为1∶4，将解冻后的鱼子放入8.5%的盐水中浸泡3小时，去除囊衣后裹入纱布袋于8℃的清水中漂洗15分钟，取出后沥干作为备用料。

②调味 向备用料中加入备用料重量的30%的调味料液，于4℃的温度下放置8小时，每0.5小时搅拌一次，再加入备用料重量的3%的调味辅料，搅拌均匀即可。

调味料液的组成：以质量份数计，水65份、食盐10份、酱油10份、料酒10份、味精5份。调味辅料组成：以质量份数计，菜籽调和油50份、辣椒粉20份、花椒粉10份、姜粉6份、八角粉4份、丁香粉5份、肉桂粉5份；具体做法为：将调和油加热至120℃时加入辣椒粉、花椒粉、姜粉、八角粉、丁香粉和肉桂粉共同炒至散发香味制得调味辅料。

③ 蒸熟　将调味备用料用蒸汽蒸制3小时得熟料。

④ 成型　向熟料中加入熟料质量20%的黏合剂，搅拌均匀，经成型机挤压成梭棒状成品。其中，黏合剂的配方以质量份计，80℃的热水50份、大豆蛋白粉20份、淀粉20份和卡拉胶10份，混合均匀。

⑤ 包装　将成型后的产品真空包装。

⑥ 杀菌　将包装好的产品115～121℃杀菌，达到商业无菌。

9. 鮰鱼香菇调味酱

（1）工艺流程

原辅料预处理→油炸→炒制→灌装→杀菌→检验→成品。

（2）操作要点

① 原辅料预处理　鮰鱼碎肉必须是加工合格斑点叉尾鮰产生的，除去鱼刺、鱼肠等杂物，清洗干净后切成2厘米见方的小块。将250克鱼肉洗净、沥干后加入5克食盐进行腌制，先常温腌制30分钟，然后在1～4℃下冷藏24小时以上，备用。干香菇用冷水泡发柔软后搓洗，除去杂质，用清水洗净，取200克切成1厘米见方的小丁，沥干水分，备用。将30克姜、20克蒜切成2毫米大小。70克干红辣椒、60克花椒、2克八角、2克肉桂、1克丁香、1克白芷、2克桂皮等用文火炒香，用粉碎机打成粉末状，备用。白芝麻用中火炒香，备用。将装酱的空瓶清洗后消毒，备用。

② 油炸　将植物油加热到140～150℃后加入腌制过并冷藏过的鮰鱼肉，炸至金黄色后捞起备用。

③ 炒制　分时段加入香料、鱼肉、配料、调味料炒制，在炒锅中倒入400克植物油，待油温升至160℃时，向锅中加入处理好的香菇，翻炒3分钟，再加入100克豆豉，翻炒2分钟。加入处理后的辣椒、花椒、八角、肉桂、丁香、白芷、桂皮粉，

翻炒均匀后加入30克辣椒酱、40克酱油炒20秒；然后加入油炸后的鱼肉，关火翻炒；最后加入姜末、蒜末、35克白砂糖、10克味精、白芝麻、20克料酒，搅拌均匀准备出锅。在炒制过程中每加入一种料，都应不断翻搅，使各种原辅料充分混合均匀，防止煳底。

④ 灌装　将炒制好的酱趁热装入预先准备好的瓶中，盖上瓶盖，加热排气5分钟后旋紧瓶盖。

⑤ 杀菌　置杀菌锅中，杀菌条件为15分钟-15分钟-10分钟/100℃，冷却至40℃以下。

⑥ 检验　冷却后，检查瓶身有无裂纹、瓶盖是否封严，不得有油渗出。

第三节

斑点叉尾鮰干制品加工

一、水产干制品概述

1. 干制储藏的基本原理

干燥就是在自然条件或人工条件下促使食品中水分蒸发的工艺过程。对于包括水产品在内的许多食品来说，都可以通过干燥的手段脱除其部分水分。自古以来，干燥一直是储藏食品的有效手段之一。脱水就是在人工控制的条件下促使食品水分蒸发的工艺过程，水产品干制加工就是指水产品原料直接或经过盐渍、预煮后在自然或人工条件下干燥脱水的过程，通过干制加工除去食品中的微生物生长、发育所必需的水分，抑制原料中各种酶的活性，防止食品变质，从而使其长期保存。自然干燥法主要是日光干燥法。人工干燥法的种类很多，用于水产品干制的主要有热风干燥、冷风干燥、冷冻干燥、远红外干燥等。

大多数食品的腐败变质主要是由微生物的作用引起的，而微生物的生长与繁殖必须有充足的水分，因为微生物从外界摄取营养物质并向外界排泄代谢物质都需要水作为溶剂或媒介。但是除去食品中大部分的水分并不能阻止微生物的生长，故水分含量不是表示体系中微生物能否生长繁殖的最佳指标。食品所含的水分有结合水分和游离（或自由）水分，但只有游离水分才能被微生物、酶和化学反应所利用，此即有效水分，可用水分活度（a_w）加以衡量。

不同类群微生物能够生长繁殖的最低水分活度的范围是不同的，大多数细菌能够生长繁殖的最低水分活度为0.94～0.99，大多数霉菌为0.80～0.94，大多数耐盐细菌为0.75，耐干燥霉菌和耐高渗透压酵母为0.60～0.65。水分活度<0.6时，绝大多数微生物就无法生长。因此，有效控制水分活度，就能有针对性地抑制微生物的生长，延长食品货架期。

在许多以酶为催化剂的酶促反应中，水除了作为反应物外，还能作为底物和酶之间的输送介质，并通过水化作用使酶和底物活化。水分减少时，酶的活性也下降，然而酶和基质却同时增浓，反应速率也随之增大。因此，在低水分干制品中，特别在产品吸湿后，酶仍会缓慢活动，从而引起干制品品质劣化。当水分活度<0.8时，大多数酶的活性受到抑制，若水分活度降到0.25～0.30，则食品中的淀粉酶、多酚氧化酶和过氧化物酶就会受到强烈的抑制甚至失活；水分活度降至0.3时，可阻止脂类氧化，使氧化速率变得最小；当水分活度<0.1时，脂肪酶活性反而增大，脂类氧化反应很迅速。酶在湿热条件下处理时易于钝化，为了控制干制品中酶的活动，有必要在干制前对原料进行湿热或化学钝化处理。

2. 水产干制品的分类

水产干制品的品种很多，但大多可分为淡干品、盐干品、煮干品和调味干制品这四种。

（1）淡干品　淡干品又称生干品，是指将原料水洗后，不经盐渍或煮熟处理而直接干燥的制品，其原料通常是一些体形小、肉质薄、易于迅速干燥的水产品，如鱿鱼、墨鱼、章鱼、鱼卵、鱼肚、海参、海带、虾片等。生干品由于原料组织的成分、结构和性质变化较少，故复水性较好；另外，原料组织中的水溶性物质流失少，能保持原有品种的良好风味。但是，由于生干品没有经过盐渍和煮熟处理，干燥前原料的水分较多，在干燥的过程中容易腐败，并且在储藏过程中，可能会因酶的作用，易引起色泽和风味的变化。

（2）盐干品　盐干品是经过腌渍、漂洗再行干燥的制品。多用于不宜进行生干和煮干的大中型鱼类和不能及时进行生干和煮干的小杂鱼等的加工，如盐干带鱼、黄鱼鲞、鳗鱼鲞等。

（3）煮干品　煮干品又称熟干品，是由新鲜原料经煮熟后进行干燥的制品。经过加热使原料肌肉蛋白质凝固脱水、肌肉组织收缩疏松，从而使水分在干燥过程中加速扩散，避免变质。在南方渔区干制加工中占有重要地位。制品具有较好的味道、色泽，食用方便，能较长时间地储藏，如鱼干、虾皮、虾米、海蛎干、鱼翅等。

（4）调味干制品　调味干制品是原料经处理、调味料拌和或浸渍后干燥，或先将原料干燥至半干后浸调味料再干燥的制品。其特点是水分活度低，耐储藏，且风味、口感良好，可直接食用。调味干制品的原料一般可用低脂鱼类和海产软体动物，如马面鲀、鱿鱼、海带、紫菜等。主要制品有烤鱼片、鱿鱼丝、五香鱼脯、珍味烤鱼、香甜鱿（墨）鱼干、鱼松、调味海带、调味紫菜等。

3. 常见的干燥技术

食品的干制方法，可分为自然干燥和人工干燥两大类。

（1）自然干燥　自然干燥是利用太阳辐射热和风力，对物料进行干燥的一种方法。自然干燥又分为晒干和风干。自然干燥是人类长期采用的一种方法，其特点是方法简便，设备简单，节约能耗，生产费用低，可就地加工。但自然干燥易受气候条件的限制，存在不少难以控制的因素（如温度和风速等），从而难以获得高品质和质量稳定的产品。同时，自然干燥需要有大面积晒场和大量的劳动力，劳动生产率极低；且易遭受灰尘、杂质、虫害等污染，以及鸟类、啮齿类动物的侵袭，既不卫生，又有损耗。此外，由于紫外线的作用会促进脂肪氧化，因此脂质含量较高的水产品不宜晒干，且自然干燥对维生素的破坏比较大。目前，为了更好地利用太阳能资源，已出现了自然干燥与人工干燥结合的干燥方法。本章仅就水产品加工中常用的几种干燥方法进行简单介绍。

（2）人工干燥　人工干燥方法很多，主要有空气对流干燥、真空干燥、冷冻干燥、微波干燥等方法。生鲜鱼类水分含量为75%～90%，其中有10%～20%是难以干燥的结合水。由于其肌肉组织的非均一性，加之受到脂肪、浸出物以及皮等影响，而成为复杂的干燥对象。

① 空气对流干燥法　空气对流干燥法是以空气作为干燥介质的干燥方法，通常是以干燥的热空气为介质，热空气在传递热量的同时带走蒸发的水分。物料对温度比较敏感的情况下也会采用冷风干燥。常见的空气对流干燥方法有厢式、隧道式、带式、气流式、流化床和喷雾干燥等，可以根据物料的特性合理选择。如用于鱼块等干燥的通常是厢式（间歇式）、隧道式或带式等，而提取的鱼蛋白、肽液等的干燥则选用喷雾干燥比较合适。

② 真空干燥法　真空干燥过程就是将被干燥鱼体放置在密

闭的干燥室内，用真空系统抽真空的同时对被干燥鱼体不断加热，使其内部的水分通过压力差或浓度差扩散到表面，水分子在表面获得足够的动能从而克服分子间的吸引力，逃逸到真空室的低压空气中，被真空泵抽走的过程。真空干燥技术干燥温度低，可以避免过热；水分容易蒸发，干燥速度快；同时，可使鱼体形成一定的膨化多孔组织，产品溶解性、复水性、色泽和口感都较好。目前，真空干燥技术已应用于罗非鱼片、南美白对虾等水产品的干燥。

③ 冷冻干燥法　冷冻干燥法是利用冰晶升华的原理，在高真空环境下，将已冻结的食品物料的水分不经过冰的融化直接从固态升华成蒸汽而使食品干制的方法。由于食品物料在低压和低温下，对热敏成分影响小，可以最大限度地保持食品原有的色、香、味，现已用于虾仁、干贝、海参、鱿鱼、甲鱼和海蜇等干制品的加工。但冷冻干燥由于设备昂贵、工艺周期长、操作费用高，更适合于经济价值高的鱼或水产品的干燥。同时，为降低操作费用，还可以将冷冻干燥与其他干燥方法如热风干燥法、微波干燥法等组合起来，既能使产品有令消费者满意的感官品质，又可获得较好的经济效益。

④ 微波干燥法　就是利用食品水分子（偶极子）在迅速交替改变的电场中运动摩擦产生热量，使水分蒸发。微波是波长在 1～1000 毫米，频率为 300～300000 兆赫兹，具有一定穿透性的电磁波。微波与物料直接作用，将高频率电磁波转化为热能，可使食品物料内外同时加热，具有加热速度快、加热均匀、选择性好、干燥时间短、便于控制和能源利用率高等优点；能够较好地保持物料的色、香、味和营养价值；在干燥的同时兼有杀菌作用；有利于延长食品的保质期。其缺点是，微波分布不均，容易出现食品边缘或尖角部分焦化以及由于过热引起的烧焦现象，且其干燥终点不易判别，容易干燥过度；此外，微波干燥的传质速率不易控制，容易破坏食品的微观结构；等等。因此，微波干燥的发展趋势是采用微波与真空干燥、热风干燥

或热泵干燥等相结合的联合干燥方法。目前，微波干燥已被应用于白鲢制品、鳙鱼片、海带等产品的干燥。

⑤ 联合干燥法　由于各种干燥技术既有各自的优点，又有各自的局限性。因此，在不断完善各种干燥技术、干燥方法和设备的同时，根据物料的特点，选择两种或两种以上的干燥方法优势互补，分阶段或同时进行联合干燥已经成为水产品干燥技术发展的新趋势。这种干燥方法被称为联合干燥或组合干燥，它不仅可以改善产品质量，同时又能提高干燥速率、节约能源，对热敏性物料最为适用。在水产品加工中主要的联合方式有热泵-微波真空联合干燥、热风-微波联合干燥、微波-真空冷冻联合干燥、热泵-热风联合干燥等。但是由于水产品种类繁多，不同种类组织状态相差很大，因此组合干燥工艺并非固定不变，工艺参数及干燥转换点的确定、干燥过程的数学模型与工程化问题还需要大量的实践工作。

二、鮰鱼干制品加工工艺

1. 烤鮰鱼片

（1）工艺流程

原料验收→清洗、预处理→剖片、去皮→漂洗→沥水→调味→摊片→烘干→烤熟、拉松→包装→成品。

（2）参考配方

鮰鱼片100千克，砂糖6千克，精制食盐1.6～1.8千克，味精1.2～1.3千克，山梨糖醇1.1～1.2千克。

（3）操作要点

① 原料验收　原料选用新鲜或解冻的鱼。

② 清洗、预处理　原料用清水清洗干净，然后用刀沿鳃线去头，摘除内脏，并刮去黑膜、瘀血，清洗干净备用。

③ 剖片、去皮　清洗后用刀紧贴脊骨切下鱼体两侧的净鱼肉备用。切好的鱼片有一面带有鱼皮，送入去皮机去皮。

④ 漂洗　用洗鱼车装好鱼片，送入漂洗池，用气泵翻动池内水，漂洗1小时左右，以除去鱼肉中的腥味。漂洗水温20～25℃。

⑤ 沥水　将鱼片整齐摆放在有网眼的筛盘内，控干到不滴水为宜，及时送到下一道工序进行调味。

⑥ 调味　沥干水的鱼片称量后按比例加入调料。充分混合，每隔20分钟翻拌一次，大约1.5小时，使调味料充分渗入鱼肉中，尽量保持温度在10℃以下。

⑦ 摊片　调味后的鱼肉再翻动一次，重新摊在烘车内，摊片均匀美观整齐，尽量少留间隙，多摊鱼片。摊片适宜全部横摊，厚度要合适均匀。

⑧ 烘干　将装好鱼片的烘车及时推入烘道（烘箱），烘道初温38℃，逐步升温。待鱼半干（约6小时）后推出烘道外吸潮，待鱼片水分均匀后，再推入烘道，温度控制在40～45℃，烘干约10小时。

⑨ 烤熟、拉松　将鱼片烘干后送入140℃烘烤机烘烤5～8分钟，然后趁热碾压拉松，压片要保证质量，然后用风扇吹冷。

⑩ 包装　将碾压拉松后的烤鱼片剔除焦片、生片、煳片，按要求装成不同的小包装。

（4）质量指标与参考标准

① 感官指标　烤鱼片产品具有本产品固有的色泽，色泽均匀，具有本产品固有的形态，形态完好，肉质疏松，有嚼劲，无僵片，味道鲜美，咸甜适宜，具有烤鱼特有香味，无异味，无外表杂质。

② 理化指标　根据《烤鱼片》（SC/T 3302—2010）规定，水分≤22%，盐分（以NaCl计）≤6%，亚硫酸盐（以SO_2计）≤30毫克/千克。

③ 微生物指标　菌落总数≤30000 cfu/克，大肠菌群≤30MPN/100克，致病菌不得检出。

④ 操作规范参考标准　《食品安全管理体系　水产品加工企

业要求》（GB/T 27304—2008），《食品安全国家标准 水产制品生产卫生规范》（GB 20941—2016）和《水产品加工质量管理规范》（SC/T 3009—1999）。

⑤ 产品质量参考标准 《烤鱼片》（SC/T 3302—2010）。

2. 即食休闲鲴鱼片

（1）工艺流程

原料鱼暂养→预处理→腌制→蒸煮→干燥→包装→成品。

（2）操作要点

① 原料鱼暂养 将新鲜的斑点叉尾鲴放在水池中暂养2天，去除死鱼及身体状况不佳的鱼。

② 预处理 将斑点叉尾鲴宰杀、去皮、去骨、去内脏，然后切成3厘米×2厘米×0.5厘米的薄片，清洗备用。

③ 腌制 将清洗过的鱼片放入腌制调味液中腌制2小时，料液比为1∶3。腌制调味液制作方法为：添加30克的食用油于锅中烧热，加入葱6克、姜6克、蒜6克、干辣椒0.8克，煸炒15秒，倒入1000毫升水，加入16克十三香，加热煮沸，保持微沸5分钟，然后加入食盐10克、白砂糖45克、鸡精6克、味精8克、生抽8克，汤汁冷却过滤后备用。

④ 蒸煮 将腌制过的鱼片摆盘放入蒸锅中蒸煮3～5分钟，至刚好蒸熟，然后冷却。

⑤ 干燥 将冷却后的鱼片真空干燥或冷冻干燥，得到酥脆的鲴鱼片产品。

⑥ 包装 将干燥后的鱼片充氮气包装。

（3）质量指标与参考标准

① 感官指标 具有本产品应有的色泽，质地酥脆且保持其原有形状，无异味、无杂质。

② 理化指标 盐分≤6%，过氧化值（以脂肪计）≤0.60克/100克，酸价（以脂肪计）（氢氧化钾）≤130毫克/克，铅≤0.5毫克/千克。

③ 微生物指标　菌落总数≤30000cfu/克，大肠菌群≤30MPN/100克，致病菌不得检出。

④ 操作规范参考标准　《食品安全管理体系　水产品加工企业要求》（GB/T 27304—2008），《食品安全国家标准　水产制品生产卫生规范》（GB 20941—2016）和《水产品加工质量管理规范》（SC/T 3009—1999）。

⑤ 产品质量参考标准　《绿色食品　鱼类休闲食品》（NY/T 2109—2011）。

3. 即食鲴鱼排

（1）工艺流程

解冻→切段→漂洗→沥干→去腥、调味→油炸→烘干→真空包装→成品（彩图65）。

（2）操作要点

① 解冻　将冷冻鲴鱼骨在室温下解冻30分钟，用少量自来水冲洗以加速解冻。

② 切段　切分鱼骨段并保持大小一致。将解冻好的鱼骨剪去两边过长的边刺，两边各留边刺1厘米左右，沿脊椎骨切分为宽3厘米、长4厘米的长方形小段鱼骨。

③ 漂洗　将小段鱼骨放入漂洗液中浸泡，洗净上面的瘀血、腱膜、污物等。分别采用氯化钠溶液（10克/升）和氢氧化钠溶液（1克/升）作为浸泡液，浸泡3小时。

④ 沥干　将漂洗好的鱼骨小段自然晾干，直至鱼骨表面无水滴流下。

⑤ 去腥、调味　将鱼骨浸泡于去腥剂溶液中去腥，复合去腥剂红茶与氯化钙的配比为1∶1，鱼骨与去腥液的质量比为1∶10，30℃的环境下浸泡3小时。将3%辣椒、8%花椒、15%盐放入2000毫升蒸馏水中，煮沸10分钟，熬制成调味液。当调味液冷却至30℃时，放入经去腥处理的鱼骨小段，鱼骨与调味液质量比为1∶10，加入50克白酒，混匀浸泡3小时。

⑥ 油炸　向电磁炉中倒入适量食用油，将经过预处理的鱼骨放置在油温为240℃的油锅中油炸3分钟。

⑦ 烘干　将50克预处理好的鱼骨放置在70℃的烘箱中进行烘干3小时。

⑧ 真空包装　将制作好的带肉鱼骨产品装入复合塑料袋，真空封口，真空度≥0.09兆帕。

（3）质量指标与参考标准

① 感官指标　鱼骨产品色泽金黄，质地酥脆且保持其原有形状，有弹性，咀嚼感较好，附带鱼肉呈现透明感。

② 理化指标　参照《食品安全国家标准　动物性水产制品》（GB 10136—2015）规定，过氧化值（以脂肪计）≤0.60克/100克，酸价（以脂肪计）（氢氧化钾）≤130毫克/克，铅≤0.5毫克/千克。

③ 微生物指标　菌落总数≤30000 cfu/克，大肠菌群≤30MPN/100克，致病菌不得检出。

④ 操作规范参考标准　《食品安全管理体系　水产品加工企业要求》（GB/T 27304—2008），《食品安全国家标准　水产制品生产卫生规范》（GB 20941—2016）和《水产品加工质量管理规范》（SC/T 3009—1999）。

⑤ 产品质量参考标准　《绿色食品　鱼类休闲食品》（NY/T 2109—2011）。

4. 鮰鱼松加工工艺

（1）工艺流程

原料鱼预处理→脱腥→蒸煮→炒松→擦松→拣松→包装→成品。

（2）操作要点

① 原料鱼预处理　鮰鱼先水洗，除去头、尾、鳍和内脏，再用水洗去血污杂质，沥水，备用。

② 脱腥　葱、姜、蒜各2%，料酒8%，加水混匀制成脱

腥液，然后将鱼片泡入脱腥液中，加清水至没过鱼片，浸泡30～60分钟，保持10℃以下，脱腥过程中不断搅动，提高去腥效果。去腥完毕后，用清水冲洗，备用。

③ 蒸煮　将脱腥后的鱼肉放入蒸锅中，加入适量姜、盐、料酒等调味料，根据肉块大小蒸15～30分钟，至肉刚好蒸熟。

④ 炒松　将蒸好的鱼肉送入炒松机进行炒松，加入豌豆粉、盐、糖、味精等配料和调味料。事前应保证机器清洁卫生。用文火炒40～50分钟，当肉松的水分达到17%左右即可进行擦松。

⑤ 擦松　炒好后的鱼肉松立即送入滚筒式擦松机内进行擦松，据鱼肉松的情况可擦几次松。

⑥ 拣松　将擦好的鱼肉松放入盘中，去除成块、炒焦的肉松以及残留的鱼刺。

⑦ 包装　产品用塑料袋充气包装，或装入马口铁罐，检验合格后即为成品。

（3）质量指标与参考标准

① 感官指标　呈絮状，纤维柔软蓬松，无焦头；色泽均匀，呈浅黄色；味鲜美，咸甜适中，具有鱼肉松固有的香味，无异味，无其他可见杂质。

② 理化指标　参照《食品安全国家标准　动物性水产制品》（GB 10136—2015）规定，水分≤20%，氯化物（以氯化钠计）≤7%，蛋白质≥32%，脂肪≤10%，总糖（以蔗糖计）≤35%，过氧化值（以脂肪计）≤0.60克/100克，酸价（以脂肪计）（氢氧化钾）≤130毫克/克。

③ 卫生指标　符合《食品安全国家标准　熟肉制品》（GB 2726—2016）的规定。

④ 操作规范参考标准　《食品安全管理体系　水产品加工企业要求》（GB/T 27304—2008），《食品安全国家标准　水产制品生产卫生规范》（GB 20941—2016）和《水产品加工质量管理规范》（SC/T 3009—1999）。

⑤ 产品质量参考标准　《肉松》（GB/T 23968—2009）。

斑点叉尾鮰腌渍发酵和烟熏加工

一、腌渍发酵和烟熏加工技术概述

1. 腌渍与发酵加工

腌渍，又称为腌制，就是让食盐大量渗入食品组织内以达到储藏食品的目的。腌制作为储藏食品的一种方法，在历史上的应用也许比所有其他的食品储藏方法都要早。在我国用食盐腌制的历史非常悠久，《周礼》和《诗经》等古书中均有相关记载，《齐民要术》中记载了制酱、制腌菜的方法，这些经过腌制加工的食品称为腌制品。

长期以来，人类观察到微生物导致食品的自然发酵并不完全有害。在长期实践的基础上，人类逐渐学会了在有效的控制下让食品自然发酵，并向着有利于改善风味和耐储藏的方向发展，成为一种食品的储藏方法。由微生物发酵得到的产品称为发酵食品。

腌制和发酵往往在同一种食品加工中同时应用，根据用盐量、腌制过程和产品的状态，腌制品可分为发酵性腌制品和非发酵性腌制品两大类。前者有四川泡菜、酸黄瓜、豆酱、发酵火腿等，一般属于发酵食品；后者有咸鱼、咸肉、咸蛋、蜜饯、果脯等，还有盐渍藕、水果腌坯等，是半成品，不可直接食用，加工前需要用清水脱盐，是纯粹的腌制品。发酵性腌制品腌制时食盐用量较低，腌制过程中有明显的微生物发酵过程，而非发酵性腌制品用盐量高，腌制过程没有发酵过程或不显著。

腌制时常用的腌制剂是食盐。腌肉时则除用食盐外，还加用糖、硝酸钠、亚硝酸钠及磷酸盐、抗坏血酸盐或异构抗坏血酸盐等混合制成的混合盐，以改善肉类色泽、持水性、风味等。在实际生产过程中，通常也会根据使用材料的不同来命名，如用盐腌制的过程称为盐腌，加糖腌制的过程称为糖渍；用调味酸（如醋）或糖醋香料液浸渍的过程称为酸渍，其制品也可称为酸渍品；而用酒糟加工的过程称为糟制；用酒浸渍的过程称为醉制；等等。

食品的腌制方法按照用盐方式的不同，可分为干腌法、湿腌法、注射腌制法和混合腌制法，根据操作条件不同又可以分为低温腌制、真空腌制和梯度腌制。其中干腌和湿腌是基本的腌制方法。不论采用何种方法，腌制时都要求腌制剂渗入到食品内部并均匀地分布在其中，这时腌制过程才基本完成，因而腌制时间主要取决于腌制剂在食品内进行均匀分布所需要的时间。

（1）常见的食品腌制方法

① 干腌法　干腌法是利用干盐（结晶盐）或混合盐，先在食品表面擦透，使之有汁液外渗现象（腌鱼时则不一定先擦透），然后层堆在腌制架上或层装在腌制容器内，各层间还均匀地撒上食盐，依次压实，在外加压力或不加压的条件下，依靠外渗汁液形成盐液进行腌制的方法。由于开始腌制时仅加食盐不加盐水，故称干腌法。在食盐的渗透压和吸湿性的作用下，使食品组织渗出水分并溶解于其中，形成食盐溶液，称为卤水。腌制剂在卤水内通过扩散向食品内部渗透，比较均匀地分布于食品内。但因盐水形成缓慢，开始时，盐分向食品内部渗透较慢，延长了腌制时间。因此，这是一种缓慢的腌制过程，但腌制品的风味较好。

干腌法的优点是设备简单，操作方便，腌制品含水率低，利于储藏，且食品营养成分流失较少（肉腌制时蛋白质流失量为0.3%～0.5%）。其缺点是腌制不均匀、失重大、味太咸和色泽较差（加用硝酸钠可改善），而且由于盐卤不能完全浸没原料，使得肉、禽、鱼暴露在空气中的部分容易发生脂肪氧化。

② 湿腌法　湿腌法又称为盐水腌制法，是将食品原料浸没在盛有一定浓度食盐溶液的容器设备中，利用溶液的扩散和渗透作用使腌制剂均匀渗入原料组织内部，直至原料组织内外溶液浓度达到动态平衡的一种腌制方法。分割肉、鱼类和蔬菜均可采用湿腌法进行腌制。

湿腌法的腌制操作因食品原料而异。肉类多采用混合盐液腌制，盐液中食盐含量与砂糖量的比值（盐糖比）对腌制品的风味影响较大。湿腌法腌肉一般在冷库（2～3℃）中进行。鱼类湿腌时，常采用饱和食盐溶液，由于鱼体内水的渗出会使得盐水浓度降低，因此需经常搅拌并补充食盐以加快盐液渗入鱼肉的速度。采用高浓度盐液可缩短腌制过程。

湿腌过程中，食品原料完全浸没在浓度一致的盐溶液中，既能保证原料组织中的盐分分布均匀，又能避免原料接触空气而出现油烧现象。但其制品的色泽和风味不及干腌制品，腌制时间比较长；所需劳动量比干腌法大；腌肉时肉质柔软，但蛋白质流失较大；含水率大，不易储藏。此外，湿腌法劳动强度比干腌法大，需用容器设备多，工厂占地面积大。

③ 注射腌制法　注射腌制法是对湿腌法的一种改善。为了加速腌制时的扩散过程，缩短腌制时间，最先出现了动脉注射腌制法，其后又发展了肌内注射腌制法。肌内注射法是利用压力将腌制液或盐水通过注射针头注入肉中的腌制方法，有单针头和多针头两种方法，目前工业上应用较多的是多针头法，已广泛应用于西式火腿的加工。此外，也有一些肌内注射腌制法的变化形式在鱼类的加工中应用，如在鱼片腌制前预先在鱼片中用钉板扎孔，然后再进行湿法腌制，让腌制液自行渗入预先扎好的孔中，加快腌制液的扩散过程。

④ 混合腌制法　每种腌制方法都各有优缺点，因此实际应用中往往将两种或两种以上的腌制方法结合使用，称为混合腌制法。例如，先经湿腌后，再进行干腌；或者干腌后，再进行

湿腌；或者以酸调节鱼肉的 pH 值至 3.5 ～ 4.0，再湿腌；或者采用减压湿腌及盐腌液注射法等。

（2）影响食品腌制的因素　食品腌制的主要任务是防止腐败变质，但为了给消费者提供具有特别风味的腌制食品，需要对腌制过程进行合理地控制。扩散和渗透速率是腌制过程的关键，若对影响这两者的因素控制不当，就难以获得优质腌制食品。影响腌制的因素有下列几个方面。

① 食盐的纯度　食盐的主要成分为氯化钠，不过常常还含有一些杂质，如异物、其他化学物质甚至微生物等。常见的化学物质有氯化钙、氯化镁、氯化铁及硫酸钙、硫酸镁等。氯化钙和氯化镁的溶解度远远超过氯化钠，因此当食盐中含有这两种成分时，会大大降低氯化钠的溶解度。另外，氯化钙和氯化镁还具有苦味，水溶液中钙离子和镁离子浓度达到 0.15% ～ 0.18%，或食盐中达到 0.6% 时，就可觉察出苦味。此外，食盐中不应有微量元素铜、铁、铬的存在，它们对腌制品中脂肪氧化会产生严重的影响。

② 食盐用量或盐浓度　腌制时食盐用量需根据腌制目的、环境条件（如气温）、腌制对象、腌制品种类和消费者口味而有所不同。完全防腐要求较高的食盐浓度，有时盐的浓度须达到 15% ～ 20% 甚至更高。若腌制时气温低，则食盐用量可略微减少；气温高，则食盐用量宜有所提高。根据消费者可接受的咸度范围，腌制品盐分以 2% ～ 3% 为宜。现在国外的腌制品一般都趋向于采用低盐浓度进行腌制。蔬菜腌制时，盐浓度一般在 5% ～ 15%，如果是作为发酵前的处理，有时可低至 2% ～ 3%。盐分大于 10%，乳酸菌活力大为减弱，可减少发酵过程中酸的生成。因此，高度乳酸发酵需用低浓度盐分。

③ 温度　由扩散渗透理论可知，温度愈高，扩散渗透愈快。虽然腌制时温度愈高，腌制时间愈短，但腌制温度的选用必须小心谨慎。微生物生长活动随温度的升高而变得迅速，特别对于易腐食品，还没有完成腌制就可能发生腐败变质。因此腌制

温度应该权衡腌制速度与微生物腐败的速度合理选择。鱼、肉类等高蛋白的食品原料在室温或较高温度下极易腐败变质，为了防止在食盐渗入肉内以前就出现腐败变质的现象，它们的腌制应在低温条件（低于10℃）下进行。

鱼的最适腌制温度为5～7℃，但小型鱼类可以采用较高的腌制温度，因为在这种条件下，食盐内渗速度仍比腐败变质迅速。

④ 空气　缺氧的环境有利于抑制好氧腐败菌的生长。乳酸菌是厌氧微生物，只有缺氧时才能促使蔬菜腌制时进行乳酸发酵，同时，含氧量低还能减少因氧化而造成的维生素C的损耗。肉类腌制时，保持缺氧环境将有利于避免褪色。当肉制品中无还原性物质存在时，暴露于空气中的肉表面的色素就会氧化，并出现褪色现象。

（3）影响食品发酵的因素　食品发酵类型众多，若不加以控制，就会导致食品腐败变质。控制食品发酵过程的主要因素有酸度、酒精含量、菌种的使用、温度、通氧量和食盐添加量等。这些因素同时还决定发酵食品后期储藏中的微生物生长的类型。

① 酸度　酸不论是食品原有成分，还是外加的或发酵后生成的，都有抑制微生物生长的作用，即含酸食品有一定的防腐能力。但是有氧存在时表面上就可能会有霉菌生长，霉菌会将酸消耗掉，以致失去防腐能力。

② 酒精含量　酒精与酸一样，也具有防腐作用。这是由于酒精具有脱水的性质，可使菌体蛋白质脱水变性。酒精防腐能力的大小取决于酒精的浓度，12%～15%（按容积计）的发酵酒精就能抑制微生物的生长，而一般发酵饮料酒精含量仅为9%～13%，故其防腐能力较小，仍需经巴氏杀菌。如果在饮料酒中加入酒精，使其含量达到20%（按容积计），则不需经巴氏杀菌就足以防止腐败和变质。

③ 菌种的使用　如果在发酵开始时加入大量预期菌种，那

么它们就可以迅速地生长繁殖，并抑制其他杂菌的生长，从而促使发酵过程向着预定的方向进行。目前，我国传统发酵鱼制品主要采用自然发酵的方法，依靠自然状态下偶然沾染的微生物，在适宜温度和湿度条件下长期发酵制成。这种方法制得的产品风味醇厚自然，但含盐量高，质量难以控制，且生产周期长，尚未形成标准化、规模化生产。采用现代微生物发酵技术，通过人工接种发酵不仅可以提高发酵制品品质和安全性，还能有限地缩短生产周期，提高生产效率，实现传统发酵制品的工业化、规模化和标准化生产。现代微生物发酵技术已成为近年来食品领域研究开发的一个热点。

④ 温度　各种微生物都有其适宜生长的温度，因而发酵食品中不同类型的发酵作用可以通过调节温度来控制。

适宜于乳酸菌活动的温度为26～30℃。在此温度范围内发酵快、时间短，低于或高于适宜生长温度，耗时增加。不同的微生物发酵所得到的产品酸度和风味各有不同，多种微生物发酵的产物有更好的品质。可以通过控制不同发酵阶段的温度变化来控制不同微生物的发酵情况，从而改善发酵过程。

⑤ 氧的供给量　霉菌是完全需氧性菌，在缺氧条件下不能存活，控制缺氧条件是控制霉菌生长的重要途径。酵母是兼性厌氧菌，氧气充足时，酵母繁殖远超过发酵活动；缺氧条件下，酵母则进行酒精发酵，将糖分转化成酒精。细菌可分为需氧菌、兼性厌氧菌和专性厌氧菌，氧的供给量需视菌种而定。乳酸菌为兼性厌氧菌，在缺氧条件下才能将糖转化为乳酸。肉毒梭状芽孢杆菌专性厌氧，只有在完全缺氧的条件下才能良好生长。因此供氧或断氧可以促进或抑制某种菌的生长活动，同时引导发酵向预期的方向进行。

⑥ 食盐用量　各种微生物的耐盐性并不完全相同，在其他因素相同的条件下，可通过控制食盐添加量来控制微生物生长及它们在食品中的发酵活动。因此，食品发酵时可依据

盐量作为选择菌种的手段。一般腐败菌在2.5%以上食盐浓度即不能生长，酸和盐结合时其影响力更大。10%～15%的食盐溶液可抑制腐败性杆菌、副作寒菌属及肉毒梭状芽孢杆菌的生长，同时可抑制蛔虫卵发育成有感染性的虫卵。所以，有些发酵食品在发酵初期常用2%～2.5%或5%～6%甚至更高浓度的食盐溶液抑制腐败菌，发酵后期则依靠已产生的酸防腐。

2. 烟熏加工

烟熏加工，是指原料经过腌渍、脱盐、干制等工序处理后在一定温度下用烟熏烤，将制品水分减少至所需含量，并使其具有特殊的烟熏风味、色泽和较好储藏性能的加工方法。烟熏通常和加热并进，可使食品（如鱼）表面失去部分水而发干，为阻碍微生物生长提供了一道物理障碍，不利于需氧菌的生长。熏制加工的食品一般都会先经腌制处理，其本身的水分活度较低，有助于抑制许多腐败菌和致病菌的生长。熏制时，熏烟中含有的酚类、酸类等抑菌和抗氧化物质，会在食品中沉积，具有杀菌和延迟脂类特别是不饱和脂肪酸的自动氧化的作用。

具体来说，食品的烟熏方法主要有三种：冷熏法、热熏法和液熏法。应根据原料特性和产品不同，选用不同的熏制方法。

（1）冷熏法　制品周围的熏烟和空气混合的平均温度不超过22℃（一般为15～20℃）的烟熏过程称为冷熏。冷熏所需时间较长，至少为4～7天，最长的可达20～35天。食品采用冷熏时，制品虽然干燥均匀，但干燥程度较深，水分损失严重，制品含水率低（35%以下），含盐量和烟熏成分聚积量相对提高，储藏时间延长。

（2）热熏法　制品周围的熏烟和空气混合气体的温度超过22℃的烟熏过程称为热熏。热熏法熏制食品时，采用两种温度，一种是35～50℃，另一种是60～110℃，甚至高达120℃。前者又称为温熏，烟熏时间一般为2～12小时。由于热熏法温度较高，表层蛋白质会迅速凝固，导致制品表面很快形成一层干膜，妨碍了制品内的水分外渗，延缓干燥过程，同时也阻碍了熏烟成分向制品内部的渗透过程。制品的色泽、风味较好，但含水率高（50%～60%），不利于储藏。

（3）液熏法　液熏法又称为湿熏法或无烟熏法，它是木材干馏生成的烟气成分利用一定方法液化或者再加工形成的烟熏液，浸泡食品或喷涂食品表面，以代替传统烟熏的方法。液熏法具有以下优点：①它不再需要熏烟发生装置，节省了大量的设备投资费用；②由于烟熏剂成分比较稳定，便于实现熏制过程的机械化和连续化，可大大缩短熏制时间；③用于熏制食品的液态烟熏制剂已除去固相物质，无致癌的危险；④工艺简单，操作方便，熏制时间短，劳动强度降低，不污染环境；⑤通过后道加工使产品具有不同风味和控制烟熏成品的色泽，这在常规的气态烟熏方法中是无法实现的；⑥加工者能够在加工的不同步骤和不同配方中添加烟熏调味料，使产品的使用范围大大增加。

二、腌渍发酵和烟熏鮰鱼制品加工工艺

1. 盐渍鮰鱼片的加工技术

（1）工艺流程

原料鱼预处理→盐渍→摆片→干燥→包装与冻藏→成品。

（2）操作要点

① 原料鱼预处理　原料鱼应选用鲜活的鮰鱼，经洗净、去头和内脏后进行开片采肉。将鱼从背部进刀，把鱼剖开，取出鱼鳃和内脏，沿鱼背骨从第一节至鱼尾节，不能将鱼腹切开。然后将鱼体调转方向，从鱼头部正中间切开，不能将鱼唇切断。

②盐渍　剖好的鮰鱼片放入盐水中浸渍，在盐水中加入一定浓度的茶多酚溶液以延缓鱼体内的脂肪氧化，盐渍时间20～30分钟。

③摆片　腌制好的鱼片均匀地摆在不锈钢网片上，注意厚薄均匀，便于后续干燥。

④干燥　将鱼段进行适当干燥，选择低温干燥，温度可选择40～45℃，时间5～6小时，保持产品的含水率在50%～60%即可，表面干燥，干爽不发黏，质地软硬适中。

⑤包装与冻藏　鱼片按照规格采用真空包装，并于冷库中储藏，冷库中温度浮动不超过2℃。

（3）质量标准及参考标准

①感官指标　鱼体体色明亮，质地软硬适中，表面无霜盐，表皮略带焦黄色，咸淡适中，有鱼干特有的香味，无异味，无外来杂质。

②理化指标　水分含量50%～60%，盐分（以氯化钠计）≤6%，挥发性盐基氮≤20毫克/100克。

③微生物指标　菌落总数≤5×10⁴cfu/克，致病菌不得检出。

④操作规范参考标准　《食品安全管理体系　水产品加工企业要求》（GB/T 27304—2008），《食品安全国家标准　水产制品生产卫生规范》（GB 20941—2016），《出口水产品质量安全控制规范》（GB/Z 21702—2008）和《水产品加工质量管理规范》（SC/T 3009—1999）。

⑤产品质量参考标准　《盐制大黄鱼》（SC/T 3216—2016）。

2. 醉鮰鱼加工技术

（1）工艺流程

原料鱼预处理→去皮→酶法脱脂→腌渍、漂洗→烘干→称重→调味、醉制、真空包装→杀菌、冷却→保温检验→成品。

（2）操作要点

① 原料鱼预处理　鲜活或冷冻的鮰鱼解冻后，用清水清洗除去鱼体表面附着的黏液，然后用"一"字形的条刀从鱼颈部下刀，紧贴脊骨平削至鱼尾部，以获得较高的原料采得率。整个处理过程中温度应控制在10℃以下，以防止原料腐败变质。

② 去皮　把预处理后的鮰鱼放到去皮机中去除鱼皮，取得完整鱼片。

③ 酶法脱脂　按照1:（2～4）的鱼液比将鱼片加入酶活20～45单位/毫升的脂肪酶液中，在pH值8.8～9.3、温度25～35℃条件下浸泡45～65分钟，定时搅拌，然后将鱼片捞出，沥干表面水分。

④ 腌渍、漂洗　把脱脂后的原料鱼置于腌制缸内，按1:2的鱼液比放入浓度10%～15%的盐水中腌制2小时，期间每30分钟翻缸一次。腌制结束后将鱼片捞出，用清水清洗，放置在晾晒网上控干水分。

⑤ 烘干　采用分段式干燥工艺，先将鱼片在55～65℃、风速1～1.5米/秒的条件下干燥1～3小时，然后将鱼片在45～50℃、0.08兆帕条件下真空干燥至水分含量为50%～55%。

⑥ 称重　将干燥后的鱼片切分修整至每块重90～130克，或根据市场需求切分至适当大小。

⑦ 调味、醉制、真空包装　将切分修整后的鱼块与10%～15%的调味液一同装入复合蒸煮袋中真空包装。调味液是由40%的米酒、10%的黄酒、5%的白酒以及45%的香辛料液复配而成。香辛料液：姜2.5%、花椒2.5%、八角1.3%、茴香2.5%、紫苏叶0.5%、茶叶1.3%及350克水，微沸腾状态下熬煮0.5～1小时，过滤，然后向滤渣中添加350克水再次熬煮0.5～1小时，过滤，合并滤液并添加味精3%、白砂糖30%、葡萄糖20%，最后用水补至总重1000克。

⑧ 杀菌、冷却　将封口后的产品高温杀菌，反压冷却。杀

菌条件为115～121℃，15～25分钟，反压压力为0.1～0.15兆帕，反压冷却到40℃以下。

⑨ 保温检验　将成品袋在37℃条件下保存7天，无异常者为合格产品，使用外包装、封口并贴上标签后即为成品醉鮰鱼。

（3）质量指标与参考标准

① 感官指标　鱼块呈鲜艳的红色至红褐色，肉质紧密，软硬适度，富有弹性，咸鲜适口，香气醇厚，具有浓郁的酒香味和鱼香味，无异味，无杂质。

② 理化指标　水分含量35%～55%，食盐（以氯化钠计）≤6%，酸价（以脂肪计）（氢氧化钾）≤130毫克/克，过氧化值（以脂肪计）≤0.6克/100克。

③ 微生物指标　菌落总数≤$3×10^4$cfu/克，大肠菌群≤30MPN/100克，致病菌不得检出。

④ 操作规范参考指标　《食品安全管理体系　水产品加工企业要求》（GB/T 27304—2008），《食品安全国家标准　水产制品生产卫生规范》（GB 20941—2016）和《出口水产品质量安全控制规范》（GB/Z 21702—2008）。原料要求鮰鱼体态完整、眼球饱满、规格均匀、无异味。其余辅料如白酒、米酒、黄酒、食盐、白糖等，应选用有质量安全标识的。

3. 发酵鱼肉香肠的加工

（1）工艺流程

原料鱼预处理→腌制→斩拌→接种发酵剂→灌肠→发酵→后熟→包装、储藏→成品。

（2）操作要点

① 原料鱼预处理　选用鲜活或新鲜的鮰鱼，宰杀后去头、去内脏、采肉，然后用清水冲洗干净。

② 腌制　在鱼肉中加入食盐和辅料，置于温度为0～5℃的冷却室中腌制1～5小时。

③ 斩拌　将腌制好的鱼肉放入斩拌机中斩碎，然后添加适

量的糖类、味精及其他调味料，置于温度为0～5℃的冷却室中继续斩拌至混合均匀。

④ 接种发酵剂　接种一定量专用的乳酸菌和木糖葡萄球菌混合发酵剂，混合均匀，使得接种后每克鱼糜中含有10^5～10^7个菌落的发酵菌。

⑤ 灌肠　将接种发酵剂的鱼糜灌入胶原蛋白肠衣中，香肠按50～500克/根扎口。

⑥ 发酵　灌好的香肠置于发酵室中，进行两段式发酵，先18℃左右发酵24小时，然后30℃发酵至pH值为4.3～4.6，控制发酵室相对湿度为80%左右。

⑦ 后熟　将发酵好的香肠置于10～15℃环境中后熟至水分降至50%以下，或将香肠置于65～80℃环境中干燥20～50分钟。

⑧ 包装、储藏　真空包装后置于0～4℃储藏。

（3）质量指标与参考标准

① 感官指标　肠衣干燥完整，表面呈自然皱纹，质地坚实而有韧性，无腥味，具有特有的发酵风味。

② 理化指标　水分含量≤50%，蛋白质含量≥30%，淀粉含量≤2%，盐含量≤5%。

③ 微生物指标　大肠菌群≤30MPN/100克，致病菌不得检出。

④ 操作规范参考指标　《食品安全管理体系　水产品加工企业要求》（GB/T 27304—2008），《食品安全国家标准　水产制品生产卫生规范》（GB 20941—2016），《出口水产品质量安全控制规范》（GB/Z 21702—2008），《鱼糜加工机械安全卫生技术条件》（GB/T 21291—2007）和《食品安全地方标准　发酵肉制品生产卫生规范》（DB 31/2017—2013）。

4. 烟熏鲷鱼加工工艺

烟熏鱼制品具有工艺简单，营养丰富，风味独特，食用方便等特点，受广大消费者的喜爱。下面以液熏鲷鱼为例进行介绍。

（1）工艺流程

原料鱼预处理→去腥、沥干→液熏、漂洗→烘干→熟制→真空包装→杀菌、冷却→成品。

（2）操作要点

① 原料鱼预处理　将新鲜的鲷鱼用清水洗净，去头、尾、鳍，剖腹去内脏，洗净腹腔内的黑膜、血污、腹刺、边刺，并将鱼边修理平直。用流水漂洗干净，自然晾干，直至鱼肉表面无明显水渍。

② 去腥、沥干　以绿茶水为去腥剂，去腥时绿茶水没过鱼肉，浸泡时间为 1 ～ 5 小时，鱼肉与去腥剂质量比为（1∶30）～（1∶5），去腥温度为 10 ～ 30℃，捞出沥干。

③ 液熏、漂洗　调味液依照不同口味由调味料配制而成，将液熏剂溶解于调味液中，配成浓度为 1% ～ 10% 的溶液，即为熏液，去腥后的鱼肉沥干，将鱼浸入烟熏液中，浸渍时间为 1 ～ 5 小时，完成后将鱼肉捞出漂洗。

④ 烘干　液熏后的鱼肉在 30 ～ 70℃ 真空干燥 0.5 ～ 3 小时，然后于 50 ～ 90℃ 热风中悬挂干燥 1 ～ 4 小时。

⑤ 熟制　烘干过的鱼肉在 150 ～ 180℃ 油温下油炸 2 ～ 5 分钟熟制。

⑥ 真空包装　采用真空包装机包装，将熟制后的鱼肉置于软罐中进行真空包装。

⑦ 杀菌、冷却　封口后置于杀菌锅中杀菌，冷却后即得成品。

（3）质量指标与参考标准

① 感官指标　肉色正常，带有明显的熏制色泽特征；鱼肉完整，软硬适度；具有特有的烟熏风味，无异味。

② 理化指标　水分含量 40% ～ 55%，食盐（以氯化钠计）≤6%，酸价（以脂肪计）（氢氧化钾）≤130 毫克/克，过氧化

值（以脂肪计）≤ 0.6 克/100 克。

③ 微生物指标　菌落总数 ≤ 3×10⁴cfu/ 克，大肠菌群 ≤ 30MPN/100 克，致病菌不得检出。

④ 操作规范参考指标　《食品安全管理体系　水产品加工企业要求》（GB/T 27304—2008），《食品安全国家标准　水产制品生产卫生规范》（GB 20941—2016）和《出口水产品质量安全控制规范》（GB/Z 21702—2008）。

第五节
斑点叉尾鮰加工副产物综合利用

目前鮰鱼的加工方式多以冷冻鱼片为主，切片加工产生的鱼头、鱼皮、鱼肚、鱼尾、鱼骨等加工副产物可占原料总量的50% ~ 60%。除了部分鱼唇、鱼尾等冷冻后在国内销售外，对这些副产物的加工利用相对较少，大部分只是被加工成价值低廉的饲料鱼粉或废弃处理，若不及时处理，不仅会造成极大的浪费，这些副产物腐败变质后还会造成严重的环境污染。近年来，随着资源利用意识的提高以及国家对环保的不断重视，国内已有很多针对鮰鱼加工副产物综合利用的研究报道。鮰鱼加工副产物的综合利用主要分为两类，一类是将相关副产物直接加工成普通食品，如前面介绍的鮰鱼头罐头、即食鮰鱼排等产品；另外一类是对副产物中的某些主要成分进行深度开发利用，如从鱼皮、鱼骨中提取胶原蛋白，利用鱼骨制备肽螯合钙，从内脏中提取鱼油等。本节将针对相关加工副产物的原料特性和加工利用进行简单介绍。

1. 鲴鱼头化学组成分析

淡水鱼的鱼头都较大，一般可占到鱼体总重量的24%～34%，因此鱼头的加工不仅可提高水产品加工业的经济效益，同时还将对环境保护产生积极的意义。樊玲芳等人对斑点叉尾鲴鱼头的化学成分进行了分析（表7-7）。

表7-7　斑点叉尾鲴鱼头的主要组成

基本成分	水分	灰分	粗蛋白	粗脂肪
含量/%	56.48	8.15	11.67	14.76

注：各成分以湿基计。

淡水鱼鱼头中含有丰富的卵磷脂、DHA和EPA，其中，DHA和EPA对儿童大脑的发育以及预防老年人的心脑血管系统疾病都有显著作用。鱼头中还含有丰富的鱼蛋白质，经水解可产生大量的活性肽，在肠道内能被完整吸收，可开发成相应的保健食品。

2. 鲴鱼皮的化学组成

鱼皮是渔业加工副产品之一，其结构基本上和其他动物一样，可分为三层，即表皮层、真皮层和皮下层。鱼皮的化学组成比较复杂，主要组成物质是蛋白质、水分、脂类、无机盐和碳水化合物等，各组分的含量随着鱼的种类和年龄而变化。鱼皮中的蛋白质除胶原蛋白外，还有少量的清蛋白、球蛋白、弹性蛋白和角质蛋白等。毛艳贞等对冷冻的斑点叉尾鲴鱼皮的化学成分进行了分析，结果如表7-8所示。

表7-8　斑点叉尾鮰鱼皮的主要组成

基本成分	水分	灰分	粗蛋白	粗脂肪	总糖
含量/%	65.41±0.22	0.22±0.01	21.32±0.19	12.38±0.57	0.41±0.12

蛋白质是动物皮中最主要的成分。皮内蛋白可分为纤维型蛋白和非纤维型蛋白。其中，纤维型蛋白即胶原蛋白，是动物皮中的支持体，也是皮中的主要蛋白质；非纤维型蛋白充满于纤维型蛋白组织间隙。鱼皮中的蛋白主要是胶原蛋白，占总蛋白的80%以上，是提取胶原蛋白良好的原材料。

3. 鱼骨化学组成分析

鱼骨是鱼体中轴骨、附肢骨及鱼刺的总称。淡水鱼骨刺细小，常被废弃或加工成附加值很低的产品。鱼骨的营养极为丰富：不仅含有蛋白质、骨胶原、脂肪、磷脂质、软骨素和磷蛋白，还含有丰富的钙、磷、铁和锌等矿物质，且含量是鲜肉的数倍，可作为良好的钙源和胶原蛋白源应用于食物、饲料和补给品中。将鱼的副产物制成鱼骨泥，其营养价值高，适合各种人群尤其是儿童的补钙。经常食用鱼骨泥食品，可有效预防佝偻病、老年骨质疏松症、骨质增生、结肠癌和高血压等多种疾病。孟昌伟等对斑点叉尾鮰鱼排的化学成分进行了分析，结果如表7-9所示。

表7-9　斑点叉尾鮰鱼排的主要组成

基本成分	水分	灰分	粗蛋白	粗脂肪	非蛋白氮
含量/%	66.42±0.01	5.14±0.01	13.84±0.98	11.50±0.23	0.352±0.01

由表7-9可知，斑点叉尾鮰鱼排的营养成分比较高，而且原料丰富，价格低廉，是一种不可多得的优质蛋白源。

4. 鮰鱼内脏化学组成分析

鱼内脏主要由鱼胆、鱼生殖腺、鱼子、鱼鳔等部分组成。

研究发现，鱼内脏中脂肪酸特别是多不饱和脂肪酸以及蛋白质含量丰富，具有较高的食用价值。如鱼子因其富含卵磷脂等营养成分，具有健康美容之功效，经常被加工成食品，供广大妇女、儿童食用。内脏经蛋白酶酶解后亦可制成水解蛋白质。鱼内脏中还含有丰富的酶，且其在较宽的温度范围内都具有活性，是良好的酶制剂来源。

张伟伟等对斑点叉尾鲴鱼内脏的化学成分进行了分析，结果如表7-10所示。

表7-10　斑点叉尾鲴内脏的主要组成

基本成分	水分	灰分	粗蛋白	粗脂肪
含量/%	60.76±0.15	0.83±0.03	8.58±0.06	28.14±0.07

注：各成分以湿基计。

由表7-10可知，鲴鱼内脏中粗蛋白含量和粗脂肪含量均较高，是丰富的脂类和蛋白源。

二、鲴鱼皮的加工利用技术

目前国内关于鲴鱼皮的加工已开展了较多的研究，主要的产品有风味鲴鱼皮、风味鱼皮丸、鲴鱼皮胶原蛋白、鲴鱼皮抗氧化肽等产品。下面将对其加工工艺进行简单介绍。

1. 风味鲴鱼皮

（1）工艺流程

鱼皮解冻→漂洗→脱腥→漂洗→碱液浸泡→漂洗→烫漂→冷却→切段→调味→包装→冻藏。

（2）操作要点

① 鱼皮解冻　将冻藏的鱼皮放入解冻池中浸泡解冻30分钟。浸泡池中预先放入自来水，充入臭氧，使其浓度达到1.0毫克/千克。

② 漂洗　将鱼皮捞起，用清水洗去鱼皮表面附着的黏液、

残留鱼肉及其他污物，剔除表面残缺、色泽不均匀等不合格鱼皮，将合格的鱼皮沥干至表面无明显水渍。

③ 脱腥　在0℃左右冰水混合物中充入浓度约1.0毫克/千克的臭氧，并加入5%乙醇和2%氯化钠溶液，脱腥25分钟。

④ 漂洗　将鱼皮迅速捞起，并用流动水冲洗，再倒入静止水池中漂洗，直至鱼皮无碱味、无杂质。

⑤ 碱液浸泡　在0.16%的氢氧化钠溶液中浸泡60分钟。

⑥ 漂洗　将鱼皮迅速捞起，并用流动水冲洗，再倒入静止水池中漂洗至中性时，将鱼皮沥水至滴水不成线。

⑦ 烫漂　将沥水后的鱼皮放入95℃的热水中烫漂5秒，直至鱼皮卷曲。

⑧ 冷却　将烫漂后的鱼皮迅速转入4℃冷却池，冷却池中放入1.0毫克/千克的冰与臭氧水的混合物，冷却50分钟，迅速将鱼皮温度降至10℃以下。

⑨ 切段　将鱼皮烫漂和冷却后投入含有1.0毫克/千克的臭氧水冰水混合物漂洗槽内漂洗，将鱼皮表面污物清洗干净，并将鱼皮沥水至滴水不成线。将鱼皮平铺在切断机的输送带上，按照从尾到头的方向进行切割，切割长度控制在0.2～0.5厘米。

⑩ 调味　a. 香辣鱼皮调料配方：白醋1.5%、料酒2.0%、食盐2.6%、姜3.0%、蒜0.4%、花椒油6.0%、味精1.0%、白砂糖2.5%、辣椒油3.0%；b. 泡椒鱼皮调料配方：料酒2.0%、食盐2.6%、姜3.0%、蒜0.4%、泡椒15.0%、味精2.0%、白砂糖2.5%、芝麻油1.0%。

⑪ 包装　将制作好的带肉鱼骨产品用聚乙烯（PE）塑料包装袋进行包装。

⑫ 冻藏　将成品置于-18℃冷库冻藏。

（3）质量指标与参考标准

① 感官指标　色泽为银灰色或灰白色，鱼皮香辣鲜甜适中、腥味较淡，爽脆有弹性、无粉质感。

② 理化指标　过氧化值（以脂肪计）≤0.60克/100克，酸价

（以脂肪计）（氢氧化钾）≤130毫克/克，铅≤0.5毫克/千克。

③ 微生物指标 菌落总数 $\leqslant 10^3$ cfu/克，大肠菌群 $\leqslant$ 30MPN/100克，致病菌不得检出。

④ 操作规范参考标准 《食品安全管理体系 水产品加工企业要求》（GB/T 27304—2008），《出口水产品质量安全控制规范》（GB/Z 21702—2008），《食品安全国家标准 水产制品生产卫生规范》（GB 20941—2016）和《水产品加工质量管理规范》（SC/T 3009—1999）。

⑤ 产品质量参考标准 《绿色食品 鱼类休闲食品》（NY/T 2109—2011）。

2. 风味鱼皮丸

（1）工艺流程

原料鱼预处理→制作肉糜→调味→成型→煮制→冷却→冻藏。

（2）操作要点

① 原料鱼预处理 将新鲜的鲴鱼皮用占鱼体积5%的白醋揉洗1分钟，以去除鱼皮表面的黑色物质，用清水漂洗干净，备用。

② 制作肉糜 分别取处理后的鲴鱼皮和猪五花肉以质量比45∶20放入绞肉机中制得肉糜。

③ 调味 将肉糜转入斩拌机中（肉糜占终产物的65%），加入18%风味料，连续斩拌15分钟，将4%淀粉、3%食盐、0.4%白砂糖、0.3%黑胡椒粉、1.5%葱、3%生姜、0.6%鱼味味精、15%水混匀后加入肉酱糜中斩拌8分钟，然后加入10%鸡蛋清继续斩拌10分钟使其混合均匀即得酱料。

④ 成型、煮制 将酱料转入成型机中成型为鱼皮丸，将鱼皮丸倒入95℃的热水中煮至鱼皮丸浮起，浮起后继续煮3分钟即得鱼皮丸熟品。

⑤ 冻藏 将鱼皮丸熟品捞出并沥水，冷却至室温后，转

入−18℃的速冻库中冻藏。

（3）质量指标与参考标准

① 感官指标　个体大小均匀、完整、较饱满，气孔较小且均匀，香气宜人，味道鲜美，弹性好，鲜嫩、无腥味且营养丰富。

② 理化指标　失水率≤6%，水分≤82%，淀粉≤15%。

③ 微生物指标　菌落总数≤3000cfu/克，大肠菌群≤30MPN/100克，致病菌不得检出。

④ 操作规范参考标准　《食品安全管理体系　水产品加工企业要求》（GB/T 27304—2008），《食品安全国家标准　水产制品生产卫生规范》（GB 20941—2016），《鱼糜加工机械安全卫生技术条件》（GB/T 21291—2007），《水产品冻结操作技术规程》（SC/T 3005—1988）和《水产品加工质量管理规范》（SC/T 3009—1999）。

⑤ 产品质量参考标准　《食品安全国家标准　动物性水产制品》（GB 10136—2015）。

3. 鱼皮胶原蛋白的提取

胶原蛋白是一种功能性的丝状纤维蛋白，用以保持皮肤的弹性。人体中胶原蛋白存在于皮肤、骨骼和肌腱等部位，用以黏合结缔组织。传统的胶原蛋白主要从猪、牛等大型哺乳动物的皮及骨骼中提取，但是由于产量有限以及疯牛病等原因，产品价格较高。近年来相关研究人员将目光转向产量巨大的鱼类资源上，如从鱼皮、鱼鳞、鱼鳔及鱼骨中提取胶原蛋白，以提高鱼产品加工的附加值。鱼皮中胶原蛋白的提取方法主要有酸提取法、碱提取法、酶提取法和热水提取法。其基本原理相似，即根据胶原蛋白的特性，改变蛋白质所在的外界环境，把胶原蛋白从其他蛋白中提取出来。

酸提取法是利用一定浓度的酸溶液，在低离子浓度的酸性条件下破坏分子间的盐键等，使纤维膨胀、溶解，将没有交联的胶原蛋白分子完全溶解出来。使用的酸通常为乳酸、盐酸、醋酸、柠檬酸和甲酸等。酸法能最大限度地保留胶原蛋白的三螺旋结构，但其提取率较低。

碱提取法是在碱性条件下提取胶原蛋白，提取剂通常为氧化钙和氢氧化钠。在碱性条件下处理，易造成胶原结构破坏，肽键断裂，降解成小分子肽，失去生物活性。此外，碱提取法可能会产生有毒物质，甚至具有致癌、致畸和致突变的作用。因此，目前有关该法提取胶原蛋白的报道较少。

酶提取法是对胶原蛋白进行限制性降解，通过切断肽键提取胶原蛋白。因为作用位点为胶原分子的末端肽，不会破坏螺旋区，因此对胶原蛋白的破坏较小，可以很好地保存胶原蛋白的活性，提高提取率。酶提取法是使用最广泛的方法，所使用的酶有中性蛋白酶、木瓜蛋白酶、胰蛋白酶和胃蛋白酶等。其中，以胃蛋白酶最为常见。

热水提取法需要首先对原料进行处理，再在一定条件下通过高温水进行提取，最终得到水溶胶原蛋白。通常采用多次提取法，依次提高提取温度，进而可以得到不同品质的胶原蛋白产品。此方法操作简单、快捷，提取率高，但由于操作过程中温度较高，胶原蛋白大多数变性成不具有生物活性的明胶。

下面简单介绍一下最常用的酸提取法、酶提取法的加工工艺。

（1）酸提取法

① 工艺流程　鲴鱼鱼皮预处理→酸提取→过滤→离心→盐析→离心→酸溶→透析→干燥。

② 操作要点

a. 预处理：将冷冻的鲴鱼皮解冻，破碎成大小均匀的碎片，用5%的氯化钠溶液浸泡6小时，蒸馏水洗涤后沥干水分，再用溶剂（乙醚、异丙醇、蒸馏水的体积比为2∶2∶8）浸泡6小时，沥干备用。

b. 提取、过滤、离心：将预处理后的鱼皮浸入0.5摩尔/升的乙酸溶液中,以料液比1:60,4℃下搅拌提取24小时,过滤,重复提取一次,合并滤液,冷冻离心。

c. 盐析、离心:在离心上清液中加入氯化钠,至其终浓度为0.9摩尔/升,过夜盐析,离心弃去上清液。

d. 酸溶:沉淀中加入0.5摩尔/升乙酸溶液溶解,离心。

e. 透析:先在0.1摩尔/升的乙酸溶液中透析,然后在蒸馏水中透析至中性。

f. 干燥:经干燥后即为酸溶性胶原蛋白(ASC)。

(2)酶提取法

① 工艺流程 鮰鱼鱼皮预处理→酸提取→酶解→过滤→离心→盐析→离心→酸溶→透析→干燥。

② 操作要点

a. 预处理、酸提取:同酸提取法。

b. 酶解:将酸提取的残渣继续用含有5000单位/克胃蛋白酶的0.3摩尔/升乙酸溶液酶解,料液比为1:60,37℃下搅拌提取6小时,过滤,合并滤液。

c. 离心、盐析等后续步骤同酸提取法,干燥后得到的产品为酶溶性胶原蛋白(PSC)。

4. 鮰鱼皮明胶肽

(1)工艺流程

鮰鱼皮预处理→热水抽提→酶解→离心→真空浓缩、干燥。

(2)操作要点

① 预处理 称取一定量的鱼皮,剪成小块,按料液比为1:6的比例用体积分数10%的正丁醇浸泡脱脂24小时;然后加0.05摩尔/升氢氧化钠溶液浸泡30分钟,料液比为1:6,水洗至中性;再加质量分数0.2%硫酸溶液浸泡30分钟,料液比为1:6,水洗至中性。

② 热水抽提 将预处理后的鱼皮用热水抽提24小时,然后4000转/分钟离心20分钟,弃去沉淀不溶物,上清液即为鮰鱼明

胶溶液。

③ 酶解　将制备得到的明胶溶液调整底物浓度与pH，添加胰蛋白酶进行酶解，酶解条件为：温度40℃、pH值7.5，酶与底物质量浓度比（E/S）3.5%、底物质量浓度2.5克/100毫升，酶解时间为3小时。水解过程中不断搅拌，水解达到预定时间后，沸水浴中灭酶10分钟。

④ 离心　将酶解液迅速冷却至室温，置于离心机中，以4000转/分钟离心15分钟，上清液即为明胶水解肽。

⑤ 真空浓缩、干燥　将上清液真空浓缩、喷雾干燥后即为明胶肽粉。

三、鮰鱼头、尾及鮰鱼骨加工利用技术

目前国内关于鮰鱼头、尾及鮰鱼骨的加工已开展了较多的研究，主要的加工食品有鮰鱼头罐头、鮰鱼唇罐头（见本章第二节）、即食鮰鱼排（见本章第三节）、高钙高汤鱼丸、即食鱼尾等。同时，已有很多研究利用鮰鱼头、尾、骨提取胶原，制备骨粉，螯合钙制剂以及利用酶解制备风味物质等，下面将对相关加工工艺进行简单介绍。

1. 鱼骨多肽粉及鱼骨粉

（1）工艺流程

鮰鱼排预处理→酶解、灭酶→离心→真空浓缩、喷雾干燥→烘干、粉碎→成品

（2）操作要点

① 鮰鱼排预处理　将鮰鱼排剁成块，根据需要蒸煮或不蒸煮。

② 酶解、灭酶　采用中性蛋白酶和风味蛋白酶进行双酶复合酶解，酶解温度50℃，pH值7.0，料液比为1：2，加酶量2000单位/克，加酶比为1：1的条件下酶解5小时，酶解结束后高温灭酶。

③ 离心　将酶解液以9000转/分钟的速度离心15分钟。

④ 真空浓缩、喷雾干燥　将上清液真空浓缩到可溶性固形物30%左右，喷雾干燥即得鱼骨多肽粉。

⑤ 烘干、粉碎　将离心得到的残渣于60℃下干燥4小时，粉碎成鱼骨粉。

（3）质量指标与参考标准

① 产品质量参考标准　《饲料用骨粉及肉骨粉》（GB/T 20193—2006）。

② 操作规范参考标准　《食品安全管理体系　水产品加工企业要求》（GB/T 27304—2008），《食品安全国家标准　水产制品生产卫生规范》（GB 20941—2016）和《水产品加工质量管理规范》（SC/T 3009—1999）。

2. 鱼骨胶原多肽螯合钙的制备

（1）工艺流程

鱼骨粉制备→高压蒸煮→酶解→螯合→浓缩→洗涤、抽滤、干燥。

（2）操作要点

① 鱼骨粉制备　将鮰鱼骨剁成块，酶解法去除鮰鱼排上附着的残肉。采用中性蛋白酶和风味蛋白酶进行双酶复合酶解，酶解条件为：温度50℃，pH值7.0，料液比（质量：体积）为1：2，总加酶量2000单位/克，加酶比为1：1，酶解时间5小时。离心上清液经浓缩干燥后可制成鱼骨多肽粉，离心后的骨渣洗净并烘干，粉碎成鱼骨粉，备用。

② 高压蒸煮　将鱼骨粉分散到水中，121℃下蒸煮0.5小时，冷却。

③ 酶解　加入碱性蛋白酶酶解，酶解条件为：pH值8.0，加酶量4%，料液比（质量：体积）4：50，45℃水浴保温酶解3小时。酶解后高温灭酶10分钟，迅速冷却。调节pH值至7.5，加入4%的风味蛋白酶，在50℃温度条件下酶解3小时。

④ 螯合　胶原多肽液与氯化钙配比为2∶1，调节溶液pH值5.4，搅拌均匀，将混合溶液置于60℃水浴1.5小时。

⑤ 浓缩　采用真空浓缩至固形物含量为25%～40%。

⑥ 洗涤、抽滤、干燥　用60倍体积的无水乙醇洗涤2次，然后进行抽滤，并真空冷冻干燥。

3. 高钙高汤鱼丸

（1）工艺流程

原料鱼预处理→制备鱼骨肉泥→制备鱼丸→制备鱼丸外衣→制备鱼丸馅心→熟化→包装→速冻→冻藏。

（2）操作要点

① 原料鱼预处理　将鱼骨架去头、尾、边翅，保留鱼排，使鱼骨架基本无带黑皮成分。再用清水漂洗干净、沥去水分，以0℃左右微冻。

② 制备鱼骨肉泥　先用破碎机将微冻的鱼骨架粉碎，再用胶体磨研磨成粒度不大于1毫米的鱼骨肉泥，胶体磨研磨过程中加入适量冰水，使研磨后的鱼骨肉泥出料温度不高于4℃。研磨后的鱼骨肉泥经离心脱水备用。

③ 制备鱼丸　将备用的鱼骨肉泥和鱼糜、辅料及调味料共同调制成外衣料，以猪肉肉糜、糖、盐和果冻状琼脂搅拌均匀并制成馅心，将馅心和外衣料放入成型机成型。

④ 制备鱼丸外衣　鱼丸外衣各成分配比为，鱼骨肉泥17%、鱼糜50%、磷酸盐0.1%、食用精盐2%、马铃薯淀粉8.5%、白糖2%、姜1.5%、山梨醇1%、蛋清3.4%、肥膘肉14%。

⑤ 制备鱼丸馅心　鱼丸馅心各成分配比为，猪肉肉糜30%、白糖2%、食用精盐2%、果冻状琼脂（琼脂∶水为1∶30）66%。

⑥ 熟化　将水加热至90℃以上，打开成型机使鱼丸落入水中，8分钟内使鱼丸中心温度升至75℃，保持这一温度并翻动鱼丸。待鱼丸漂起时再煮2分钟，完全熟化后捞出，沥去水分，冷风快速冷却。

⑦ 包装　剔除不成型、不熟的鱼丸，将其他快速冷却后的鱼丸计量包装。

⑧ 速冻　将包装后的鱼丸送入速冻机速冻，速冻温度-35℃，时间30分钟。

⑨ 冻藏　将冻好的鱼丸置于-18℃冷库冻藏。

（3）质量指标与参考标准

① 感官指标　个体大小均匀、完整、较饱满，气孔较小且均匀，白度较好，无明显鱼腥味，口感细腻，弹性较好。

② 理化指标　失水率≤6%，水分≤82%，淀粉≤15%。

③ 微生物指标　菌落总数≤3000 cfu/克，大肠菌群≤30MPN/100克，致病菌不得检出。

④ 操作规范参考标准　《食品安全管理体系　水产品加工企业要求》（GB/T 27304—2008），《食品安全国家标准　水产制品生产卫生规范》（GB 20941—2016），《鱼糜加工机械安全卫生技术条件》（GB/T 21291—2007），《水产品冻结操作技术规程》（SC/T 3005—1988）和《水产品加工质量管理规范》（SC/T 3009—1999）。

⑤ 产品质量参考标准　《食品安全国家标准　动物性水产制品》（GB 10136—2015）。

4. 鮰鱼头明胶的提取

（1）工艺流程

酶解→浸酸→浸灰→一道提胶→二道提胶→三道提胶→成品。

（2）操作要点

① 酶解　用碱性蛋白酶将鮰鱼头进行酶解，酶解条件为：pH值9.0，温度50℃，料水比1∶1，加酶量680单位/克，振荡频率152转/分钟。酶解制得白色洁净鱼骨，粉碎至直径小于0.5毫米。

② 浸酸　用盐酸溶液对骨粉除盐，最优浸酸除盐条件为：

盐酸浓度0.4摩尔/升，浸酸温度20℃，骨粉与盐酸比为1 ∶ 5，搅拌速度130转/分钟，每次浸酸1.5小时，共浸酸5次。

③ 浸灰　浸灰最优条件为：浸灰用石灰乳的浓度9克/升，浸灰用石灰乳的用量为5毫升/克骨粉，浸灰时间为144小时。浸灰过程中用磁力搅拌器进行搅拌，间隔搅拌时间为6小时，每次搅拌30分钟。

④ 一道提胶　料液比为4毫升/克（水的体积/骨粉质量），提取温度75℃，pH值为4.0，搅拌速度70转/分钟，提胶时间4小时。

⑤ 二道提胶　料液比4毫升/克（水的体积/骨粉质量），提取温度82.5℃，pH值为2.5，搅拌速度110转/分钟，提胶时间2小时。

⑥ 三道提胶　料液比为4毫升/克（水的体积/骨粉质量），提取温度90℃，pH值为3.0，搅拌速度110转/分钟，提胶时间3小时。

四、鮰鱼内脏的加工利用技术

关于鮰鱼内脏的加工利用国内已有较多报道，如利用内脏提取鱼油、利用鱼鳔和鱼胃开发即食食品和提取蛋白酶等。下面将对鱼油及酶的提取工艺进行简单介绍。

1. 鱼内脏提油工艺

鱼油有较高的营养价值和医疗保健作用。鱼油中含有一定量的ω-3多不饱和脂肪酸（DHA、EPA），它们是一类重要的生理活性物质，有助于提高人体的免疫力、抑制血小板凝集、降低血液中低密度脂蛋白的浓度、降低血液黏度、防止老年痴呆及促进婴幼儿智力发育。将精制鱼油制成胶丸、咀嚼片等，是目前非常流行的一种健康食品。

鱼油的提取方法主要有压榨法、蒸煮法、淡碱水解法、酶解法和超临界流体萃取法等，下面就每种方法简单介绍。

（1）压榨法　在世界范围内，商品鱼油主要来源于鱼粉加工厂，以含油量较高、易腐烂变质、食用价值较低的海产上层鱼类为原料，在生产鱼粉的同时，采用压榨法制取鱼油。压榨法的出油率低，而且加工过程中，蛋白质已变性。

工艺流程：原料→蒸煮→压榨→烘干→粉碎→过筛→鱼粉→水和鱼油→加热→离心→粗鱼油。

（2）蒸煮法　蒸煮法是在蒸煮加热的情况下，使内脏组织的细胞破坏，从而使鱼油分离出来。但是这种方法的提取温度一般较高，会导致鱼油品质下降。

工艺流程：鱼内脏→破碎→加水→充氮气→蒸煮→分离→粗鱼油。

（3）淡碱水解法　淡碱水解法是利用淡碱液将鱼蛋白质组织分解，破坏蛋白质和鱼油的结合关系，从而充分分离鱼油。常用的碱液是氢氧化钠溶液，合肥工业大学张伟伟等也报道过利用氢氧化钾水解提油。此法碱浓度不易控制，过低则水解不完全，过高会引起鱼油的皂化，均会降低油脂的提取率。

工艺流程：鱼内脏→破碎→加水→氢氧化钠调节 pH 值至 8.0→水解→分离→粗鱼油。

（4）酶解法　酶解法是利用蛋白酶破坏蛋白质与脂肪之间的结合，从而释放出油脂。水酶法提油是一种环保的提油工艺，显著特点是安全性好，而且酶解条件温和，生产的鱼油质量高，同时可以充分利用酶水解产生的酶解液含有大量短肽和氨基酸。目前关于这方面国内已有相关研究报道，如合肥工业大学的张伟伟、湖南农业大学的王乔隆等。

工艺流程：鱼内脏→破碎→加水→调节 pH→酶水解→灭酶→离心→真空脱溶→粗鱼油。

（5）超临界流体萃取法　超临界流体萃取法是使样品处于超临界流体的包围中，样品中的脂肪发生溶解，通过沉降从高压溶剂中分离出来。超临界流体萃取技术具有提取率高、选择性好、无溶剂残留、能有效萃取热敏性及易氧化易挥发性物质等优点而越来越受到人们的关注，其缺点是所需设备较多，投入规模较大。

2. 鱼内脏蛋白酶的分离纯化

（1）工艺流程

鲴鱼内脏→粗酶提取→分级沉淀→分离纯化。

（2）操作要点

① 粗酶提取　将斑点叉尾鲴的肠道除污、洗净后，按质量比1：2加入Tris-HCl（4℃、pH值为7.5、0.05摩尔/升的缓冲液），用高速组织捣碎机捣碎，在4℃下离心（14000×g）20分钟，取上清液。按体积比为1：4加入正丙醇（4℃），搅拌均匀后于4℃条件下静置4小时，离心（14000×g）20分钟，收集上清液。

② 分级沉淀　采用硫酸铵分级沉淀的方法，取上清液，加入饱和硫酸铵，使其饱和度为70%，搅拌均匀后在4℃下静置30分钟，离心（14000×g）20分钟，去上清液得沉淀。溶解后透析24小时得粗酶液，保存备用。

③ 分离纯化　将粗酶液用DEAE$_{650}$－M阴离子交换柱分离，以去离子水和氯化钠溶液（1摩尔/升）进行连续梯度洗脱，紫外检测波长为280纳米。透析脱盐后测定蛋白酶活性，收集活性峰溶液。

第八章

斑点叉尾鮰 质量安全监控技术

第一节

我国斑点叉尾鮰质量安全主要问题

我国是水产品生产和消费大国，二十多年来我国的水产品产量高居世界首位，从2000年起，水产品出口贸易额在农产品出口贸易中一直居于首位。水产品生产和加工在国民经济中占有重要地位，水产养殖业已经成为改善营养结构、增加农民收入、推动新农村经济发展的关键行业。

我国的水产养殖业取得了长足的进步，养殖品种日益多样化，一些名特优新的水产养殖品种逐渐形成了一定的养殖规模，其产业化结构日益完善，斑点叉尾鮰就是其中的一种经济性状较为优良的饲养鱼类品种之一。

近年来，随着斑点叉尾鮰养殖规模日益扩大、养殖户和加工企业追求经济效益的同时，斑点叉尾鮰养殖和加工过程中也出现了许多新情况、新问题，如养殖规划、放养密度上的不合理，饵料投喂、药物施用上的不科学，加工工艺标准不统一，加工过程中质量监控存在缺陷，以及病害流行、养殖水域污染等，都将影响斑点叉尾鮰产业的健康稳定发展，无法满足当前水产养殖业高效、环保、质量安全的要求。农业农村部的监测数据显示，我国2016年水产品例行监测合格率达95.9%，较2015年提高0.4个百分点，但低于同年畜禽产品（99.4%）、茶叶（99.4%）、蔬菜（96.8%）、水果（96.2%），位列五大类食用农产品的末位。食品安全事件大数据监测平台的数据显示，在2011—2016年，全国共发生了7505起水产品质量安全事件，约占此时段内所发生的全部食品安全事件（约148320起）总量的5.06%，位居全部食品大类的第三位。鱼类是发生事件量最多的水产品，共发生4933起，所占比例高达65.73%。在水产品全程供应链体系中的各个主要环节均不同程度地发生了质量安全事件，农兽药残留超标、环境污染引发的质量安全问题、微生物污染、寄生虫感染与有毒有害物质污染等是水产品质量安全的主要风险。同时，综合近年来斑点叉尾鮰出口的监测结果可以看出，微生物超标、兽药和非法添加剂残留也仍然时有发生。目前，我国斑点叉尾鮰的质量安全风险主要表现在以下几个方面。

一、环境污染

随着工农业的蓬勃发展，在人类活动的影响下，尤其农田施肥，工业、城市生活污水排放，导致大量氮、磷、重金属等物质进入水体，环境污染越来越严重，渔业环境污染已成为影响水产品质量安全的最主要因素之一。

全国渔业生态环境监测网近些年通过对黄渤海区、东海区、南海区、黑龙江流域、黄河流域、长江流域和珠江流域及其他重点区域的重要渔业水域的水质、沉积物、生物等18项指标进行了监测。其中2015年对76万公顷海水重点养殖区的监测显示，无机氮、活性磷酸盐、石油类超标面积占所监测面积的比例分别为78.1%、52.1%和36.3%；对45.4万公顷江河天然重要渔业水域监测显示，总氮、总磷、非离子氨、高锰酸盐指数的超标面积占所监测面积的比例分别为97.3%、46.9%、20.8%、19.3%。我国主要河流和湖泊存在有机污染，特别是流经城市河段和近岸海域受污染情况更为严重。

随着工业化的快速发展，致使部分工业废污水排到江河湖泊中，其中所含的重金属对水产养殖用水造成了严重污染。汞、砷、镉、铅等重金属被排放到水域环境中，因为其性质稳定、不易代谢等特点，在养殖环境中蓄积在斑点叉尾鮰体内，进而危害人类健康。有机污染物中的二噁英、多环芳烃、多氯联苯等工业化合物及副产物，也都具有可在环境和食物链中富集、毒性强等特点，对食品安全威胁极大。

二、药物残留超标

斑点叉尾鮰在我国主要是集约化养殖模式，养殖生产过程中渔药的广泛使用在提供技术保障的同时，其抗药性的产生、药物残留等问题带来的副作用也日益凸显。目前，我国对渔药在水生动物的作用机理、给药种类、给药剂量、休药期、最终用药时间等都没有一个明确的标准，水产品养殖过程中滥用抗菌药物和药物添加剂的现象普遍存在。渔药的滥用破坏了生态平衡，水生动植物耐药性增强、增加了疾病防治的难度，形成恶性循环；更为严重的是，药物在水生动植物体内蓄积、残留及通过食物链迁移等直接危害消费者的身体健康和生命安全。

虽然农业农村部在《食品动物禁用的兽药及其它化合物清单》（农业部公告第193号）中，明确禁止在水产养殖中使用硝基呋喃类、氯霉素、孔雀石绿等剧毒、高残留的药物，但在实际生产中，这些药物还在被偷偷使用，不仅严重降低了国内消费者对水产品的信任，同时也影响了水产品国际贸易的发展。2007年4月，美国南部三个州从我国出口美国的斑点叉尾鮰冷冻鱼片中检出氟喹诺酮类药残超标后，美国FDA提出对我国出口美国的四类水产品（包括斑点叉尾鮰）采取主动扣留措施，对此后几年斑点叉尾鮰冷冻鱼片等水产品出口造成了很大影响，我国水产养殖和加工等相关产业的发展受到了重创。世界卫生组织多次呼吁减少用于农业的抗生素种类和数量，但是由于利益的驱动，要将渔药等投入品纳入合理使用轨道并非易事。

三、微生物、寄生虫等生物污染

新鲜水产品特别是鱼、虾、贝类在所有新鲜食品中最易腐败。鱼肉和其他肉类相比，自溶作用更迅速，反应中由于产生的酸较少，有利于微生物生长；同时鱼肉还由于三甲胺的生成而更易于腐败变质；此外鱼脂肪多由不饱和脂肪酸构成，因而易与空气中的氧气发生反应而氧化酸败。因此，斑点叉尾鮰等水产品在整个生产、加工、流通和消费过程中，都可能因管理不善而使病原菌、寄生虫及生物毒素进入人类食物链中。

水产品的微生物污染可分为一次性污染和二次性污染。一次性污染是指水产品遭受自然界微生物感染发病，从而导致水产品自身的污染。斑点叉尾鮰苗种培育阶段常见的鱼病有小瓜虫病、孢子虫病、水霉病等，生长过程中易受到一次性污染的微生物主要有河流弧菌、爱德华菌、嗜水气单胞菌、柱状黄杆菌、链球菌等。斑点叉尾鮰感染病原微生物时，虽然一般不传染给人，但也不宜食用。二次性污染是指水产品在加工、储运过程中受到病原微生物和腐败微生物的污染。水产品从捕获到消费要经历一个复杂的过程，这个过程会接触到各种器材、设备和人员，因此大大增加了被污染的概率。对斑点叉尾鮰二次性污染的病原微生物主要有沙门菌、副溶血弧菌、致病性大肠杆菌、志贺菌、金黄色葡萄球菌等，腐败微生物主要是各种杆菌及弧菌等。微生物和寄生虫污染往往是造成食品安全重大事件的主要因素，也始终是各国卫生行政部门和社会各界努力控制的重中之重。

四、食品添加剂

斑点叉尾鮰加工环节的质量安全主要风险除了微生物、寄生虫等生物污染外，还时常检出多聚磷酸盐、亚硝酸盐、亚硫酸盐、二丁基羟基甲苯、山梨酸等食品添加剂超标。有些企业在其生产加工过程中往往会使用一些添加剂，或是防腐，或是发色，或是保水等，以提高斑点叉尾鮰冷冻鱼片的感官性能和质量，但使用未被批准的添加剂或过量使用食品添加剂均可能导致食源性疾病。

多聚磷酸盐类添加剂具有保持水分、改善口感和色泽、增重等作用，在斑点叉尾鮰鱼片加工中应用最为广泛。但是多聚磷酸盐会促进血液凝结，其降解产物磷酸盐也会增大摄入者心脑血管疾病发生的可能性，因此欧盟对多聚磷酸盐的使用限量有明确的规定。部分企业明知此限量要求，但是在利益的驱动下，存在侥幸心理，大量使用多聚磷酸盐，导致出口的斑点叉尾鮰被抽检出食品添加剂超标。

亚硝酸盐也是在水产品加工中广泛使用的食品添加剂，具有保鲜、防腐、使用后颜色鲜艳等功效。少量亚硝酸盐进入血液，产生的高铁血红蛋白通过还原机制自行解毒。但摄入过量亚硝酸盐，高铁血红蛋白达到30%～50%时，可导致贫血样缺血，造成全身各组织特别是脑组织的急性损坏。另外，亚硝酸盐可以与胺类、酰胺类结合产生强致癌物亚硝胺，许多国家对亚硝酸钠在水产鱼类及肉制品中允许用量逐渐降低。我国《食品添加剂使用卫生标准》规定，亚硝酸盐可用于腌制肉品、肉制品，最大使用量为0.15克/千克。

亚硫酸盐也是水产加工广泛使用的漂白剂、防腐剂和抗氧化剂。早期研究资料显示，亚硫酸盐是无害的。然而，随着研究逐步深入，亚硫酸盐的毒性日益受到人们的关注。人类食用过量的亚硫酸盐会导致头痛、恶心、眩晕、气喘等过敏反应。动物长期摄入亚硫酸盐，会出现神经炎、骨髓萎缩等症状并有成长障碍。我国《食品添加剂使用卫生标准》规定，亚硫酸盐在食品中残留量不得超过0.05克/千克。

第二节

斑点叉尾鮰质量安全控制技术措施

斑点叉尾鮰产品的质量与安全，受到养殖环境、苗种与成鱼的健康、饲料的成分与选择、渔药的选择、产品的加工和运输方式等诸多因素的影响。对斑点叉尾鮰产品质量与安全的控制，必须监控"从养殖场到餐桌"的全过程，应对斑点叉尾鮰生产过程中的育苗、养殖、加工、运输和上市的每个环节实行相应的质量保证控制措施，来确保其生产中每个阶段的安全性，最终使消费者获得安全的水产品。中华人民共和国农业部令第31号《水产养殖质量安全管理规定》是规范养殖斑点叉尾鮰质量安全控制措施的主要依据。

本节应用 HACCP 原则，在全面分析了斑点叉尾鮰池塘生产全过程影响质量安全主要风险因素的基础上，提出了包括产地环境、养殖投入品管理、捕捞、加工、销售和储运管理等环节的关键点质量安全控制技术及要求。

一、产地环境控制技术及要求

主要风险因素：养殖水质、底泥中无机污染物（如汞、镉、铅、砷、铬等）；杀虫剂和除草剂等农药残留；石油类、多氯联苯、多环芳烃等持久性有机污染物及致病细菌、病虫卵、病毒等致病性微生物。

1. 养殖场地址选择

斑点叉尾鮰健康养殖产地环境的优化选择是保证无公害产品生产的前提。应从以下几个方面对养殖环境进行综合评估，并对养殖池周围水源和土壤进行检测，保留相关的评估和检测记录：①场地以前的土地使用情况及其重金属、杀虫剂和除草剂（特别是长效化学制剂）的残留程度；②周围农用、民用和工业用水的排污以及土地的侵蚀和溢流情况；③周围农业生产的农药等化学制剂使用情况，包括常用化学制剂种类及其操作方法对水产养殖产品的影响。

场址选择控制措施：①养殖产地周边及上风向、灌溉水源上游应是生态养殖良好，无工业、农业、医疗及城市生活废弃物和废水等其他对渔业水质构成威胁的污染源；②水、电充足，交通便利，排灌方便；③有清除过量底泥的条件；④有防止突发外来水污染的设施或条件；⑤对缺水或循环水养殖地，需有过滤、沉淀和消毒的设施。

2. 养殖用水、产地底质的要求

（1）养殖用水水质和养殖产地底质要求　斑点叉尾鮰养殖水源各项指标应符合GB 11607—1989《渔业水质标准》的要求。养殖用水水质和底质应符合NY/T 5361—2016《无公害农产品淡水养殖产地环境条件》的要求，养殖用水水质要求见表8-1，底质有毒有害物质最高限量应符合表8-2的规定。

表8-1　养殖用水水质要求

序号	项目	标准值
1	色、臭、味	无异色、异臭、异味
2	总大肠菌群	≤5000个/升
3	总汞	≤0.0001毫克/升
4	镉	≤0.005毫克/升
5	铅	≤0.05毫克/升
6	铬（六价）	≤0.05毫克/升
7	砷	≤0.05毫克/升
8	石油类	≤0.05毫克/升
9	挥发酚	≤0.005毫克/升
10	五氯酚钠	≤0.01毫克/升
11	甲基对硫磷	≤0.0005毫克/升
12	乐果	≤0.005毫克/升
13	呋喃丹	≤0.1毫克/升

表8-2　养殖产地底质要求

序号	项目	限量（以干重计）/（毫克/千克）
1	汞	≤0.2
2	镉	≤0.5
3	铅	≤60
4	铬	≤80
5	砷	≤20
6	滴滴涕	≤0.02

（2）养殖环境质量安全控制措施

① 进排水系统分开。

② 养殖区内不应使用农药进行除草。

③ 养殖区内如有畜禽养殖生产，畜禽养殖区与斑点叉尾鲴养殖区应采取必要的隔离措施，避免畜禽养殖的污水和污物污染斑点叉尾鲴养殖区的土壤和水体。

④ 病死动物进行无害化处理。

⑤ 为控制养殖用水污染，使生产的鲴鱼产品达到质量安全，应实施健康养殖水环境改良措施，宜采取物理方法（如栅栏、筛网、过滤、沉淀）、生物修复方法（如微生物净化剂、浮球式生物滤法）和化学方法（如重金属去除法、氧化还原法、混凝法、消毒法及脱氮法）等。

⑥ 定期检测养殖用水水质，保持池塘水质"肥、活、嫩、爽"，水呈黄绿色或茶褐色，透明度保持在25～35厘米。养殖用水水源受到污染时，应立即停止使用，确需使用时，必须经过净化处理达到养殖水质标准再使用。

3. 产地环境保护

建议设置并明示产地标识牌，内容包括产地名称、面积、范围和防止污染警示灯等。并应加强养殖环境保护，制订环保措施。养殖废水排放应保证满足SC/T 9101—2017《淡水池塘养殖水排放要求》的要求。

二、苗种质量安全控制技术及要求

1. 主要风险因素

自身携带的病原体、苗种繁育过程中违规使用禁用药物而带来的药物残留。

2. 苗种控制技术措施

① 制订评价和选择的原则，对苗种供应方从合法性和质量保证能力两个方面进行选择和评价。

② 从具有水产苗种生产许可证的良种场或苗种场购买苗种，保留购买凭证至该批水产品全部销售后2年以上。

③ 采购的苗种符合相应的苗种质量标准并进行检疫或已具备检疫合格证。

④ 自繁苗种外购亲本应来源于省级以上原种场、良种场。

⑤ 采取有效措施防止所购苗种含有禁用药物残留。

⑥ 采取有效方法防止所购苗种携带病原体。

三、饲料质量安全控制技术及要求

主要风险因素：重金属、药物残留、化学污染物、致病微生物、霉菌及真菌毒素。

1. 饲料原料、配合饲料、饲料添加剂相关安全卫生要求

饲料原料的质量安全是保证配合饲料质量安全的前提和基础，配合饲料加工所用的原料应符合各类原料标准的规定，不得使用受潮、发霉、生虫、氧化变质及受到有害金属、农药、石油类等污染的原料。饲料原料及其辅料应符合《饲料卫生标准》（GB 13078—2017）的要求，其安全卫生要求见表8-3。

表8-3　饲料原料及辅料安全卫生要求

序号	项目	产品名称	限量	试验方法
无机污染物				
1	总砷/（毫克/千克）	干草及其加工产品	≤4	GB/T 13079
		棕榈仁饼（粕）	≤4	
		藻类及其加工产品	≤40	
		甲壳类动物及其副产品（虾油除外）、鱼虾粉、水生软体动物及其副产品（油脂除外）	≤15	
		其他水生动物源性饲料原料（不含水生动物油脂）	≤10	
		肉粉、肉骨粉	≤10	
		石粉	≤2	
		其他矿物质饲料原料	≤10	
		油脂	≤7	
		其他饲料原料	≤2	
2	铅/（毫克/千克）	单细胞蛋白饲料原料	≤5	GB/T 13080
		矿物质饲料原料	≤15	
		饲草、粗饲料及其加工产品	≤30	
		其他饲料原料	≤10	
3	氟/（毫克/千克）	甲壳类动物及其副产品	≤3000	GB/T 13083
		其他动物源性饲料原料	≤500	
		蛭石	≤3000	
		其他矿物质饲料原料	≤400	
		其他饲料原料	≤150	

序号	项目	产品名称	限量	试验方法
4	铬/（毫克/千克）	饲料原料	≤5	GB/T 13088
5	汞/（毫克/千克）	鱼、其他水生生物及其副产品类饲料原料	≤0.5	GB/T 13081
		其他饲料原料	≤0.1	
6	镉/（毫克/千克）	藻类及其加工产品	≤2	GB/T 13082
		植物性饲料原料	≤1	
		水生软体动物及其副产品	≤75	
		其他动物源性饲料原料	≤2	
		石粉	≤0.75	
		其他矿物质饲料原料	≤2	
7	亚硝酸盐（以NaNO₂计）/（毫克/千克）	火腿肠粉等肉制品生产过程中获得的前食品和副产品	≤80	GB/T 13085
		其他饲料原料	≤15	
真菌毒素				
8	黄曲霉毒素B₁/（微克/千克）	玉米加工产品、花生饼(粕)	≤50	NY/T 2071
		植物油脂（玉米油、花生油除外）	≤10	
		玉米油、花生油	≤20	
		其他植物性饲料原料	≤30	
9	赭曲霉毒素A/（微克/千克）	谷物及其加工产品	≤100	GB/T 30957
10	玉米赤霉烯酮/（毫克/千克）	玉米及其加工产品（玉米皮、喷浆玉米皮、玉米浆干粉除外）	≤0.5	NY/T 2071
		玉米皮、喷浆玉米皮、玉米浆干粉、玉米酒糟类产品	≤1.5	
		其他植物性饲料原料	≤1	

序号	项目	产品名称	限量	试验方法
11	脱氧雪腐镰刀菌烯醇(呕吐毒素)/(毫克/千克)	植物性饲料原料	≤5	GB/T 30956
12	T-2毒素/(毫克/千克)	植物性饲料原料	≤0.5	NY/T 2071
13	伏马毒素(B_1+B_2)/(毫克/千克)	玉米及其加工产品、玉米酒糟类产品、玉米青贮饲料和玉米秸秆	≤60	NY/T 1970
天然植物毒素				
14	氰化物(以HCN计)/(毫克/千克)	亚麻籽（胡麻籽）	≤250	GB/T 13084
		亚麻籽（胡麻籽）饼、亚麻籽（胡麻籽）粕	≤350	
		木薯及其加工产品	≤100	
		其他饲料原料	≤50	
15	游离棉酚/(毫克/千克)	棉籽油	≤200	GB/T 13086
		棉籽	≤5000	
		脱酚棉籽蛋白、发酵棉籽蛋白	≤400	
		其他棉籽加工产品	≤1200	
		其他饲料原料	≤20	
16	异硫氰酸酯（以丙烯基异硫氰酸酯计）/(毫克/千克)	菜籽及其加工产品	≤4000	GB/T 13087
		其他饲料原料	≤100	
17	噁唑烷硫酮（以5-乙烯基-噁唑-2-硫酮计）/(毫克/千克)	菜籽及其加工产品	≤2500	GB/T 13089

序号	项目	产品名称	限量	试验方法
有机氯污染物				
18	多氯联苯（PCB，以 PCB28、PCB52、PCB101、PCB138、PCB153、PCB180 之和计）/（微克/千克）	植物性饲料原料	≤10	GB 5009.190
		矿物质饲料原料	≤10	
		动物脂肪、乳脂和蛋脂	≤10	
		其他陆生动物产品，包括乳、蛋及其制品	≤10	
		鱼油	≤175	
		鱼和其他水生动物及其制品（鱼油、脂肪含量大于20%的鱼蛋白水解物除外）	≤30	
		脂肪含量大于20%的鱼蛋白水解物	≤50	
19	六六六 (HCH，以 α-HCH、β-HCH、γ-HCH 之和计)/（毫克/千克）	谷物及其加工产品（油脂除外）、油料籽实及其加工产品（油脂除外）、鱼粉	≤0.05	GB/T 13090
		油脂	≤2.0	GB/T 5009.19
		其他饲料原料	≤0.2	GB/T 13090
20	滴滴涕（以 p,p'-DDE、o,p'-DDT、p,p'-DDD、p,p'-DDT 之和计）/（毫克/千克）	谷物及其加工产品（油脂除外）、油料籽实及其加工产品（油脂除外）、鱼粉	≤0.02	GB/T 13090
		油脂	≤0.5	GB/T 5009.19
		其他饲料原料	≤0.05	GB/T 13090
21	六氯苯(HCB)/（毫克/千克）	油脂	≤0.2	SN/T 0127
		其他饲料原料	≤0.01	

序号	项目	产品名称	限量	试验方法
微生物污染物				
22	霉菌总数/（cfu/千克）	谷物及其加工产品	$<4\times10^4$	GB/T 13092
		饼粕类饲料原料（发酵产品除外）	$<4\times10^3$	
		乳制品及其加工副产品	$<1\times10^3$	
		鱼粉	$<1\times10^4$	
		其他动物源性饲料原料	$<2\times10^4$	
23	细菌总数/（cfu/千克）	动物源性饲料原料	$<2\times10^6$	GB/T 13093
24	沙门菌/（cfu/25克）	饲料原料和饲料产品	不得检出	GB/T 13091

资料来源：《饲料卫生标准》（GB 13078—2017）。

注：所列限量，除霉菌总数、细菌总数、沙门菌外，均以干物质含量88%为基础计算。

斑点叉尾鮰养殖过程中应尽量使用配合饲料，其质量安全应符合《无公害食品　渔用配合饲料安全限量》（NY 5072—2002）的要求，安全卫生要求见表8-4。

表8-4　渔用配合饲料的安全卫生要求

序号	卫生指标项目	适用范围	限量	试验方法
1	铅（以Pb计）/（毫克/千克）	各类渔用配合饲料	≤5.0	GB/T 13080
2	汞（以Hg计）/（毫克/千克）	各类渔用配合饲料	≤0.5	GB/T 13081
3	无机砷（以As计）/（毫克/千克）	各类渔用配合饲料	≤3	GB/T 5009.45

序号	卫生指标项目	适用范围	限量	试验方法
4	镉（以Cd计）/（毫克/千克）	海水鱼类、虾类配合饲料	≤ 3	GB/T 13082
		其他渔用配合饲料	≤ 0.5	
5	铬（以Cr计）/（毫克/千克）	各类渔用配合饲料	≤ 10	GB/T 13088
6	氟（以F计）/（毫克/千克）	各类渔用配合饲料	≤ 350	GB/T 13083
7	游离棉酚/（毫克/千克）	温水杂食性鱼类、虾类配合饲料	≤ 300	GB/T 13086
		冷水性鱼类、海水鱼类配合饲料	≤ 150	
8	氰化物/（毫克/千克）	各类渔用配合饲料	≤ 50	GB/T 13084
9	多氯联苯/（毫克/千克）	各类渔用配合饲料	≤ 0.3	GB/T 9675
10	异硫氰酸酯/（毫克/千克）	各类渔用配合饲料	≤ 500	GB/T 13087
11	噁唑烷硫酮/（毫克/千克）	各类渔用配合饲料	≤ 500	GB/T 13089
12	油脂酸价（KOH）/（毫克/千克）	渔用育苗配合饲料	≤ 2	SC/T 3501
		渔用育成配合饲料	≤ 6	
		鳗鲡育成配合饲料	≤ 3	
13	黄曲霉毒素B_1/（毫克/千克）	各类渔用配合饲料	≤ 0.01	GB/T 17480 或 GB/T 8381

序号	卫生指标项目	适用范围	限量	试验方法
14	六六六/（毫克/千克）	各类渔用配合饲料	≤ 0.3	GB/T 13090
15	滴滴涕/（毫克/千克）	各类渔用配合饲料	≤ 0.2	GB/T 13090
16	沙门菌/（cfu/25克）	各类渔用配合饲料	不得检出	GB/T 13091
17	霉菌/（cfu/克）	各类渔用配合饲料	≤ 3×10^4	GB/T 13092

资料来源：《无公害食品　渔用配合饲料安全限量》（NY 5072-2002）。

对于渔用饲料一般营养性添加剂的选用还应符合《饲料添加剂品种目录》（农业部公告第658号）的规定，部分渔用饲料添加剂品种目录参见表8-5。

表8-5　渔用饲料添加剂品种目录

类别	通用名称
氨基酸	L-赖氨酸盐酸盐、L-赖氨酸硫酸盐、DL-蛋氨酸、L-苏氨酸、L-色氨酸
维生素	维生素A、维生素A乙酸酯、维生素A棕榈酸酯、盐酸硫胺（维生素B$_1$）、硝酸硫胺（维生素B$_1$）、核黄素（维生素B$_2$）、盐酸吡哆醇（维生素B$_6$）、维生素B$_{12}$（氰钴胺）、L-抗坏血酸（维生素C）、L-抗坏血酸钙、L-抗坏血酸-2-磷酸酯、维生素D$_3$、α-生育酚（维生素E）、α-生育酚乙酸酯、亚硫酸氢钠甲萘醌（维生素K$_3$）、二甲基嘧啶醇亚硫酸甲萘醌*、亚硫酸烟酰胺甲萘醌、烟酸、烟酰胺、D-泛酸钙、DL-泛酸钙、叶酸、D-生物素、氯化胆碱、肌醇、L-肉碱盐酸盐
矿物质元素及其络合物	氯化钠、硫酸钠、磷酸二氢钠、磷酸氢二钠、磷酸二氢钾、磷酸氢二钾、轻质碳酸钙、氯化钙、磷酸氢钙、磷酸二氢钙、磷酸三钙、乳酸钙、七水硫酸镁、一水硫酸镁、氧化镁、氯化镁、六水柠檬酸亚铁、富马酸亚铁、三水乳酸亚铁、七水硫酸亚铁、一水硫酸亚铁、一水硫酸铜、五水硫酸铜、氧化锌、七水硫酸锌、一水硫酸锌、无水硫酸锌、氯化锰、氧化锰、一水硫酸锰、碘化钾、碘酸钾、碘酸钙、六水氯化钴、一水氯化钴、硫酸钴、亚硒酸钠、蛋氨酸铜络合物、甘氨酸铁络合物、蛋氨酸铁络合物、蛋氨酸锌络合物、酵母铜、酵母铁、酵母锰、酵母硒

类别	通用名称
酶制剂	淀粉酶(产自黑曲霉、解淀粉芽孢杆菌、地衣芽孢杆菌、枯草芽孢杆菌)、纤维素酶(产自长柄木霉、李氏木霉)、β-葡聚糖酶(产自黑曲霉、枯草芽孢杆菌、长柄木霉)、葡萄糖氧化酶（产自特异青霉）、脂肪酶(产自黑曲霉)、麦芽糖酶（产自枯草芽孢杆菌）、甘露聚糖酶（产自迟缓芽孢杆菌）、果胶酶（产自黑曲霉）、植酸酶（产自黑曲霉、米曲霉）、蛋白酶(产自黑曲霉、米曲霉、枯草芽孢杆菌)、支链淀粉酶(产自酸解支链淀粉芽孢杆菌)、木聚糖酶（产自米曲霉、孤独腐质霉、长柄木霉、枯草芽孢杆菌*、李氏木霉*）、半乳甘露聚糖酶（产自黑曲霉和米曲霉）
微生物	地衣芽孢杆菌*、枯草芽孢杆菌、两歧双歧杆菌*、粪肠球菌、屎肠球菌、乳酸肠球菌、嗜酸乳杆菌、干酪乳杆菌、乳酸乳杆菌*、植物乳杆菌、乳酸片球菌、戊糖片球菌*、产朊假丝酵母、酿酒酵母、沼泽红假单胞菌
抗氧化剂	乙氧基喹啉、丁基羟基茴香醚（BHA）、二丁基羟基甲苯（BHT）、没食子酸丙酯
防腐剂、防霉剂和酸化剂	甲酸、甲酸铵、甲酸钙、乙酸、双乙酸钠、丙酸、丙酸铵、丙酸钠、丙酸钙、丁酸、丁酸钠、乳酸、苯甲酸、苯甲酸钠、山梨酸、山梨酸钠、山梨酸钾、富马酸、柠檬酸、酒石酸、苹果酸、磷酸、氢氧化钠、碳酸氢钠、氯化钾、碳酸钠
着色剂	虾青素
调味剂和香料	糖精钠、谷氨酸钠、5′-肌苷酸二钠、5′-鸟苷酸二钠、血根碱、食品用香料
黏结剂、抗结块剂和稳定剂	α-淀粉、三氧化二铝、可食脂肪酸钙盐、硅酸钙、硬脂酸钙、甘油脂肪酸酯、聚丙烯酸树脂Ⅱ、聚氧乙烯20山梨醇酐单油酸酯、丙二醇、二氧化硅、海藻酸钠、羧甲基纤维素钠、聚丙烯酸钠、山梨醇酐脂肪酸酯、蔗糖脂肪酸酯、焦磷酸二钠、单硬脂酸甘油酯
	丙三醇

类别	通用名称
多糖和寡糖	果寡糖、甘露寡糖
其他	甜菜碱、甜菜碱盐酸盐、天然甜菜碱、大蒜素、聚乙烯聚吡咯烷酮(PVP)、山梨糖醇、大豆磷脂、天然类固醇萨洒皂角苷（源自丝兰）、二十二碳六烯酸、半胱胺盐酸盐

　　对药物添加剂应有选择地使用，且必须符合《饲料药物添加剂使用规范》（农业部公告第168号）及《禁止在饲料和动物饮用水中使用的药物品种目录》（农业部公告第176号）的规定，禁止在饲料和动物饮用水中使用的药物品种目录参见表8-6。

表8-6　禁止在饲料和动物饮用水中使用的药物品种目录

序号	类别	药物品种
1	肾上腺素受体激动剂	盐酸克仑特罗（Clenbuterol Hydrochloride）：中华人民共和国药典（以下简称药典）2000年二部P605。β_2肾上腺素受体激动药
2		沙丁胺醇（Salbutamol）：药典2000年二部P316。β_2肾上腺素受体激动药
3		硫酸沙丁胺醇（Salbutamol Sulfate）：药典2000年二部P870。β_2肾上腺素受体激动药
4		莱克多巴胺（Ractopamine）：一种β兴奋剂，美国食品和药物管理局（FDA）已批准，中国未批准
5		盐酸多巴胺（Dopamine Hydrochloride）：药典2000年二部P591。多巴胺受体激动药
6		西马特罗（Cimaterol）：美国氰胺公司开发的产品，一种β兴奋剂，FDA未批准
7		硫酸特布他林（Terbutaline Sulfate）：药典2000年二部P890。β_2肾上腺素受体激动药

序号	类别	药物品种
8	性激素	己烯雌酚（Diethylstibestrol）：药典2000年二部P42。雌激素类药
9		雌二醇（Estradiol）：药典2000年二部P1005。雌激素类药
10		戊酸雌二醇（Estradiol Valerate）：药典2000年二部P124。雌激素类药
11		苯甲酸雌二醇（Estradiol Benzoate）：药典2000年二部P369。雌激素类药。中华人民共和国兽药典（以下简称兽药典）2000年版一部P109。雌激素类药。用于发情不明显动物的催情及胎衣滞留、死胎的排除
12		氯烯雌醚（Chlorotrianisene）：药典2000年二部P919
13		炔诺醇（Ethinylestradiol）：药典2000年二部P422
14		炔诺醚（Quinestrol）：药典2000年二部P424
15		醋酸氯地孕酮（Chlormadinone acetate）：药典2000年二部P1037
16		左炔诺孕酮（Levonorgestrel）：药典2000年二部P107
17		炔诺酮（Norethisterone）：药典2000年二部P420
18		绒毛膜促性腺激素（绒促性素）（Chorionic Gonadotrophin）：药典2000年二部P534。促性腺激素药。兽药典2000年版一部P146。激素类药。用于性功能障碍、习惯性流产及卵巢囊肿等
19		促卵泡生长激素（尿促性素主要含卵泡刺激素FSHT和黄体生成素LH）（Menotropins）：药典2000年二部P321。促性腺激素类药
20	蛋白同化激素	碘化酪蛋白（Iodinated Casein）：蛋白同化激素类，为甲状腺素的前驱物质，具有类似甲状腺素的生理作用
21		苯丙酸诺龙及苯丙酸诺龙注射液（Nandrolone phenylpropionate）：药典2000年二部P365

序号	类别	药物品种
22	精神药品	（盐酸）氯丙嗪（Chlorpromazine Hydrochloride）：药典2000年二部P676。抗精神病药。兽药典2000年版一部P177。镇静药。用于强化麻醉以及使动物安静等
23		盐酸异丙嗪（Promethazine Hydrochloride）：药典2000年二部P602。抗组胺药。兽药典2000年版一部P164。抗组胺药。用于变态反应性疾病，如荨麻疹、血清病等
24		安定（地西泮）（Diazepam）：药典2000年二部P214。抗焦虑药、抗惊厥药。兽药典2000年版一部P61。镇静药、抗惊厥药
25		苯巴比妥（Phenobarbital）：药典2000年二部P362。镇静催眠药、抗惊厥药。兽药典2000年版一部P103。巴比妥类药。缓解脑炎、破伤风、士的宁中毒所致的惊厥
26		苯巴比妥钠（Phenobarbital Sodium）：兽药典2000年版一部P105。巴比妥类药。缓解脑炎、破伤风、士的宁中毒所致的惊厥
27		巴比妥（Barbital）：兽药典2000年版一部P27。中枢抑制和增强解热镇痛
28		异戊巴比妥（Amobarbital）：药典2000年二部P252。催眠药、抗惊厥药
29		异戊巴比妥钠（Amobarbital Sodium）：兽药典2000年版一部P82。巴比妥类药。用于小动物的镇静、抗惊厥和麻醉
30		利血平（Reserpine）：药典2000年二部P304。抗高血压药
31		艾司唑仑（Estazolam）
32		甲丙氨脂（Meprobamate）
33		咪达唑仑（Midazolam）
34		硝西泮（Nitrazepam）
35		奥沙西泮（Oxazepam）
36		匹莫林（Pemoline）
37		三唑仑（Triazolam）
38		唑吡旦（Zolpidem）
39		其他国家管制的精神药品

序号	类别	药物品种
40	各种抗生素滤渣	抗生素滤渣：该类物质是抗生素类产品生产过程中产生的工业三废，因含有微量抗生素成分，在饲料和饲养过程中使用后对动物有一定的促生长作用。但对养殖业的危害很大，一是容易引起耐药性，二是由于未做安全性试验，存在各种安全隐患

2. 饲料采购或自制质量安全控制措施

（1）饲料及饲料原料采购质量安全控制措施

① 制订选择和评价的原则，对饲料供应方从合法性和质量保证能力两个方面进行评价和选择。

② 应采购由具有生产许可证和进口登记证的企业生产的配合饲料。

③ 市场上有适用的配合饲料产品时，尽量避免采购冰鲜动物性饲料。

④ 采购的饲料、饲料添加剂应有产品质量检验合格证、生产许可证、产品批准文号或进口登记许可证，不应购买或使用停用、禁用、淘汰或标签内容不符合相关法规规定的产品和未经批准登记的进口产品。

⑤ 用作饲料的植物性饵料和动物性饵料应来源于无污染的产地。

⑥ 严格按规定挑选稳定的原料产地、购买地。保存饲料及饲料添加剂购买记录和相关购买凭证。

⑦ 饲料企业原料采购人员，除应对国内外饲料原料的价格充分了解之外，还应对企业所用的各种原料的产地环境质量情况了如指掌，一旦将原料产地确定后，除非遇到价格的巨大波动，否则应长期稳定原料购买地，这样能充分保证原料的清洁卫生。

⑧ 在原料进库前，有条件时可对原料进行认真的质量指标

检验，对不合格的原料，坚决实行质检一票否决制。

（2）自制饲料质量安全控制措施

① 当企业自繁苗种或自制饲料时，应确定或制订与执行相应的生产技术标准和产品质量标准。

② 生产过程和产品应符合相关法规和标准的规定。

③ 企业应配备与自制生产和质量检验相适应的专业技术人员。

④ 养殖企业自行生产配合饲料时，所用原料、饲料添加剂和药物饲料添加剂应在国家农业行政主管部门规定的目录范围内。

⑤ 应保存原料清单和购买凭证。

⑥ 所生产的饲料应符合 NY 5072 的要求。

（3）对记录的要求　企业应制订书面的饲料采购、生产和储存的指导性文件，并保持相关记录。所采购投入品的相关文件资料应保存至该批水产品销售后2年以上。

3. 饲料和饲料添加剂的储存质量安全控制措施

① 仓库通风，能密闭；有防雨、防潮、防火、防爆、防虫、防鼠和防鸟等保护设施。

② 同一仓库中不同种类的饲料和饲料配料分开存放，标识清楚，避免混杂；不同种类或特性的药物饲料应标示清晰，分开存放；对不同种类饲料，应采取相应的储存方式；饲料不超保质期储存；饲料库内不存放化肥和药品等与饲料无关的化学制剂；饲料库应定期清扫和消毒。

③ 饲料库内不应使用药物灭鼠；使用鲜活饵料的养殖场，应具备保鲜储存条件；变质和过期饲料（饵料）应进行标示、隔离，并安全处置；饲料堆放时不要紧靠墙壁，要留一人行道，堆形采用"工"字形和"井"字形，袋包间应有空隙，便于通风、散热、散湿。

4. 投喂技术控制措施

在水产养殖生产过程中，合理选用优质饲料，采用科学投饲技术，能促进鱼类正常生长，降低生产成本，并提高经济效益；反之，如果饲料选用不当，投饲技术不合理，将不仅浪费饲料、降低效益，而且会引起水质污染，诱发鱼病。投饲技术包括投饲时间、投喂量、投饲次数及投饲方法等。我国传统养鱼生产中提倡的"四定"（即定质、定量、定时、定位）和"三看"（看天气、看水质、看鱼情）的投饲原则，是对投饲技术的经验概括。

对饲料投喂情况进行记录，内容至少包括投喂的饲料名称、饲料添加剂名称、投喂时间和投喂量等，并采取有效措施防止过量投喂。

投喂斑点叉尾鮰时，除日常注意水温变化、水中溶解氧含量的高低、日投喂量，以及定时、定位和定质外，还应注意以下一些相关问题。

一是投喂做到耐心细致。鱼类投喂是在水中进行的，投喂的方法掌握不好，很容易造成饲料浪费，尤其是在流水和网箱饲养中，故在投喂时，应尽量做到饲料投到水中能很快被鱼摄食。在池塘养殖中，每次投喂开始时，投饲速度要慢，待鱼全部集中到投喂点时，投饲的速度再加快。投喂颗粒饲料的密度必须要考虑到有些鱼能在水面吃到，而另一些鱼也能在底部吃到。每次投喂约半个小时，保证大部分鱼吃饱即可。手撒投喂时，切勿把饲料一起投到水里，这样会使饲料未被鱼摄食而先溶失掉，造成饲料利用率低。

二是加工或选购投喂的颗粒饲料要注意适合各生长阶段的鱼吞食。

三是投喂时要注意配合饲料不要与天然饲料同时投喂，要注意发霉变质的饲料不要投喂。饲料发霉变质后，其营养成分会受到破坏，同时会产生毒素（如黄曲霉素），用于投喂效果不好，同时导致鱼生病，影响水产品品质，甚至造成鱼死亡。

1. 水产养殖中禁用药物及其危害

我国对渔药的管理依据主要有《中华人民共和国渔业法》《中华人民共和国兽药管理条例》《中华人民共和国农产品质量安全法》及《中华人民共和国兽药典》等。农业部2001年制定了《饲料药物添加剂使用规范》（以下简称《规范》），只允许33种兽药作为促长剂在动物饲料中长时间添加，23种兽药可在规定疗程下给药，并规定了50种兽药的休药期，同时严格控制用药剂量，凡在饲养过程中使用药物饲料添加剂，需按照《规范》规定执行，不得超范围、超剂量使用药物饲料添加剂。农业部2002年4月发布的《食品动物禁用的兽药及其他化合物清单》明确规定了包括氯霉素、呋喃唑酮在内共21个（类）品种为禁用药品。

（1）水产养殖中禁用的21类药物　为了提高水产品质量，保障消费者食用安全，增强我国水产品国际竞争力，促进水产品国际贸易的顺利发展，水产养殖中要禁用以下21类药物。

① β-兴奋剂类　克仑特罗、沙丁胺醇、西马特罗及其盐、酯及制剂。

② 性激素类　己烯雌酚及其盐、酯及制剂。

③ 具有雌激素样作用的物质　玉米赤霉醇、去甲雄三烯醇酮、醋酸甲孕酮及其制剂。

④ 氯霉素及其盐、酯（包括琥珀氯霉素）、制剂。

⑤ 氨苯砜及其制剂。

⑥ 硝基呋喃类　呋喃唑酮、呋喃它酮、呋喃苯烯酸钠及其制剂。

⑦ 硝基化合物　硝基酚钠、硝呋烯腙及其制剂。

⑧ 催眠、镇静类　安眠酮及其制剂。

⑨ 林丹（丙体六六六）。

⑩ 毒杀芬（氯化烯）。

⑪ 呋喃丹（克百威）。

⑫ 杀虫脒（克死螨）。

⑬ 双甲脒。

⑭ 酒石酸锑钾。

⑮ 锥虫胂胺。

⑯ 孔雀石绿。

⑰ 五氯酚酸钠。

⑱ 各种汞制剂　氯化亚汞、硝酸亚汞、醋酸汞、吡啶基醋酸汞。

⑲ 性激素类　甲基睾丸酮、丙酸睾酮、苯丙酸诺龙、苯甲酸雌二醇及其盐、酯、制剂。

⑳ 催眠、镇静类　氯丙嗪、地西泮及其盐、酯、制剂。

㉑ 硝基咪唑类　甲硝唑、地美硝唑及其盐、酯、制剂。

此外，2015年9月1日农业部第2292号公告发布了在食品动物中停止使用洛美沙星、培氟沙星、氧氟沙星、诺氟沙星4种兽药的决定，我国打响了"饲料禁抗"的第一枪。

（2）水产养殖中禁用的渔药　《无公害食品　渔用药物使用准则》（NY 5071—2002）规定了主要禁用渔药，见表8-7。

表8-7　禁用渔药

药物名称	化学名称(组成)	别名
地虫硫磷 fonofos	0-2基-S苯基二硫代磷酸乙酯	大风雷
六六六 BHC(HCH) benzem,bexachloridge	1,2,3,4,5,6-六氯环己烷	
林丹 lindane,gammaxare,gamma-BHC，gamma-HCH	γ-1,2,3,4,5,6-六氯环己烷	丙体六六六
毒杀芬 camphechlor(ISO)	八氯莰烯	氯化莰烯

药物名称	化学名称(组成)	别名
滴滴涕 DDT	2,2-双(对氯苯基)-1,1,1-三氯乙烷	
甘汞 calomel	二氯化汞	
硝酸亚汞 mercurous nitrate	硝酸亚汞	
醋酸汞 mercuric acetate	醋酸汞	
呋喃丹 carbofuran	2,3-二氢-2,2-二甲基-7-苯并呋喃基-甲基氨基甲酸酯	克百威、大扶农
杀虫脒 chlordimeform	N-(2-甲基-4-氯苯基)N',N'-二甲基甲脒盐酸盐	克死螨
双甲脒 anitraz	1,5-双-(2,4-二甲基苯基)-3-甲基-1,3,5-三氮戊二烯-1,4	二甲苯胺脒
氟氰戊菊酯 flucythrinate	(R，S)-α-氰基-3-苯氧苄基-(R，S)-2-(4-二氟甲氧基)-3-甲基丁酸酯	保好江乌、氟氰菊酯
五氯酚钠 PCP-Na	五氯酚钠	
孔雀石绿 malachite green	$C_{23}H_{25}CIN_2$	碱性绿、盐基块绿、孔雀绿
锥虫肿胺 tryparsamide		
酒石酸锑钾 antimonyl potassium tartrate	酒石酸锑钾	
磺胺噻唑 sulfathiazolum ST, norsultazo	2-(对氨基苯磺酰胺)-噻唑	消治龙
磺胺脒 sulfaguanidine	N_1-脒基磺胺	磺胺胍
呋喃西林 furacillinum, nitrofurazone	5-硝基呋喃醛缩氨基脲	呋喃新
呋喃唑酮 furazolidonum, nifulidone	3-(5-硝基糠叉胺基)-2-噁唑烷酮	痢特灵
呋喃那斯 furanacc, nifurpirinol	6-羟甲基-2-[-5-硝基-2-呋喃基乙烯基]吡啶	P-7138(实验名)

药物名称	化学名称(组成)	别名
氯霉素(包括其盐、酯及制剂) chloramphennicol	由委内瑞拉链霉素产生或合成法制成	
红霉素 erythromycin	属微生物合成,是 Streptomyces *eyythreus* 产生的抗生素	
杆菌肽锌 zinc bacitracin premin	由枯草杆菌 *Bacillus subtilis* 或 *B.leicheniformis* 所产生的抗生素,为一含有噻唑环的多肽化合物	枯草菌肽
泰乐菌素 tylosin	*S.fradiae* 所产生的抗生素	
环丙沙星 ciprofloxacin(CIPRO)	为合成的第三代喹诺酮类抗菌药,常用盐酸盐水合物	环丙氟哌酸
阿伏帕星 avoparcin		阿伏霉素
喹乙醇 olaquindox	喹乙醇	喹酰胺醇羟乙喹氧
速达肥 fenbendazole	5-苯硫基-2-苯并咪唑	苯硫哒唑氨甲基甲酯
己烯雌酚(包括雌二醇等其他类似合成等雌性激素) diethylstilbestrol,stilbestrol	人工合成的非甾体雌激素	己烯雌酚,人造求偶素
甲基睾丸酮 (包括丙酸睾丸素、去氢甲睾酮以及同化物等雄性激素) methyltestosterone,metandren	睾丸素 C_{17} 的甲基衍生物	甲睾酮甲基睾酮

资料来源:《无公害食品 渔用药物使用准则》(NY 5071—2002)。

（3）水产养殖禁用药物残留危害　部分禁用渔药残留的危害见表8-8。

表8-8　部分禁用渔药残留的危害

药物名称	危　害
氯霉素	抑制骨髓造血功能，造成过敏反应，引起再生障碍性贫血（包括白细胞减少、红细胞减少、血小板减少等），此外还可引起肠道菌群失调及抑制抗体形成
呋喃类	长期使用和滥用会对人造成潜在危害，引起溶血性贫血、多发性神经炎、眼部损害和急性肝坏死等
磺胺类药	使肝、肾等器官负荷过重引发不良反应，如颗粒性白细胞缺乏症，急性及亚急性溶血性贫血，以及再生障碍性贫血等症状
孔雀石绿	致癌、致畸、致突变，能溶解足够的锌，引起水生生物中毒
硫酸铜	妨碍肠道酶（如胰蛋白酶、α-淀粉酶等）的作用，影响鱼摄食与生长，使鱼肾血管扩大，血管周围的肾坏死，造血组织破坏，肝脂肪增加
五氯酚钠	造成中枢神经系统、肝、肾等器官的损害，对鱼类等水生动物毒性极大。该药对人类也有一定毒性，对人的皮肤、鼻、眼等黏膜刺激性强，使用不当，可引起中毒
甘汞、硝酸亚汞、醋酸汞等汞制剂	易富集中毒，蓄积性残留造成肾损害，有较强的"三致"作用
杀虫脒、双甲脒等杀虫剂	对鱼有较高毒性，中间代谢产物有致癌作用，对人类具有潜在致癌性
林丹	毒性高，自然降解慢，残留期长，有富集作用。长期使用，通过食物链的传递，可对人体致癌
毒杀芬	毒性大，对斑点叉尾鲴96hrs的LC50为0.0131毫克/升，对生物有富集作用，对水产动物有致病变的潜在危险
喹乙醇	对水产养殖动物的肝、肾功能造成很大损害，引起水产养殖动物肝脏肿大、腹水，应激能力和适应能力降低，捕捞、运输时发生全身出血而死亡。如果长期使用该类药，则会造成耐药性，导致肠球菌广为流行，严重危害人类健康

药物名称	危害
己烯雌酚、黄体酮等雌激素	扰乱激素平衡，可引起恶心、呕吐、食欲不振、头痛等，损害肝脏和肾脏，导致儿童性早熟，男孩女性化。还可引起子宫内膜过度增生，诱发女性乳腺癌、卵巢癌、胎儿畸形等
甲基睾丸酮、甲基睾丸素等雄激素	引起雄性化作用，对肝脏有一定损害，可引起水肿或血钙过高，有致癌危险
锥虫胂胺	由于砷有剧毒，其制剂不仅可在生物体内形成富集，而且还可对水域环境造成污染，因此它具有较强的毒性
酒石酸锑钾	一种毒性很大的药物，尤其是对心脏毒性大，能导致室性心动过速、早搏，甚至发生急性心源性脑缺血综合征；该药还可使肝转氨酶升高，肝肿大，出现黄疸，并发展成中毒性肝炎

2. 渔药及其他化学制剂、生物制剂选购质量安全控制措施

主要风险因素：禁用药物和其他化学制剂、生物制剂。

（1）选择原则 总体原则是鼓励使用国家颁布的推荐用药，注意药物相互作用，避免配伍禁忌，优先选用高效、低毒、低残留药物，把药物防治与生态防治、免疫防治结合起来。在选择药物时应注意以下几点。

① 有效性 在鱼病治疗中应坚持高效、速效和长效的原则，使经过药物治疗以后，有效率达到70%以上。给药后死亡率的降低常是确定给药疗效的一个主要依据，同时还必须从摄食率、增重率、饲料效率等方面来进一步确定，并以病理组织学证明治愈作为依据。在选择抗生素时应依据以下几点：a. 根据细菌的特性，选择合适药物的抗菌谱；b. 根据养殖现场分离到的致病菌株进行的药物敏感性试验结果；c. 为了增强药物的针对性，了解药物对病原菌的作用类型是很有必要的。

② 安全性 从药物对养殖对象本身的毒性损害、对水域环境的污染及对人体健康的影响三方面考虑。

③ 方便性 操作方便和容易掌握也是选择渔药的要求之一，

渔药大多是间接地对群体用药，一般采用投喂药饵或将药物投放到养殖水体中进行药浴。

④ 经济性　水产养殖具有广泛、分散、大面积的特点，使用药物时需要的药量比较大（尤其是药浴），应在保证疗效和安全性的原则下选择廉价易得的药物。

（2）渔药采购环境质量安全控制措施

① 制订评价和选择的原则，对渔药及其他化学制剂、生物制剂供应方从合法性和质量保证能力两个方面进行评价和选择。

② 采购的渔药及其他化学制剂、生物制剂应有产品质量检验合格证、生产许可证、产品批准文号或进口登记许可证。

③ 不应购买或使用停用、禁用、淘汰或与标签内容不符合相关法规规定的产品和未经批准登记的进口产品；不应购买国家法规、农业行政主管部门规章和 NY 5071 规定的禁止在水产养殖生产中使用的药品及其他化学品，包括禁用兽（渔）药、人用药、原料药、非水产用兽药和含有有毒有害化学物质但标明"非药品"的产品。

④ 应以具有兽药经营许可证的供应商或 GMP 认证的兽药企业购买有国务院兽药行政管理部门批准文号或进口兽药等级许可证号的兽药（水产用）。

⑤ 购买水产用处方药应由水生动物类执业兽医开具处方，应由专门的技术人员负责兽药（水产用）和其他化学品的采购。

⑥ 购买时应注意药品名称与渔药的产品质量标准，仔细阅读标签，认清产品的主要成分、含量等，必要时可通过含量测定确定药品中有效成分的含量范围。

⑦ 所采购渔药及其他化学制剂和生物制剂的相关文件资料应保存至该批水产品销售后 2 年以上。

3. 渔药及其他化学制剂、生物制剂储藏与保管质量安全控制措施

主要风险因素：药物误用。

渔药的储藏与保管应做到科学、安全、合理，渔药、其他

化学制剂和生物制剂的储存应做到以下几点。

① 仓库通风，能密闭，有防潮、防火、防爆、防虫、防鼠和防鸟设施；与饲料和水产品储存、加工场所隔离；应根据不同产品的储存要求提供适宜的储存条件。

② 应设专用药库或药柜，渔药及其他化学品应分类存放；将外用药与内用药物分开储藏；性能相反的药物（如酸类与碱类、氧化剂与还原剂等药品）以及名称容易混淆的药品需分开储存；养殖区内不应储存国家法律法规和 NY 5071 禁止在水产养殖生产中使用的渔药和其他化学品及其包装物；储存溶解渔药一般宜选用陶瓷、木质或塑料等非金属材料制成的容器，尽量不使用金属器皿。

③ 应指定专人负责渔药及其他化学品的储存，防止无关人员随意接触，保管人员应对药品本身的理化性质明确了解，熟悉环境因素对药品质量的影响，并针对不同类别的药品采取有效的措施和方法进行储藏。例如硫酸亚铁、硫代硫酸钠等易吸潮变质；硫酸铜、硼砂等易风化；漂白粉、浓氨溶液等易于挥发或逸散；维生素C、氧化钙（生石灰）等在空气中易氧化或吸收二氧化碳而变性；生化和生物制品等易受热而变质；过氧化钙、过氧化氢溶液、二氧化氯等易燃、易爆；各种抗生素易过期失效；中草药及其制剂易霉变等。

④ 储存的渔药及其他化学制剂、生物制剂应有符合有关规定的包装并标识清楚；渔药及其他化学品的领用应有批准和登记程序，并保持进出库记录；未用尽的渔药及其他化学品应及时回收至药库（柜）。

4. 渔药及其他化学制剂、生物制剂使用质量安全控制措施

主要风险因素：药物残留、致病菌的耐药性。

① 专人负责渔药和其他化学品、生物制剂的使用，用药剂量应按处方或兽药（水产用）标签执行，使用有休药期规定的渔药（包括药物性饲料）后，应对用药的养殖单元进行标示，

注明停药日期和允许捕捞日期，不应长期或随意在饲料中添加抗生素用于防病和促生长。

②应严格做好用药记录，格式可参考表8-9。2003农业部第31号令《水产养殖质量安全管理规定》第四章渔用饲料和水产养殖用药第十八条规定水产养殖单位和个人应当填写《水产养殖用药记录》，记载病害发生情况、主要症状、用药名称、时间、用量等内容。《水产养殖用药记录》应当保存至该批水产品全部销售2年以上。

表8-9　水产养殖用药记录

序号		
时间		
池号		
用药名称		
用量/浓度		
平均体重/总重量		
病害发生情况		
主要症状		
处方		
处方人		
施药人员		

③不应使用国家行政法规和NY 5071规定的禁止在水产养殖生产中使用的药品及其他化学品，包括禁用兽（渔）药、人用药、原料药、非水产用兽药和含有有毒有害化学物质但标明"非药品"的产品，维生素、微量元素和微生物制剂除外。

④渔用药物使用方法　各类渔用药物的使用方法可见表8-10。

表8-10　渔用药物的使用方法

渔药名称	用途	用法与用量	休药期/天	注意事项
氧化钙（生石灰）calcii oxydum	用于改善池塘环境，清除敌害生物及预防部分细菌性鱼病	带水清塘：200～250毫克/升（虾类：350～400毫克/升） 全池泼洒：20～25毫克/升（虾类：15～30毫克/升）		不能与漂白粉、有机氯、重金属盐、有机络合物混用
漂白粉 bleaching powder	用于清塘、改善池塘环境及防治细菌性皮肤病、烂鳃病、出血病	带水清塘：20毫克/升 全池泼洒：1.0～1.5毫克/升	≥5	1. 勿用金属物品盛装 2. 勿与酸、铵盐、生石灰混用
二氯异氰尿酸钠 sodium dichloroisocyanurate	用于清塘及防治细菌性皮肤溃疡病、烂鳃病、出血病	全池泼洒：（0.3～0.6）毫克/升	≥10	勿用金属物品盛装
三氯异氰尿酸 trichloroisocyanuric acid	用于清塘及防治细菌性皮肤溃疡病、烂鳃病、出血病	全池泼洒：0.2～0.5毫克/升	≥10	1. 勿用金属物品盛装 2. 针对不同的鱼类和水体的pH，使用量应适当增减
二氧化氯 chlorine dioxide	用于防治细菌性皮肤病、烂鳃病、出血病	浸浴：20～40毫克/升，5～10分钟 全池泼洒：0.1～0.2毫克/升，严重时0.3～0.6毫克/升	≥10	1. 勿用金属物品盛装 2. 勿与其他消毒剂混用
二溴海因 dibromodimethylhydantoin	用于防治细菌性和病毒性疾病	全池泼洒：0.2～0.3毫克/升		

渔药名称	用途	用法与用量	休药期/天	注意事项
氯化钠（食盐）natrii chloridum	用于防治细菌、真菌或寄生虫疾病	浸浴：1%～3%，5～20分钟		
硫酸铜（蓝矾、胆矾、石胆）copper sulfate	用于治疗纤毛虫、鞭毛虫等寄生性原虫病	浸浴：8毫克/升，15～30分钟 全池泼洒：0.5～0.7毫克/升		1. 常与硫酸亚铁合用 2. 广东鲂慎用 3. 勿用金属物品盛装 4. 使用后注意池塘增氧 5. 不宜用于治疗小瓜虫病
硫酸亚铁（硫酸低铁、绿矾、青矾）ferrosi sulfas	用于治疗纤毛虫、鞭毛虫等寄生性原虫病	全池泼洒：0.2毫克/升（与硫酸铜合用）		1. 治疗寄生性原虫病时需与硫酸铜合用 2. 乌鳢慎用
高锰酸钾（锰酸钾、灰锰氧、锰强灰）potassium permanganate	用于杀灭锚头鳋	浸浴：10～20毫克/升，15～30分钟 全池泼洒：4～7毫克/升		1. 水中有机物含量高时药效降低 2. 不宜在强烈阳光下使用
四烷基季铵盐络合碘（季铵盐含量为50%）	对细菌、病毒、纤毛虫、藻类有杀灭作用	全池泼洒：0.3毫克/升（虾类相同）		1. 勿与碱性物质同时使用 2. 勿与阴性离子表面活性剂混用 3. 使用后注意池塘增氧 4. 勿用金属容器盛装

渔药名称	用途	用法与用量	休药期/天	注意事项
大蒜 crown's treacle, garlic	用于防治细菌性肠炎	拌饵投喂：10～30克/千克体重，连用4～6天		
大蒜素粉（含大蒜素10%）	用于防治细菌性肠炎	0.2克/千克体重，连用4～6天		
大黄 medicinal rhubarb	用于防治细菌性肠炎、烂鳃	全池泼洒：2.5～4.0毫克/升 拌饵投喂：5～10克/千克体重，连用4～6天		投喂时常与黄芩、黄檗合用（三者比例为5:2:3）
黄芩 raikai skullcap	用于防治细菌性肠炎、烂鳃、赤皮、出血病	拌饵投喂：2～4克/千克体重，连用4～6天		投喂时需与大黄、黄檗合用（三者比例为2:5:3）
黄檗 amur corktree	用于防治细菌性肠炎、出血	拌饵投喂：3～6克/千克体重，连用4～6天		投喂时需与大黄、黄芩合用（三者比例为3:5:2）
五倍子 chinese sumac	用于防治细菌性烂鳃、赤皮、白皮、疖疮	全池泼洒：2～4毫克/升		
穿心莲 common androg- raphis	用于防治细菌性肠炎、烂鳃、赤皮	全池泼洒：15～20毫克/升 拌饵投喂：10～20克/千克体重，连用4～6天		
苦参 lightyellow sophora	用于防治细菌性肠炎、竖鳞	全池泼洒：1.0～1.5毫克/升 拌饵投喂：1～2克/千克体重，连用4～6天		

渔药名称	用途	用法与用量	休药期/天	注意事项
土霉素 oxytetrac-ycline	用于治疗肠炎病、弧菌病	拌饵投喂：50～80毫克/千克体重，连用4～6天	≥30(鳗鲡)(参考) ≥21(鲶鱼)(参考)	勿与铝离子、镁离子及卤素、碳酸氢钠、凝胶合用
噁喹酸 oxolinic acid	用于治疗细菌性肠炎、赤鳍病，对虾弧菌病，鲈鱼结节病，鲕鱼疖疮病	拌饵投喂：10～30毫克/千克体重，连用5～7天	≥16	用药量视不同疾病有所增减
磺胺嘧啶（磺胺哒嗪）Sulfadia-zine	用于治疗鲤科鱼类的赤皮病、肠炎病，海水鱼链球菌病	拌饵投喂：100毫克/千克体重，连用5天		1. 与甲氧苄氨嘧啶（TMP）同用，可产生增效作用 2. 第一天药量加倍
磺胺甲恶唑（新诺明、新明磺）sulfame-thoxazole	用于治疗鲤科鱼类的肠炎病	拌饵投喂：100～200毫克/千克体重，连用5～7天	≥30	1. 不能与酸性药物同用 2. 与甲氧苄氨嘧啶（TMP）同用，可产生增效作用 3. 第一天药量加倍
磺胺间甲氧嘧啶（制菌磺、磺胺-6-甲氧嘧啶）sulfamon-ometho-xine	用于治疗鲤科鱼类的竖鳞病、赤皮病及弧菌病	拌饵投喂：50～100毫克/千克体重，连用4～6天	≥37(鳗鲡)(参考)	1. 与甲氧苄氨嘧啶（TMP）同用，可产生增效作用 2. 第一天药量加倍
氟苯尼考 florfenicol	用于治疗鳗鲡爱德华病、赤鳍病	拌饵投喂：10毫克/千克体重，连用4～6天	≥7(鳗鲡)(参考)	

渔药名称	用途	用法与用量	休药期/天	注意事项
聚维酮碘（聚乙烯吡咯烷酮碘、皮维碘、PVP-I、伏碘）（有效碘1.0%）povidone-iodine	用于防治细菌性烂鳃病、弧菌病、鳗鲡红头病。并可用于预防病毒病：如草鱼出血病、传染性胰腺坏死病、传染性造血组织坏死病、病毒性出血败血症	全池泼洒：幼鱼：0.2～0.5毫克/升　成鱼：1～2毫克/升　浸浴：鱼卵：30～50毫克/升，5～15分钟		1. 勿与金属物品接触　2. 勿与季铵盐类消毒剂直接混合使用

资料来源：NY 5071—2002《无公害食品　渔用药物使用准则》。

注：休药期为强制性。

五、养殖过程质量安全控制技术及要求

　　水产养殖过程质量安全控制技术实际上是水产养殖技术、科学管理措施、病害防治措施等单项技术的综合配套。其目的在于确保生产出优质、无公害的养殖产品的同时，也要保证养殖对象的高成活率和高产量。其主要内容包括养殖场卫生管理、投入品管理、病害防治和用药管理、收货和运输管理等。应制订水产养殖过程各主要环节的作业指导性文件并保持相关记录。

1. 水产养殖场卫生管理

　　① 水产养殖场生产区宜封闭管理，场内不应养殖畜禽等动物。

　　② 进入生产区人员宜穿着工作服。

　　③ 从业人员宜每年进行一次体检，取得健康证明。患传染性疾病的人员不宜从事水产养殖操作。

④ 应定期对养殖工具、饲料台进行消毒。养殖工具宜专池专用，或进行消毒后再换池使用，防止交叉感染。

⑤ 水产养殖场产生的污水、污物和废弃物等要进行控制，防止污染养殖环境，并进行无害化处理，达到当地环保部门的排放标准。发生传染性疾病的养殖场的废水还需经消毒处理，经检验无害后方可排放。

2. 投入品管理

（1）苗种在选购和暂养时的注意事项

① 应从具备苗种生产许可证的苗种生产单位购买苗种，而且选购的苗种应符合相应的苗种标准并应由专门人员进行检疫或已具备检疫合格证。

② 当生产单位自繁苗种时，应确定或制定和执行相应的生产技术标准，配备与育苗生产相配套的专业技术人员。

③ 苗种暂养期间要做好饵料投喂、水质监测、水交换处理、病害防治处理、苗种生长状况记录、辅助养殖设施的使用和维护等。

④ 在进行日常管理过程中，苗种的购买、自育、投放和暂养必须保持相应记录。

⑤ 不合格的苗种不能放养，应继续暂养，培育合格后方可放养，否则予以销毁。

（2）饲料和饲料添加剂的使用注意事项

① 投喂时，最大限度地提高饲料利用率和降低饲料对养殖环境的污染。

② 专用于加药饲料的投喂器具、运输工具和包装用品等在使用后，除非经严格清洗或清理，否则不应直接用于普通饲料。

③ 使用添加有药物饲料添加剂的饲料时，严格遵守饲料标签所注明的休药期。

④ 不宜直接使用鲜鱼或冻鱼、青贮饲料和动物内脏作饲料，

如必须使用时，应保证新鲜、无腐败。动物屠宰场的废弃料在使用前应按照规定程序进行消毒。

（3）渔药和其他化学制剂及生物制剂应在专业技术人员的指导下，由经过培训的专人负责，并严格按照处方或产品说明书使用。

3. 养殖环境监测

① 企业应具备对水质常规指标进行日常监测的能力。

② 企业应于每次放苗之前，按照 NY 5361 的相关要求及养殖场实际情况对养殖水质和底质进行全部或部分指标检测，当养殖环境发生重大变化时，应重新进行检测。

③ 企业应于收获前对产品按照相应的无公害食品行业标准的要求，结合企业养殖环境和养殖过程的实际情况进行全部或部分指标的检测。检测结果不符合要求的产品应采取隔离、净化或延长休药期等措施，产品检测结果符合要求后方可收获和销售。

4. 病害防治

（1）企业防止养殖生物发生病害的措施

① 彻底清池。

② 加强水质调节，维持良好生态环境。

③ 根据养殖条件选择合适的养殖密度。

④ 采用优质饲料，进行免疫增强，提高抗病能力。

⑤ 采取消毒、隔离措施，对病、死鱼进行无害化处理，防止交叉感染。

⑥ 进行药物预防。

（2）当发现鱼有不正常行为时，应立即调查原因并采取有效的防治措施，控制鱼病发展。

（3）养殖企业应制定药物管理制度，对渔药的采购、储存和使用等作出规定，详细填写《用药记录表》。

5. 收获与运输

（1）设施管理

① 企业应保持收获用具、盛装用具、净化和水过滤系统、运输工具等的清洁和卫生。

② 包装材料应符合相应的卫生标准。

③ 收获前应对冷藏设施、供水系统、制冰设备等进行检修和清洁。

（2）作业管理

① 收获前，应复查用药记录，应确保所有产品满足休药期要求。

② 收获过程中，宜选择适宜的气候和时间，防止养殖生物受伤。

③ 应确保水和冰的安全性，产品冲洗用水应不低于养殖用水的标准；储运用冰应符合 SC/T 9001 的规定。

④ 企业应规定不同产品的储存和运输要求，并确保收获后的产品在规定时间内得到妥善处理。

⑤ 应对每一批收获的产品建立标签，标签的使用方式应保证可追溯性。标签内容应符合《水产养殖质量安全管理规定》的要求。

⑥ 企业应确保存在安全缺陷的产品得到识别和控制，以防非预期使用或销售。

6. 斑点叉尾鮰池塘养殖良好操作记录内容

（1）环境检测和评估报告

（2）苗种

① 苗种购买记录：包括苗种供应商名称、联系方式，苗种名称、规格、购买数量、购买日期、检验与检疫合格证等。

② 苗种自育生产记录：包括亲本来源、育苗数量、病害防治及用药情况等。

③ 苗种投放记录：包括投放日期、投放地点（池塘、围栏、网箱编号等）、投放密度、投放规格、检验与检疫合格证等。

（3）饲料和饲料添加剂

① 饲料、饲料添加剂和其他原料的购买和进出库记录：至少包括每一批货的名称、供应商名称、批号、收货数量、购买日期、入库日期、出库日期及相关的经手人签名。

② 自配饲料类型和配方记录：至少包括饲料名称、生产日期、配料名称及配比和相关责任人签名。

③ 供应商名录：至少包括名称、联系方式、产品质量标准、生产许可证编号和产品批准文号。

④ 投喂记录：至少包括养殖产品名称、饲料名称、投喂日期、投喂方法、投喂数量（日投饲量）、投喂区域。

（4）渔药及其他化学制剂和生物制剂

① 购买和进出库记录：至少包括每一批购买物品的名称、供应商和生产商名称、批号、收货数量、购买日期、入库日期、产品有效期、储存要求、用尽或抛弃日期及相关的经手人签名。

② 供应商名录：至少包括名称、联系方式、产品质量标准、生产许可证编号和产品批准文号。

③ 使用记录：包括施用渔药或化学制剂的养殖产品名称、所用渔药或化学制剂的商品名称和化学名称、用药日期、用药地点（围栏号、网箱号或池塘号等）、用药剂量和浓度、给药方式、疗程、停药日期等。

④ 饲料添加药物记录：包括药物名称、掺药周期、投喂日期和休药期。

（5）养殖生产

① 日常生产及监测记录：至少包括日期、天气、气温、水温、必要的水质情况、注排水及增氧时间及养殖产品状态。

② 放苗前的水质检测报告。

③ 病害防治记录：包括发病时间、症状、处方、处方出具

人签名、治疗效果等。

④ 收获前产品检测报告。

（6）收获、储存和销售

① 收获记录：包括批号、产品名称、收获时间、收获地点（池塘、网箱编号等）、收获作业负责人、净化时间、承运人、装运时间、销售去向及时间等。

② 储存（如果有）记录：包括产品名称、交货人、批号、交货时间、储存方式、销售时间、销售去向等。

③ 有安全缺陷产品的控制措施记录：包括产品名称、批号、存在问题、处理措施、纠正措施、负责人签名等。

六、加工、包装、储存和运输过程质量安全控制技术及要求

主要风险因素：原材料来源和加工过程中造成的生物学危害、化学性危害和物理性危害。

1. 加工原材料的质量安全控制

① 用于加工出口的水产品原料必须要符合无公害养殖标准，在原料收购前，应对捕捞原料实施质量安全项目的监控，按照国际惯例的标准和参数进行检测，确定原料的微生物、化学污染物及天然毒素等安全性指标达到相关进口国的标准，从源头上做好必要防范措施。

② 活体鱼运输过程中水必须符合GB 11607的规定，不应使用未经国家和有关部门批准生产的任何渔药和渔用消毒剂、杀菌剂、渔用麻醉剂及人工海水配制盐产品。不应使用国家有关规定和公告规定的禁用药和对人体具有直接或潜在危害的其他生物或化学添加物。

2. 加工过程的质量安全控制

① 水产品加工的生产车间和操作过程，必须是在无菌、无毒、无污染的环境下，符合国际食品安全标准的车间中进

行。生产前检查环境卫生是否达到要求，工作人员的手脚、工器具是否经过消毒处理等；生产中对原料、水、工作服、工器具、操作者的手、微生物指标抽检，如有不合格，需重新清洗消毒处理；生产后对设备、工器具清洗消毒后方可离开生产现场。

② 生产流程应按照生产工艺的先后次序和产品特点，将原料前处理、加工、成品包装等有不同清洁卫生要求的区域有效分开设置，各加工区域的产品分别存放，防止人、物交叉感染。

③ 斑点叉尾鮰属于无鳞鱼，剥皮后脂肪中带有皮下脂肪色素，如果不去掉会影响鱼片的质量和美观。修正饲料配方，同时配合控制池塘水质，并在加工过程中运用浸泡和打磨等方法对于去除鱼片中的色泽残留有较为明显的作用。

④ 斑点叉尾鮰切片建议采用人工切片，提高出肉率的同时，避免了鱼骨残留。

⑤ 斑点叉尾鮰鱼片浸液过程中应避免使用浓度过高的多聚磷酸盐复合溶液，否则造成多聚磷酸盐超标。

⑥ 加工过程中要避免鱼肉中有色物质、气味、残留鱼皮、内脏碎屑、血液、人体毛发及金属杂质混入。

⑦ 为保持鱼肉新鲜度，应提前将库温降至 -25℃ 以下，让鱼片迅速冻结。同时通过镀冰衣槽，利用冻品自身的低温使其周围形成一层冰衣，最大限度地保留鱼肉的营养成分和风味，防止细菌繁殖。

3. 包装、储存和运输的质量安全控制

① 鱼片的包装物料应符合有关卫生标准，不应含有有毒有害物质，不应改变水产品的感官特性。

② 包装材料要有足够的强度，保证运输过程中不破损。

③ 水产品的外包装应标识，并符合进口国和地区相关要求。

④ 储存库内应保持清洁、整齐，不应存放可能造成相互污染或者串味的食品。冷藏库应配备自动温度记录装置，并定期

校准，温度应控制在−18℃以下。

⑤ 运输工具应符合有关安全卫生要求，根据产品特性配备制冷、保温和温度记录等设施。

斑点叉尾鮰的质量安全要求和相关产品认证

一、斑点叉尾鮰的质量安全要求

合格的斑点叉尾鮰质量安全要求包括感官指标、理化指标、污染物限量、兽药残留限量。

1. 感官指标

斑点叉尾鮰的感官指标应符合GB 2733—2015要求，见表8-11。

表8–11　感官要求

项目	要求	检验方法
色泽	具有水产品应有色泽	取适量样品置于白色瓷盘上，在自然光下观察色泽和状态，嗅其气味
气味	具有水产品应有气味，无异味	
状态	具有水产品正常的组织状态，肌肉紧密、有弹性	

2. 理化指标

理化指标不适用于鲜活水产品，主要针对冷冻斑点叉尾鮰或其加工品，挥发性盐基氮需少于20毫克/100克，检测方法见GB 5009.228。

3. 污染物限量

斑点叉尾鮰的污染物限量应符合 GB 2762—2017 的要求，见表 8-12。

表 8-12　水产品中有毒有害物质限量

编号	项目	标准值
1	铅	≤0.5 毫克/千克
2	镉	≤0.1 毫克/千克
3	汞（甲基汞）	≤0.5 毫克/千克
4	砷（无机砷）	≤0.5 毫克/千克
5	铬	≤2.0 毫克/千克
6	苯并[a]芘	≤5.0 微克/千克（熏、烤水产品）
7	N-二甲基亚硝胺	≤4.0 微克/千克（水产品罐头除外）
8	多氯联苯	≤0.5 毫克/千克

4. 兽药残留限量

斑点叉尾鮰的兽药残留限量应符合 GB 2733—2015 的要求，见表 8-13。

表 8-13　水产品中渔药残留限量

编号	项目	标准值
1	金霉素	≤100 微克/千克
2	土霉素	≤100 微克/千克
3	四环素	≤100 微克/千克
4	氯霉素	不得检出
5	磺胺嘧啶	≤100 微克/千克
6	磺胺甲基嘧啶	≤100 微克/千克
7	磺胺二甲基嘧啶	≤100 微克/千克

编号	项目	标准值
8	磺胺甲噁唑	≤100微克/千克
9	甲氧苄啶	≤50微克/千克
10	噁喹酸	300微克/千克
11	呋喃唑酮	不得检出
12	己烯雌酚	不得检出
13	喹乙醇	不得检出

5. 出口斑点叉尾鮰鱼片的检测指标

（1）感官指标　冰衣透明光亮、清洁、坚实、平整不变形，完全将鱼片包裹，鱼片排列整齐，个体间应易于分离，无明显干耗（冻斑）和软化现象。解冻后鱼片边缘整齐，肌肉组织紧密、有弹性，无明显干耗和软化现象，无脂肪氧化现象。

（2）微生物指标　微生物指标主要包括大肠杆菌、金黄色葡萄球菌、沙门菌、李斯特菌、病原性弧菌、副溶血性弧菌等。

（3）理化指标　理化指标主要包括多聚磷酸盐、三聚氰胺、氯霉素、硝基呋喃类代谢物、孔雀石绿、磺胺类、喹诺酮类等。

（4）重金属指标　重金属指标主要包括铅、镉、汞等。

二、斑点叉尾鮰的相关质量安全认证

农产品质量安全认证作为确保农产品质量安全的有效政策措施，世界各国都给予了高度重视，一些主要发达国家或组织已经建立和形成了一整套结构完善、机制合理、运行有序的农产品质量安全认证体系。许多国家先后发展生态农业、有机农业等可持续农业，如盛行全球的有机食品、韩国的亲环境农产品（包括有机农产品、转换期有机农产品、无农药农产品和低农药农产品）、日本的JAS农产品、美国的生态食品等。

我国农产品质量安全认证工作基本上也是在从无到有、不断规范的过程中发展起来的。目前基本形成了定位准确、结构合理、符合新阶段农业发展要求的农产品质量安全认证体系，也就是我们俗称的"三品一标"。"三品一标"就是指无公害农产品、绿色食品、有机农产品和农产品地理标志，其来源是为了保障公众的食品安全和无公害农产品的发展。农业部和国家质量监督检验检疫总局于2002年联合发布了《无公害农产品管理办法》，有效推动有机、高效、优质农产品的发展和宣传，保障公众的食品安全。同年，农业部又和国家认证认可监督管理委员会联合发布了《无公害农产品标志管理办法》，其主要目的是挖掘、培育和发展独具地域特色的传统优势农产品品牌，保护各地独特的产地环境，提升独特的农产品品质，增强特色农产品市场竞争力，促进农业区域经济发展。因此，"三品一标"的认证对于一个农产品品牌来说，具有深远的意义。

截至2017年底，全国有效期内无公害农产品达到89431个，生产主体43171家。2018年11月农业农村部农产品质量安全监管司在北京组织召开无公害农产品认证制度改革座谈会，就无公害农产品认证一事进行讨论，重点讨论了改革无公害农产品认证制度可能出现的问题及产生的影响；全面推行并建立农产品合格证制度的可行性。今后将逐步推进农产品合格证制度替代无公害农产品认证。

三、我国水产品的"三品一标"认证进展

近年来，随着人们生活水平的提高，消费需求不断升级，对水产品的品质和品牌的关注度越来越高，我国水产品区域品牌价值也愈加凸显，如盱眙龙虾、阳澄湖大闸蟹等有影响力的品牌对当地农业经济的发展发挥着重要作用。在水产品的品牌建设过程中，"三品一标"为越来越多的消费者所接受和认可，也为提升水产品质量安全水平，促进渔业提质增效和渔民增收发挥了重要作用。党的十八大以来，为确保水产品质量安全，各级渔业部门坚持做好"产出来"和"管出来"两方面工

作。在"产出来"方面，实施水产养殖转型升级工程，推进水产健康养殖示范场创建活动，开展国家级稻渔综合种养示范区创建，推广使用循环水、零用药等健康养殖技术模式，鼓励水产品"三品一标"产品认证，推进水产品质量安全可追溯试点建设。在"管出来"方面，强化产地监管职责，加大推动生产者主体责任落实，加强监管体系和检测体系建设，坚持检打联动，不断加强产地水产品质量安全监督抽查力度。

多年来，农业农村部大力推进标准化健康养殖，目前共有国家和行业标准900多项、地方标准1918项。截至2017年，全国创建水产健康养殖示范场6129家，全国渔业健康养殖示范县29个，水产品"三品一标"总数达到1.27万个，占农产品总数的12%，其中无公害水产品1.15万个，绿色水产品655个，有机水产品379个，地理标志水产品173个。

第九章

斑点叉尾鲴

美味食谱

斑点叉尾鮰营养价值

斑点叉尾鮰肉质鲜美，营养价值高，无肌间刺，与其他鱼类相比，更具有高蛋白质、低脂肪的营养学优点；具有很好的降血脂、健脑益智、补肾明目、减肥、抗衰老、增强免疫力功能。苏东坡曾写诗赞它："粉红石首仍无骨，雪白河豚不药人"。诗中道出了鮰鱼的特别之处：肉质白嫩，鱼皮肥美，兼有河豚、鲫鱼之鲜美，而无河豚之毒素和鲫鱼之刺多，为配席之佳选。据测定，含肉率为75.71%；肌肉中粗蛋白占19.42%，脂肪占1.01%，水分占77.58%，灰分占1.12%，碳水化合物占0.87%。斑点叉尾鮰体内含有丰富的鱼油，鱼油中不饱和脂肪酸含量为76.4%，其中多不饱和脂肪酸为18.03%，单不饱和脂肪酸为58.37%，含人体必需的不饱和脂肪酸7.3%，DHA和EPA含量为25.1%。饱和脂肪酸含量为20.91%，多是低于C18以上的中链、长链脂肪酸。鱼油中的这些脂肪酸比长链脂肪酸更有益于健康，是营养价值高的医疗保健品。斑点叉尾鮰鱼肉中还富含钙、铁、钠、镁等微量元素和多种维生素。斑点叉尾鮰作为一种营养价值全面的优质水产品，一直以来都深受美国、加拿大和其他许多国家消费者的欢迎，加工好的成品和半成品在国内外市场前景广阔。

第二节

斑点叉尾鲴食用方法

　　斑点叉尾鲴在美国加工的主要方法是将鱼皮、鱼头、内脏去掉，然后将鱼体两侧肌肉片分成两块鱼片，经过速冻后上市。在我国餐饮业和家庭烹饪中，食法有很多种，可以清蒸、红烧、煲汤，还可以将鱼片生炒。近几年来，将鲴鱼经过烤制之后再进行烹饪的食用方法颇受许多地方喜爱，其融合腌、烤、炖三种烹饪工艺，是烤鱼界的一次新的变革，充分借鉴传统川菜及川味火锅用料特点，是口味奇绝、营养丰富的风味小吃。

一、清蒸斑点叉尾鲴

1. 材料

　　鲴鱼1条（约600克），盐，姜，红辣椒，白糖，料酒，蒜末，葱，食用油，生抽各适量。

2. 做法步骤

　　① 将鱼身洗干净切成块放置控水，然后用盐将鱼身内外腌渍和搓洗一遍，这样处理可以方便洗掉黏液而且又可让鱼身内外入盐味，增加鱼肉的鲜度。处理好后，放置20分钟，再冲洗掉，用热水烫一下，待用。

　　② 将收拾好后的鱼块再用盐和料酒均匀抹一遍，逐一铺盘，撒上准备好的一半的姜、一半的葱，最后均匀撒上大半勺白糖，中高火，水开后放入蒸10分钟。

　　③ 蒸好后，将里面的葱、姜拣出不要，并倒出盘里蒸出来

的汁水。

④ 重新在中间放上另一半葱、姜以及蒜末，腌制过的红辣椒撒在鱼上作点缀。

⑤ 在锅中倒入油，炼至八成热后，立刻浇到蒜末上，蒜香味四溢，最后淋些生抽在鱼块上。吃鱼肉时一定要蘸点蒜末一起入口，这样口感最好。这道菜里的蒜末主要是用作吸去鱼腥，起增香作用。

3. 菜肴特点

鱼肉鲜嫩味美，汁味浓重。

二、斑点叉尾鮰狮子头

1. 材料

鮰鱼1条（1500～2000克），料酒，肥肉，生菜叶，鸡蛋液，生粉，生姜，葱，盐，料酒，味精。

2. 做法步骤

① 把鮰鱼宰杀洗净，去除皮、骨、头，用刀沿鱼中骨片下鱼肉，备用。

② 鱼肉切成小丁，肥肉也切成小丁，然后将鱼肉丁和肥肉丁制成蓉泥待用。

③ 把鱼肉丁和肥肉蓉泥加入盐和味精顺一个方向搅拌上劲，再放入葱姜汁、料酒、鸡蛋液，拌匀。将其分成100克一个的生胚备用，葱白和生姜切成葱姜米（注意葱叶不要加入）。

④ 锅内加水烧开，用手将生胚搓成丸子，裹一层生粉芡汁放入开水锅中炖制，文火慢炖1小时左右。

⑤ 生菜叶用水烫过后，铺在盘底作点缀，狮子头出锅入盘。

3. 菜肴特点

汤汁鲜味十足，肥而不腻，入口即化。

三、红烧斑点叉尾鮰

1. 材料

鮰鱼1条（1000 ～ 1500克），猪油，料酒，酱油，蒜头，生姜，白糖，干辣椒，葱，味精，盐。

2. 做法步骤

① 将活鮰鱼杀后去内脏洗净剁成两段，在鱼背上划上较深的小口（汤汁容易入味），待用。

② 蒜头剥皮后用刀拍碎，生姜切成细末、葱切段，备用。

③ 炒锅放两勺猪油烧至五六成热后，放蒜头和生姜末，炒香后放入备好的鱼块翻炒，加一勺料酒继续翻炒后大约加250克水，再加入酱油、一小勺白糖、干辣椒（撕开），加盖，烧开后改小火继续烧至鱼肉松软、汤汁浓稠时，改用旺火收芡。

④ 鱼块烧至七成熟后，再放食用盐，否则，鱼肉紧缩，不易入味。

⑤ 开盖后放入味精，撒上葱段，一道香味扑鼻的红烧鮰鱼起锅装盘。

3. 菜肴特点

味道鲜美，色泽金黄，爽滑油润，肉质肥厚。

四、斑点叉尾鮰麻辣烤鱼

1. 材料

鮰鱼1条（1000 ～ 1500克），配菜：青笋，黄瓜，粉条，豆芽，大蒜，姜，葱，料酒，香菜，干辣椒，辣椒面，泡椒，糖，酱油，鸡精，盐，食用油，花椒面，孜然粉，豆豉酱，花椒。

2. 做法步骤

① 将配料香菜洗净切段，蒜切成块状，姜切成末，泡椒剁碎，青笋去皮切片，黄瓜切片，豆芽洗净，备用。

② 将新鲜鮰鱼收拾干净后洗净，用刀在鱼身两侧开花刀，然后沿鱼骨两侧将鱼分开，使鱼分成两半，但鱼背相连。然后用葱段、姜片、料酒和盐抹匀鱼身，腌制15分钟，备用。

③ 将腌好的鱼身刷上食用油和酱油，放入铺好锡纸的烤盘上，葱段和姜片垫在鱼身下，再撒上辣椒面、孜然粉、花椒面，放入预热200℃的烤箱上下火烤20分钟，为让鱼肉更加入味，烤至10分钟后，需取出再刷一次酱油和食用油后接着烤。

④ 烤鱼的配料汤汁：放入适量食用油在锅内，烧至五成热；将备好的姜末、蒜瓣、泡椒、豆豉酱、干辣椒和花椒下锅炒香，加入鲜汤烧开，并加入准备好的青笋、豆芽和粉条下锅同煮。再加入酱油、盐、糖、鸡精调味。

⑤ 将烤好的鱼身上的姜、葱拣掉后放入盆中，将切好的黄瓜薄片撒在鱼身上，将配料汤汁趁热浇在烤好的鱼身上，用香菜点缀一下即可上桌。

3. 菜肴特点

肉质软嫩，鱼皮香脆，色泽金黄，味道鲜美，营养丰富，爽口下饭。

五、雪菜鮰鱼煲

1. 材料

鮰鱼1条（750克），蒜头，葱，生姜丝，雪菜，白糖，食用油。

2. 做法步骤

① 将鲜活鮰鱼杀后冲洗干净，切成2～3厘米厚的小段，用热水烫后去腥味放置于盘中待用。

② 油烧七成热，取腌制好的雪菜适量洗净切成小段，下锅炒熟装盘待用。

③ 锅加热后，食用油烧至七成热，放入生姜丝、蒜头炒香，再放入鮰鱼段，以小火慢煎至鱼肉变色。

④ 加入清水，加盖开大火煮沸，倒入炒熟后的雪菜，改小火炖煮30分钟。

⑤ 再加入白糖，盛入汤碗中撒上葱叶即可。

3. 菜肴特点

肉质肥厚，味道鲜美，爽口下饭。

六、酸汤斑点叉尾鮰

1. 材料

鮰鱼1条（750克），酸菜，姜丝，青笋丝，高汤，金针菇，粉丝，姜蒜米，盐，鸡精，胡椒。

2. 做法步骤

① 将鲜活的鮰鱼宰杀后洗净，剔去鱼骨；鱼肉切成厚片上浆备用。

② 锅里下油，烧热，倒入姜蒜米和酸菜炒香，加入高汤、青笋丝、鱼骨烧开后，慢火熬30分钟，捞去鱼骨和酸菜。

③ 将粉丝和金针菇用开水焯一下，在酸汤锅中垫底，然后放入姜丝、上浆鱼肉煮熟，洒上盐、鸡精、胡椒等调味品即可装盘上桌。

3. 菜肴特点

酸辣爽口的汤汁，配着嫩滑的鱼肉，爽脆口感的金针菇，软糯的粉丝，味道上乘。

七、爆炒斑点叉尾鮰

1. 材料

鮰鱼（700克），葱，姜，花椒，蒜，八角，泡菜，干辣椒，青辣椒，盐，胡椒面，菜籽油，味精各适量。

2. 做法步骤

① 将鮰鱼头、尾及有刺的部分与鱼肉分离开，只留鱼肉。

② 将切好的鱼肉放入蒜末、姜末、盐腌制，10分钟后加入胡椒面拌匀备用。

③ 将葱、姜、蒜、花椒、八角、泡菜、干辣椒、青辣椒切成小丁。

④ 锅内放入菜籽油，炒热至没有生味时，放入腌制好的鱼肉过一下油锅，炒至金黄色捞出备用。

⑤ 锅内留少许油，将准备好的调味品炒香，之后将鱼肉放入，爆炒至发出香味。

⑥ 加入盐、胡椒面、味精翻炒起锅装盘。

3. 菜肴特点

色泽金黄，香脆可口，味道诱人。

斑点叉尾鮰
生态高效养殖技术

[1] Mischke C C.Aquaculture Pond Fertilization : I mpa cts of Nutrient Input on Production[M]. Wiley-Blackwell, Ames, Iowa, 2012 : 135 - 146.

[2] Liu Z J, Liu S K, Yao J, et al. The Channel Catfish Genome Sequence Provides Insights into the Evolution of Scale Formation in Teleosts[J]. Nature Communications, 2016, 7 : 11757.

[3] USDA. Catfish Production. National Agricultural Statistics Service, Agricultural Statistics Board, United States Department of Agriculture, Washington, DC.2017.[EB/OL].http ://usda.mannlib.cornell.edu/usda/current/CatfProd/CatfProd-02-03-2017.pdf.

[4] 农业部渔业局. 中国渔业统计年鉴[M]. 北京 : 中国农业出版社, 2016, 31.

[5] USITC, 2003. Certain frozen fish fillets from Vietnam investigation NO. 731-TA-1012（Final）[EB/OL].http ://https : //www.usitc.gov/publications/701_731/pub3617.pdf.

[6] Environmental Protection Agency. Effluent Guidelines Plan[J]. Federal Register 2000, 65（117）: 37783-37788.

[7] USITC, 2009. Certain frozen fish fillets from Vietnam investigation NO. 731-TA-1012（Review）[EB/OL].https ://www.usitc.gov/publications/701_731/pub4083.pdf.

[8] USITC, 2014. Certain frozen fish fillets from Vietnam investigation NO. 731-TA-1012（Second Review）[EB/OL].https ://www.usitc.gov/publications/701_731/pub4498.pdf.

[9] 蔡焰值, 陶建军, 何世强, 等. 斑点叉尾鮰生物学及其养殖技术[J]. 淡水渔业, 1989, 19（4）: 31 - 32.

[10] 胡红浪. 斑点叉尾鮰种质资源现状及发展对策[J]. 中国水产, 2007, 41（8）: 6 - 7.

[11] 全国水产技术推广总站. "十二五" 中国鮰鱼产业报告[M]. 北京 : 中国农业出版社, 2016.

[12] 秦钦, 边文冀, 蔡永祥, 等. 斑点叉尾鮰家系育种核心群生长性能研究及优良亲本选择[J]. 上海海洋大学学报, 2011, 20（1）: 63 - 70.

[13] 栾生, 边文冀, 邓伟, 等. 斑点叉尾鮰基础群体生长和存活性状遗传参数估计[J]. 水产学报, 2012, 36（9）: 1313 - 1321.

[14] 农业部渔业局. 江西省首次成功从美国引进斑点叉尾鮰原种苗[EB/OL].2004. http：// www.moa.gov.cn/sjzz/yzjzw/zhxxyzj/200407/t20040708_2702524.htm.

[15] 龙翔平. 国家级四川省长吻鮠原种场（四川省斑点叉尾鮰良种场）年度工作总结[Z]. 2011.

[16] 崔蕾, 谢从新, 李艳和, 等. 斑点叉尾鮰4个群体遗传多样性的微卫星分析[J]. 华中农业大学学报, 2012, 31（6）: 744 - 751.

[17] 赵沐子, 李茜, 秦钦, 等. 五个斑点叉尾鮰群体的微卫星遗传多样性分析[J]. 水产养殖, 2011, 32（1）: 24 - 30.

[18] 湖北省水产科学研究所. 斑点叉尾鮰引种及养殖技术资料汇编[Z]. 1988.

[19] 中国渔业协会鮰鱼分会. 我会秘书长肖友红一行赴湖北嘉鱼调研[EB/OL]. 2014a. http：//www.chinacatfish.com.cn/contentid1170.htm.

[20] 中国渔业协会鮰鱼分会. 斑点叉尾鮰联合育种项目专家组赴四川省开展调研[EB/OL]. 2014b.http：//www.chinacatfish.com.cn/contentid1170.htm.

[21] Liu Z J. Genome Mapping and Genomics in Fishes and Aquatic Animals[M]. Berlin：Springer, 2008.

[22] Song C, Zhong L Q, Chen X H, et al.Variation Analysis and Sample Size Estimation for Growth Indicators during PIT-tag-assisted Family Construction of Channel Catfish (*Ictalurus punctatus*)[J]. Aquaculture International, 2014, 22（2）: 821-831.

[23] 全国水产技术推广总站.2014水产新品种推广指南[M]. 北京：中国农业出版社, 2014.

[24] 品种调查. 12月水产养殖品种市场走势[J]. 当代水产, 2009, 38（12）: 12 - 17.

[25] 品种调查. 12月水产养殖品种市场走势[J]. 当代水产, 2010, 39（12）: 34 - 38.

[26] 品种调查. 12月水产养殖品种市场走势[J]. 当代水产, 2011, 40（12）: 20 - 24.

[27] 品种调查. 12月水产养殖品种市场走势[J]. 当代水产, 2012, 41（12）: 38 - 43.

[28] 品种调查. 12月水产养殖品种市场走势[J]. 当代水产, 2013, 42（12）: 32 - 37.

[29] 品种调查. 12月水产养殖品种市场预测[J]. 当代水产, 2014, 43（12）: 50 - 54.

[30] 品种调查. 12月水产养殖品种市场预测[J]. 当代水产, 2015, 44（12）: 62 - 66.

[31] 品种调查. 12月水产养殖品种市场预测[J]. 当代水产, 2016, 45（12）: 52 - 56.

[32] 品种调查. 11月水产养殖品种市场预测[J]. 当代水产, 2017, 46（12）: 64 - 68.

[33] 夏开来.斑点叉尾鮰苗种培育技术[J]水利渔业, 2007, 27（3）: 48.

[34] 项林生.斑点叉尾鮰鱼苗鱼种培育高产技术[J]科学养鱼, 2006,（8）: 11.

[35] 黄爱平.斑点叉尾鮰人工繁殖及无公害苗种培育技术（上）[J]. 科学养鱼, 2008（4）: 14-16.

[36] 黄爱平.斑点叉尾鮰人工繁殖及无公害苗种培育技术（中）[J]. 科学养鱼, 2008（5）: 14-16.

[37] 唐晟凯, 秦钦, 王明华, 等.斑点叉尾鮰胚胎及卵黄囊期仔鱼发育的观察[J]. 水产养殖, 2011, 32（1）: 1-4.

[38] 胡小健, 李义勇, 彭卓群, 等. 斑点叉尾鮰实用养殖技术[M]. 北京：金盾出版社, 2003.

[39] 赵永军, 齐子鑫, 肖曙光.斑点叉尾鮰养殖技术[M]. 郑州：中原农民出版社, 2006.

[40] 戈贤平.淡水优质鱼类养殖大全[M].北京：中国农业出版社, 2004.

[41] 凌熙和.淡水健康养殖技术手册[M].北京：中国农业出版社, 2003.

[42] 江苏省海洋与渔业局.江苏渔业十大主推种类·技术·模式[M].北京：海洋出版社,

2010.

[43] 王武主.鱼类增养殖学 [M].北京：中国农业出版社，2000.

[44] 李家乐.鱼类增养殖学 [M].北京：中国农业出版社，2011.

[45] 马达文.斑点叉尾鮰高效生态养殖新技术 [M].北京：海洋出版社，2012.

[46] 黄凯.初冬季鱼的捕捞运输与销售 [J].科学种养，2006（1）：34-35.

[47] 朱京明.活鱼安全运输的方法 [J].农材实用工程技术，1987（2）：41.

[48] 丁德明.斑点叉尾鮰成鱼养殖技术 [J].内陆水产，2005（4）：12-13.

[49] 腾云.斑点叉尾鮰网箱高产养殖技术 [J].渔业致富指南，2004（20）：42-43.

[50] 莫家庚，邢九保.斑点叉尾鮰水库网箱养殖技术 [J].现代农业科技，2010（20）：316-317.

[51] 柳富荣.斑点叉尾鮰商品鱼养殖技术 [J].齐鲁渔业，2008，25（2）：39-40.

[52] 梅志安.水库小体积网箱养殖斑点叉尾鮰技术研究 [J].中国水产，2011（10）：37-38.

[53] 曾庆祥，陈正燕，刘春莲.斑点叉尾鮰不同模式池塘主养试验 [J].科学种养，2010（2）：38-39.

[54] 黄畛.斑点叉尾鮰无公害养殖（上）[J].渔业致富指南，2004（23）：35-37.

[55] 顾元俊，吴德才.赤眼鳟与斑点叉尾鮰混养试验 [J].渔业致富指南，2008（24）：49.

[56] 胡伟国.南美白对虾与斑点叉尾鮰混养试验 [J].科学养鱼，2008（8）：38.

[57] 郭海山.燕山水库大规格网箱养殖斑点叉尾鮰试验 [J].河北渔业，2012（11）：28-29.

[58] 何广文，裴必高.水库网箱养殖斑点叉尾鮰试验 [J].水利渔业，2007，27（3）：51-52.

[59]Emeritus J A P. 11. Catfish Bacterial Diseases. Health Maintenance and Principal Microbial Diseases of Cultured Fishes, Third Edition. Wiley - Blackwell, 2011：275-313.

[60]陈昌福.陈昌福：我们应该如何反思斑点叉尾鮰大量死亡的现象？[J].当代水产，2017，42（6）：77-78.

[61] 冯刚.斑点叉尾鮰病毒病 [J].海洋与渔业，2016（1）：59.

[62] 江育林，陈爱平.水生动物疾病诊断图鉴 [M].北京：中国农业出版社，2003.

[63] 孟彦，肖汉兵，曾令兵.斑点叉尾鮰病毒病研究概述 [J].淡水渔业，2007，37（5）：72-75.

[64] 孟庆显.海水养殖动物病害学 [M].北京：中国农业出版社，1996.

[65] 农业部渔业渔政管理局.2017中国渔业统计年鉴 [M].北京：中国农业出版社，2017.

[66] 王铁军.《美国鲶鱼新法规》介绍 [J].中国水产，2016（7）：67-68.

[67] 罗红宇."美国鲶鱼法案"背后的政治博弈 [J].中国水产，2016（4）：44-45.

[68] 夏文水.食品工艺学 [M].北京：中国轻工业出版社，2007.

[69] 夏文水，罗永康，熊善柏，等.大宗淡水鱼贮运保鲜与加工技术 [M].北京：中国农业出版社，2014.

[70] 梅冬生.冷冻鲴鱼片加工工艺的研究 [J].河北渔业，2012（5）：35-37.

[71] 唐春江.斑点叉尾鮰鱼速冻鱼片生产工艺优化研究 [D].长沙：湖南农业大学，2011.

[72] 陈盎弘.冷冻烤斑点叉尾鮰鱼片的工艺研究 [D].无锡：江南大学，2015.

[73] 宋敏.冻结方式和低盐腌制对鲴鱼片品质影响研究 [D].无锡：江南大学，2018.

[74] 陈盎弘，许艳顺，姜启兴，等.美味多汁冷冻烤鲴鱼片的加工工艺 [J].科学养鱼，2015，12：77.

[75] 许艳顺，曹雪，蒋晓庆，等.鲴鱼微冻和冰藏过程中品质的变化 [J].食品与生物技术学报，2017，36（2）：143-147.

[76] 周细军，王燕，杨志．HACCP在速冻美国鲴鱼片生产中的应用 [J].肉类研究，2007（2）：

22-29.

[77]许艳顺，夏文水，余达威，等.一种速冻熟制风味鲴鱼的加工方法[P].CN106722405A. 2017-05-31.

[78]杨俊斌.以斑点叉尾鲴鱼片制得涮鱼片的方法[P]. CN101708053A.2010-05-19.

[79]杨邦英.罐头工业手册[M]. 北京：中国轻工业出版社，2002.

[80]杨立，许瑞红，张波涛，等.即食型麻辣鲴鱼条加工工艺研究[J]. 河北渔业，2015（7）： 41-43.

[81]杨立，许瑞红.一种斑点叉尾鲴鱼唇的加工方法[P]. CN104172279A.2014-12-03.

[82]杨立.以鲴鱼碎肉为原料的鲴鱼香菇调味酱加工工艺[J]. 中国调味品，2016，41（3）： 106-108.

[83]杨立.一种下酒即食鲴鱼头及其加工方法[P]. CN105394619A.2016-03-16.

[84]张鹏，夏文水.一种调味即食型斑点叉尾鲴鱼软罐头的制作方法[P].CN104921184A.2015.

[85]张鹏.鲴鱼脱腥与软罐头加工工艺研究[D]. 江南大学，2015.

[86]张鹏，王旋，杨方，等.斑点叉尾鲴鱼脱水程度对其油炸品质的影响[J]. 食品与生物技术学报，2016，35（8）：878-882.

[87]王旋，张鹏，杨方，等.酶法脱脂对鲴鱼品质及干燥特性的影响[J]. 食品工业科技， 2016，36（16）：100-103.

[88]李娟.鱼骨休闲食品研制[D]. 无锡：江南大学，2008.

[89]胡从玉，钱长建，钱永言.一种鲴鱼片的制作方法[P].CN107518325A.2017-12-29.

[90]王旋，许艳顺，姜启兴，等.醉鲴鱼加工工艺研究[J]. 科学养鱼，2015（7）：77-77.

[91]王旋.酶法脱脂醉鲴鱼加工技术研究及产品开发[D]. 无锡：江南大学，2015.

[92]过世东，钟威.一种液熏鲴鱼软罐头的制备方法[P].CN101422259.2009.

[93]鲍士宝，王璋，许时婴.鲴鱼鱼皮胶原的提取及性质研究[J]. 食品与发酵工业，2008(9)： 84-88.

[94]任丽.一种风味鲴鱼鱼皮丸及其制作方法[P].CN102771825A.2012-11-14.

[95]贡汉坤，焦云鹏.鲴鱼下脚料蛋白质的回收及其凝胶特性研究[J].食品与机械，2012， 28（05）：107-110.

[96]胡兴，吴标，车科，等.斑点叉尾鲴鱼露生产工艺研究[J]. 中国调味品，2008，33（5）： 66-68.

[97]黄石溪，陈桂平，罗灿，等.酸法和酶法提取鱼皮胶原蛋白的工艺研究[J]. 农产品加工（学刊），2013（16）：51-54.

[98]黄雯.鲴鱼鱼皮和鲅鱼鱼皮胶原蛋白的提取与性质研究[D]. 上海：上海海洋大学，2015.

[99]毛艳贞.斑点叉尾鲴鱼皮加工及其营养成分分析[D]. 雅安：四川农业大学，2012.

[100]陈丽丽.鲴鱼皮中胶原蛋白的提取、性质及其应用研究[D]. 南昌：江西科技师范大学， 2012.

[101]王运改，林琳，李明辉，等.鲴鱼皮明胶抗氧化肽的制备工艺研究[J]. 食品科学， 2010，31（10）：254-258.

[102]徐萌.斑点叉尾鲴鱼皮胶原蛋白的提取与制膜研究[D]. 上海：上海海洋大学，2016.

[103]温慧芳，陈丽丽，白春清，等.基于不同提取方法的鲴鱼皮胶原蛋白理化性质的比较研究[J].食品科学，2016，37（1）：74-81.

[104]孟昌伟.斑点叉尾鲴鱼骨钙制剂的制备及其生物活性研究[D]. 合肥：合肥工业大学， 2012.

[105]樊玲芳，孙培森，刘海英.斑点叉尾鲴鱼头水解物的风味成分分析[J]. 食品工业科技，

2012（2）：140-144.

[106]邱涛. 一种斑点叉尾鮰鱼籽棒的制备方法 [P]. CN102771831A.2012-11-14.

[107]杨俊斌. 一种高钙鱼糜香辣酱及其制备方法 [P].CN101971967A. 2011.

[108]杨俊斌. 利用斑点叉尾鮰鱼骨制备高钙高汤鱼丸的方法[P].CN101708054B. 2011.

[109] 韩军. 斑点叉尾鮰鱼头提取明胶的研究 [D]. 无锡：江南大学，2008.

[110] 张伟伟. 斑点叉尾鮰内脏油提取、精制及其氧化稳定性的研究[D]. 合肥：合肥工业大学，2010.

[111]王乔隆.斑点叉尾鮰鱼脂成分分析、提取与精炼技术研究[D]，长沙：湖南农业大学，2009.

[112] 黄丽洋，丁建君，姜山，等. 斑点叉尾鮰鱼肠蛋白酶的分离纯化及其酶学性质[J]. 大连海洋大学学报，2012，27（1）：83-85.

[113]曲径. 食品卫生与安全控制学[M]. 北京：化学工业出版社，2007.

[114]李泽瑶. 水产品安全质量控制与检验检疫手册[M]. 北京：企业管理出版社，2003.

[115]蔡辉益. 常用饲料添加剂无公害使用技术[M]. 北京：中国农业出版社，2003.

[116]麦康森. 无公害渔用饲料配制技术[M]. 北京：中国农业出版社，2003.

[117]马爱国. 无公害农产品管理与技术[M]. 北京：中国农业出版社，2007.

[118]许牡丹，毛跟年. 食品安全性与分析检测[M]. 北京：化学工业出版社，2003.

[119]欧阳喜辉. 食品质量安全认证指南[M]. 北京：中国轻工业出版社，2003.

[120]国家环境保护总局有机食品发展中心.有机食品的标准认证与质量管理[M]. 北京：中国计量出版社，2005.

[121]吴光红，费志良. 无公害水产品生产手册[M]. 北京：科学技术文献出版社，2003.

[122]吴光红，唐建清，沈美芳.放心水产品生产配套技术[M]. 南京：江苏科学技术出版社，2003.

[123]沈毅. 水产品质量安全生产指南[M]. 北京：科学技术文献出版社，2008.

[124]中华人民共和国农业部. 中华人民共和国农业行业标准无公害食品[M]. 北京：中国标准出版社，2001.

化学工业出版社同类优秀图书推荐

ISBN	书名	定价/元
37288	小龙虾稻田高效种养技术全彩图解+视频指导	59.8
35904	小龙虾高效养殖与疾病防治技术（第2版）（全彩图解+二维码视频）	69.8
35361	生态高效养鳖新技术（双色印刷）	49.8
35245	青虾生态高效养殖技术（双色印刷）	36
32820	黄鳝泥鳅营养需求与饲料配制技术（双色印刷）	38
30845	小龙虾无公害安全生产技术	29.8
32181	泥鳅黄鳝无公害安全生产技术	38
31871	河蟹无公害安全生产技术	38
29631	淡水鱼无公害安全生产技术	39.8
29813	经济蛙类营养需求与饲料配制技术	29.8
28193	淡水虾类营养需求与饲料配制技术	28
29292	观赏鱼营养需求与饲料配制技术	39
26873	龟鳖营养需求与饲料配制技术	35
26429	河蟹营养需求与饲料配制技术	29.8
25846	冷水鱼营养需求与饲料配制技术	28
21171	小龙虾高效养殖与疾病防治技术	25
20094	龟鳖高效养殖与疾病防治技术	29.8
21490	淡水鱼高效养殖与疾病防治技术	29
20699	南美白对虾高效养殖与疾病防治技术	25
21172	鳜鱼高效养殖与疾病防治技术	25
20849	河蟹高效养殖与疾病防治技术	29.8
20398	泥鳅高效养殖与疾病防治技术	20
20149	黄鳝高效养殖与疾病防治技术	29.8
00216A	水产养殖致富宝典（套装共8册）	213.4

邮购地址：北京市东城区青年湖南街13号化学工业出版社（100011）

购书服务电话：010-64518888（销售中心）

如需出版新著，请与编辑联系。

编辑联系电话：010-64519829，E-mail：qiyanp@126.com。

如需更多图书信息，请登录www.cip.com.cn。